电力职业教育精品教材

工厂供配电技术
——项目式教学

主　编　田　芳　孙　鹏

副主编　彭　朋　高翔宇　刘召鑫

参　编　黄　林　张作友　刘进福　牛余佳　段希见　李秀峰

　　　　张昶浩　陈柏霖　魏延东　潘永胜　程新群

主　审　殷乔民

中国电力出版社
CHINA ELECTRIC POWER PRESS

内 容 提 要

本书是依据电力高职高专及中职的培养目标，结合供配电岗位能力需求，本着"工学结合，项目引导，任务驱动，'教学做'一体化"的原则编写而成。全书共七个项目，即供配电系统认知、供配电系统计算、供配电系统一次设备的选择与维护、变配电站电气主接线、供配电线路的敷设与选择、供配电系统的保护、供配电系统的二次回路，每个项目由若干任务组成，共29个任务，每个任务都按照"任务描述""相关知识""技能训练""任务实施及考核"的顺序组织内容。通过项目学习，使学生熟悉工矿企业供配电系统相关知识，掌握其运行维护、安装检修及设计等方面的基本技能，初步具备电气工程规划、设计和运行等方面的能力。

本书力求体现项目式课程的特色与设计思想，认真贯彻落实党的二十大精神，以任务为出发点，借助相关课程、思政教学案例激发学生学习兴趣，然后通过具体任务实施强化操作技能，最后借助考核评价检验所学知识与技能，力求使学生学以致用，养成爱岗敬业的职业观。

本书可作为电力高职高专及中职电气自动化技术类相关专业的教材，也可用作成人教育相关专业的教材和工程技术人员的参考书。中职学校使用本教材时，书中带"*"的内容可以选学。

图书在版编目（CIP）数据

工厂供配电技术 / 田芳，孙鹏主编；彭朋，高翔宇，
刘召鑫副主编. -- 北京：中国电力出版社，2025. 2.
（电力职业教育精品教材）. -- ISBN 978-7-5198-9562-4

Ⅰ. TM727.3

中国国家版本馆 CIP 数据核字第 2025UX9330 号

出版发行：中国电力出版社
地　　址：北京市东城区北京站西街 19 号（邮政编码 100005）
网　　址：http://www.cepp.sgcc.com.cn
责任编辑：畅　舒
责任校对：黄　蓓　李　楠
装帧设计：赵丽媛
责任印制：吴　迪

印　　刷：三河市万龙印装有限公司
版　　次：2025 年 2 月第一版
印　　次：2025 年 2 月北京第一次印刷
开　　本：787 毫米 ×1092 毫米　16 开本
印　　张：23.75
字　　数：474 千字
印　　数：0001—3000 册
定　　价：81.00 元

前　言

为适应新形势下的人才需求和我国电力系统不断发展的需要，本教材是依据电力高职高专及中职的培养目标，突出应用性和针对性，对接岗位知识技能需求，以实际工程任务为导向，按照工学结合的项目化教学模式组织编写。编写中充分体现"工学结合，项目引导，任务驱动，教学做一体化"的原则。全书以项目作为引导，每个项目又分为多个任务，面对企业的工厂变配电站、车间变配电站的实际架构，遵循电能转换、传输、使用和管理的实际工作流程，采用工作过程领域向学习领域转化的编写思路。编写特色主要体现在：

（1）与电力企业深度合作开发教材。本书集中了众多电力系统专家学者的智慧，涵盖国家电网领军人物、齐鲁首席技师、山东省贡献突出技师、继电保护大师、优秀班组长等，均是多年从事培训和现场作业的人员，他们具备丰富的经验，熟悉现场人员的根本要求。全书重点突出，切合现场，注重实效，是经验，是技巧，是总结。同时对相关知识和内容进行了必要的整合，使之贴近现场应用，对接岗位能力需求。删减理论较深、分析过程较烦琐的内容，补充了工程实践中所需要的新设备及其运行经验、新技术及其使用方法。

（2）充分利用信息化技术，有效整合教材内容与教学资源。实现了互联网与传统教育的完美融合，打造立体化、线上线下、平台支撑的新型教材。学生不仅可以依托教材完成传统的课堂学习任务，还可以通过与教材配套的微课、技能操作视频、教学课件、文本、图片等资源（在书中相应知识点处都有资源标记）。其中，微课及技能操作视频等资源还可以通过移动终端扫描对应的二维码来学习，随扫随学，突破传统课堂教学的时空限制，激发学生自主学习的兴趣。

（3）传统的教材固化了教学内容，不断更新的电气自动化技术专业教学资源库提供了丰富鲜活的教学内容，极大丰富了课堂教学内容和教学模式，使得课堂的教学活动更加生动有趣，极大提高了教学效果和教学质量。

（4）本书力求体现项目式课程的特色与设计思想，以任务为出发点，借助相关课程思政案例激发学习兴趣，然后通过具体任务实施强化操作技能，最后借助考核来检验所学知识与技能，力求使学生学以致用，养成爱岗敬业的职业观，还融入了科技创新和家国情怀等课程思政内容。

（5）为学习贯彻落实党的二十大精神，本书根据《党的二十大报告学习辅导百问》

《二十大党章修正案学习问答》，在数字资源中设置了二十大报告及党章修订案学习辅导。

全书共七个项目，即供配电系统认知、供配电系统计算、供配电系统一次设备的选择与维护、变配电站电气主接线、供配电线路的敷设与选择、供配电系统的保护、供配电系统的二次回路等。每个项目由若干任务组成，共 29 个任务，每个任务都按照"任务描述""相关知识""技能训练""任务实施及考核"的顺序组织内容。通过项目学习，使学生熟悉工矿企业供配电系统相关知识，掌握其运行维护、安装检修及设计等方面的基本技能，使学生熟悉工矿企业供配电系统相关知识，掌握其运行维护、安装检修及设计等方面的基本技能，初步具备电气工程规划、设计和运行等方面的能力。

本书由临沂电力学校田芳、孙鹏任主编，彭朋、高翔宇、刘召鑫任副主编，黄林、张作友、刘进福、牛余佳、段希见、李秀峰、张昶浩、陈柏霖，金沂蒙集团有限公司魏延东、赛轮集团股份有限公司潘永胜、星光集团有限公司程新群等学校骨干教师和企业人员共同参编，由国网山东省电力公司临沂供电公司高级工程师殷乔民任主审。

由于编者水平有限，书中不足之处在所难免，恳请专家和读者给予批评指正。

编　者

2024 年 12 月

目 录

前 言

项目 1　供配电系统认知

【项目描述】

本项目包含三个任务，主要学习电力系统及电网的相关知识、电力系统额定电压的国家标准与规定、影响工厂电压质量的因素与改进措施、电力系统中性点运行方式的分类及特点等专业基本内容，最后完成变电站组成结构及现场设备感官认知实践教学活动。通过本项目的学习，明确电力系统、电网、单线图的基本概念；能识读简单的电力系统单线图和母线相序；能够熟练地计算电力系统电网、发电机、变压器、用电设备的额定电压；熟知工厂电压波动和谐波产生的原因；能够完成变电站供配电系统认知实践报告。

【知识目标】

1. 了解电力系统的基本概念和组成，读懂供配电单线图。
2. 掌握电力系统与电网的概念、电网的分类、高低压的划分。
3. 了解供电质量及其改善措施。
4. 熟悉供配电电压选择。
5. 理解电力系统中性点的运行方式及特点。
6. 明确电力系统额定电压的国家标准。

【能力目标】

1. 能够解释电力系统、电力网和动力系统。
2. 能够确定和选择电力系统的额定电压。
3. 能够分析电力系统中性点的运行方式。
4. 能够识读并分析简单的电力系统单线图。
5. 能够确定不同的电力系统单线图中发电机、变压器、电力线路、用电设备的额定电压。

任务 1.1　供配电系统基本概念认知

【任务描述】

电力系统是将发电厂、变电站、电力线路和用电设备联系在一起组成的一个发电、输电、变电、配电和用电的整体。为建立电力系统的整体概念，本次任务组织学生到学校周边地区的火电厂、变电站、大型工厂企业配电室、开关厂、学校配电房等现场参观，以便对电力系统的发电、变电、配电、用电等不同环节有一个感性认识，熟悉供配电系统的组成、额定电压、中性点的运行方式，了解供配电系统的基本概念和基本要求，区分供配电系统的电气一、二次设备，为后面课程的开展奠定基础。要求学生在参观过程中做好参观记录，参观结束后提交一份参观总结报告。

【相关知识】

一、认识电力系统

1. 电力系统的组成及其特点

电力系统由发电厂、电力网和电能用户三部分组成。

发电机生产电能，在发电机中机械能转换为电能；变压器和电力线路输送、分配电能；电动机、电热设备、照明设备等使用电能。在这些用电设备中，电能转换为机械能、热能、光能等。生产、输送、分配、使用电能的发电机、变压器、电力线路及各种用电设备联系在一起组成的统一整体，就是电力系统，如图 1-1 所示。

与电力系统相关联的还有电力网和动力系统。电力网或电网是指电力系统中除发电机和用电设备之外的部分，即电力系统中各级电压的电力线路及其联系的变配电站；动力系统是指电力系统加上发电厂的动力部分。动力部分包括水力发电厂的水库、水轮机，热力发电厂的锅炉、汽轮机、热力网和用电设备，以及核电厂的反应堆等。所以，电力网是电力系统的一个组成部分，而电力系统又是动力系统的一个组成部分，这三者的关系如图1-1 所示。

电能的生产—传输—消费全过程，几乎是同时进行的。由于电子具有很高的传输速度，发电机在某一时刻发出的电能，经过送电线路可以立刻送给用电设备，而用电设备又可立刻将其转换成其他形式的能量，一瞬间就完成了发电—供电—用电的全过程。而且，发电量随着用电量的变化而变化，生产量和消费量是严格平衡的。电能生产全过程中的各个环节，也都紧密联系，互相影响。电能用户如何用电、何时用电及用多少电，对于电能生产都具有极大的影响；电力系统中任一环节的设计不当、保护不完善、操作失误、电气

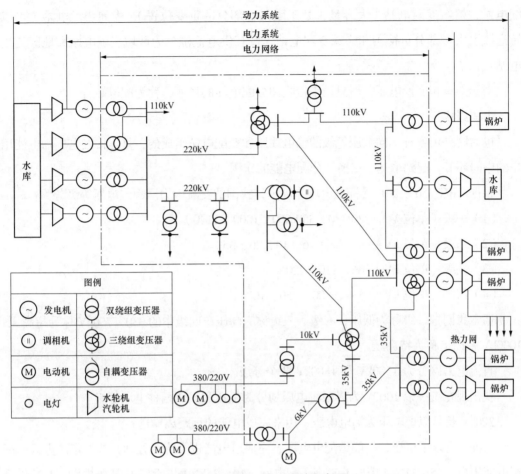

图 1-1　动力、电力系统示意图

设备故障等都会给整个系统造成不良影响。

电力系统中的暂态过程是非常迅速的，如开关切换操作、电网短路等过程，都是在很短时刻（零点几秒）内完成的。为了维护电力系统的正常运行，就必须有一套非常迅速和灵敏的保护、监视和测量装置，一般人工操作是不能获得满意效果的，因此必须采用一系列自动装置。目前，已广泛的将计算机控制技术应用到电力网的控制管理系统中。

2. 发电厂

发电厂又称发电站，是将自然界蕴藏的各种一次能源转换为电能（二次能源）的工厂。

发电厂按其所利用的能源不同，分为水力发电厂、火力发电厂、核能发电厂、风力发电厂、太能发电厂和天然气发电厂等类型。

3. 变配电站

变配电站是接收电能、变换电压和分配电能的中间环节。按其用途分为升压和降压变配电站、枢纽变配电站（大容量，处于联系各部分的重要位置）、中间变配电站（可以转送或引出一部分负荷）和终端变配电站。按其供电范围分为区域变配电站和地区变配电站。

对于不承担变换电压，而只用来接收和分配电能的场所，称为配电站。

4. 电力网

电力网是由各种不同电压等级的输电线路和变配电站组成的，是连接发电厂和电能用户的中间环节，起到输送、变换和分配电能的作用。

根据 GB/T 156—2017《标准电压》规定，我国的交流电力网额定电压等级分为：

（1）一级（单位 V），220/380、380/660、1000（1140）。

（2）二级（单位 kV），3（3.3）、6、10、20、35。

（3）三级（单位 kV），66、110、220。

（4）四级（单位 kV），330、500、750、1000。

通常我们把一级称为低压；二级、三级称为高压；四级中的 330～750kV 称为超高压，1000kV 及以上称为特高压。

直流电力网分为 +500kV 和 +800kV 两个等级。

我国现在统一以 1000V 为界限将电压划分为低压和高压两种电压等级。

220kV 及其以上电压为输电电压，用来完成电能的远距离输送。

110kV 及以下电压，一般为配电电压，完成对电能进行降压处理并按一定的方式分配至电能用户。35～110kV 配电网为高压配电网，10～35kV 配电网为中压配电网，1kV 以下为低压配电网。3、6、10kV 是工矿企业高压电气设备的常用供电电压。

电力线路是电力网的主要组成部分，其作用是输送和分配电能。电力线路一般可分为输电线路（又称送电线路）和配电线路。架设在发电厂升压变电站与区域变电站之间的线路以及区域变电站与区域变电站之间的线路，是用于输送电能的，称为输电线路。输电线路输送容量大，送电距离远，线路电压等级高，是电力网的骨干网架。一般电压等级 220kV 线路称为高压输电线路，330、500、750kV 称为超高压输电线路，1000kV 及以上称为特高压输电线路。从区域变电站到用户变电站或城乡电力变压器之间的线路，是用于分配电能的，称为配电线路，配电线路又可分为高压配电线路（电压为 35kV 或 110kV）、中压配电线路（电压为 10、20kV）和低压配电线路（电压为 220/380V）。

另外，通常把 1kV 以下的电力设备及装置称为低压设备，1kV 以上的电力设备及装置称为高压设备。如果只是分高低电压，则 1kV 以下的是低压，1kV 以上的为高压。

二、电力系统的供电质量

供电质量指电能质量与供电可靠性。电能质量包括电压、频率和波形的质量。

1. 电压

（1）供电电压允许偏差。电力系统要求电压稳定在其额定电压下。这是因为，如果电网电压偏差过大，不仅影响电力系统的正常运行，而且对用电设备的危害也很大。对照明负荷来说，白炽灯对电压的变化是敏感的。当电压降低时，白炽灯的发光效率会急剧下降；当电压上升时，白炽灯的使用寿命将大为缩短。对异步电动机而言，最大转矩与其端电压的平方成正比。当端电压下降时，转矩急剧减小，以致转差率增大，从而使得定子、转子电流都显著增大，引起电动机的温度上升，加速绝缘的老化，甚至可能烧毁电动机。同时，转矩减小会使电动机转速降低，甚至停转，导致工厂产生废品，甚至导致重大事故。

供电电压允许偏差：在某一时段内，电压幅值缓慢变化而偏离额定值的程度，以电压实际值和电压额定值之差 ΔU 与电压额定值 U_N 之比的百分数 $\Delta U\%$ 来表示，即

$$\Delta U\% = \frac{U - U_N}{U_N} \times 100\% \tag{1-1}$$

式中：U 为检测点上电压实际值，V；U_N 为检测点电网电压的额定值，V。

在电力系统正常情况下，供电企业供到用户受电端的供电电压允许偏差见表 1-1。

表 1-1　电压的允许变化范围

线路额定电压	正常运行电压允许变化范围
35kV 及以上	$\pm 5\% U_N$
10kV 及以下	$\pm 7\% U_N$
低压照明	$(-10\% \sim +7\%) U_N$

（2）提高电压质量的措施。电能质量的改善，在工矿企业中通常采用以下措施：

1）就地进行无功功率补偿，及时调整无功功率补偿量。

2）调整同步电动机的励磁电流，使其超前或滞后运行，产生超前或滞后的无功功率，以达到改善系统功率因数和调整电压偏差的目的。

3）正确选择有载或无载调压变压器的分接头（开关），以保证设备端电压稳定。

4）尽量使系统的三相负荷平衡，以降低电压偏差。

5）采用电抗值最小的高低压配电线路方案。架空线路的电抗约为 $0.4\Omega/km$；电缆线路的电抗约为 $0.08\Omega/km$。条件许可下，应尽量优先采用电缆线路供电。

2. 频率

我国规定的电力系统的额定频率为 50Hz，电网装机容量为 300 万 kW 以上时，供电频率允许偏差为 $\pm 0.2Hz$；电网装机容量为 300 万 kW 以下时，供电频率允许偏差为 $\pm 0.5Hz$；

在电力系统非正常情况下，供电频率允许偏差不应超过 ±1.0Hz。

3. 波形

通常，要求电力系统给用户供电的电压及电流的波形为标准的正弦波。为此，首先要求发电机发出符合标准的正弦波形电压。其次，在电能输送和分配过程中不应使波形产生畸变。电压波形的畸变程度用电压正弦波畸变率来衡量，也称为电压谐波畸变率，要求其畸变率小于 3%。

日常用的交流电是正弦交流电，正弦交流电的波形要求是严格的正弦波（包括电压和电流）。当电源波形不是严格正弦波时，它就有很多的高次谐波成分，如图 1-2 所示。

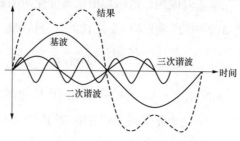

图 1-2 谐波定义示意图

谐波对电气设备的危害很大，可使变压器的铁芯损耗明显增加，从而使变压器出现过热，不仅增加能耗，而且使其绝缘介质老化加速，缩短使用寿命。谐波还能使变压器噪声增大。谐波电流通过交流电动机，不仅会使电动机的铁芯损耗明显增加，绝缘介质老化加速，缩短使用寿命，而且还会使电动机转子发生振动现象，严重影响机械加工的产品质量。谐波电压加在电容器两端时，由于电容器对谐波的阻抗很小，电容器很容易发生过电流发热导致绝缘击穿甚至造成烧毁。此外，谐波电流可使电力线路的电能损耗和电压损耗增加，使计量电能的感应式电能表计量不准确；可使电力系统发生电压谐振，从而在线路上引起过电压，有可能击穿线路的绝缘；还可能造成系统的继电保护和自动装置发生误动作或拒动作，使计算机失控，电子设备误触发，电子元件测试无法进行；并可对附近的通信设备和通信线路产生信号干扰等。

电网谐波的产生，主要在于电力系统中存在各种非线性元件。因此，即使电力系统中电源的电压为正弦波，但由于非线性元件存在，结果在电网中总有谐波电流或电压存在。产生谐波的元件很多，如荧光灯和高压汞灯等气体放电灯、异步电动机、电焊机、变压器和感应电炉等，都要产生谐波电流或电压。最为严重的是大型的晶闸管变流设备和大型电弧炉，它们产生的谐波电流最为突出，是造成电网谐波的主要因素。

保证交流电波形是正弦波，必须遵守以下要求：

要求发电机发出符合标准的正弦波形电压（这在发电机、变压器等设计制造时已考虑，并采取了相应的措施）。

要求在电能输送和分配过程中，不应使波形发生畸变。

还应注意消除电力系统中可能出现的其他谐波源（如晶闸管整流装置、电弧炉等）的影响。

控制各类非线性用电设备所产生的谐波引起电网电压正弦波形畸变，常采用下列措施：

（1）各类大功率非线性用电设备由容量较大的电网供电。

（2）对于大功率静止整流设备可采取下列方法：

1）增加整流变压器二次侧的相数和增加整流器的整流脉冲数。

2）采用多台相数相同的整流装置，使整流变压器的二次侧有适当的相角差。

选用高压绕组三角形接线，低压绕组星形接线的三相配电变压器。

（3）装设静止无功补偿装置，吸收冲击负荷的动态谐波电流。

三、工厂供配电系统的构成

所谓的工厂供电是指工厂所需电能的供应和分配，也称工厂供配电。工厂供配电系统是电力系统的重要组成部分，也是电力系统的最大电能用户。它由总降压变电站、高压配电站、车间变电站、配电线路和用电设备组成。图1-3是工厂供配电系统结构框图。

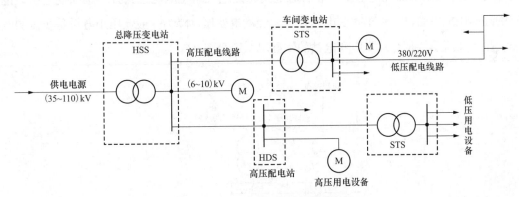

图 1-3 工厂供配电系统结构框图

（1）总降压变电站是工厂电能供应的枢纽。它将（35～110）kV 的外部供电电源电压降为（6～10）kV 高压配电电压，供给高压配电站、车间变电站和高压用电设备。

（2）高压配电站集中接受（6～10）kV 电压，再分配到附近各车间变电站和高压用电设备。一般负荷分散、厂区大的大型工厂设置高压配电站。

（3）配电线路分为（6～10）kV 厂内高压配电线路和 380/220V 厂内低压配电线路。高压配电线路将总降变电站与高压配电站、车间变电站与高压用电设备连接起来。低压配电线路将车间变电站的 380/220V 电压送到各低压用电设备。

（4）车间变电站将（6～10）kV 电压降为 380/220V 电压，供低压用电设备使用。

（5）用电设备按用途可分为动力用电设备、工艺用电设备、电热用电设备、试验用电设备和照明用电设备等。

对于某个具体工厂的供配电系统，可能上述各部分都有，也可能只有其中的几个部分，这主要取决于工厂电力负荷的大小和厂区的大小。不同工厂的供配电系统，不仅组成不完全相同，而且相同部分的构成也会有较大的差异。通常大型工厂都设总降变电站，中小型工厂仅设全厂（6～10）kV 变电站或配电站，某些特别重要的工厂还自备发电厂作为备用电源。

1. 供配电系统组成种类

供配电系统是工业企业供配电系统和民用建筑供配电系统的总称。对用电单位来讲，供配电系统的范围是指从电源线路进入用户起到高低压用电设备进线端止的整个电路系统，它由变配电站、配电线路和用电设备构成。

对不同容量或类型的电能用户，供配电系统的组成是不同的。

（1）对大型用户及某些电源进线电压为 35kV 及以上的中型用户，供配电系统一般要经过两次降压，也就是在电源进厂以后，先经过总降压变电站，将 35kV 及以上的电源电压降为（6～10）kV 的配电电压，然后通过高压配电线路将电能送到各个车间变电站，也有的经高压配电站再送到车间变电站，最后经配电变压器降为一般低压用电设备所需的电压。图 1-4 所示为具有总降压变电站的供配电系统简图。

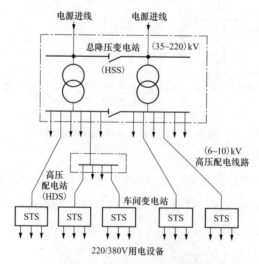

图 1-4　具有总降压变电站的供配电系统简图

有的 35kV 电源进线的工厂只经一次降压，即 35kV 线路直接引入靠近负荷中心的车间变电站，经车间变电站的配电变压器直接降为低压用电设备所需的电压，如图 1-5 所示。这种供配电方式称为高压深入负荷中心的直配方式。这种方式可以省去一级中间变压，从而简化了供配电系统接线，节约了投资和有色金属，降低了电能损耗和电压损耗，提高了供电质量。然而这要根据厂区的环境条件是否满足高压深入负荷中心的"安全走廊"要求而定，否则不宜采用，以确保供电安全。

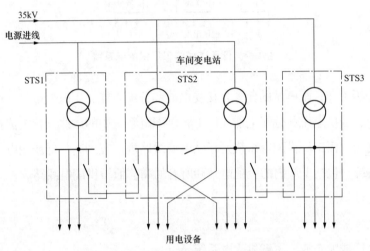

图 1-5 高压深入负荷中心的工厂供配电系统

（2）对于小型工厂，由于所需容量一般不大于 1000kVA，因此通常只设一个降压变电站，将 6~10kV 降为低压用电设备所需的电压，如图 1-6 所示。

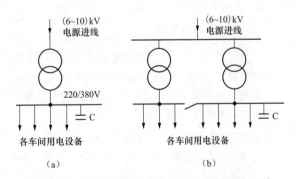

图 1-6 只设一个降压变电站的工厂供配电系统
（a）装有一台变压器；（b）装有两台变压器

工厂所需容量不大于 160kVA 时，一般采用低压电源进线，直接由公共低压电网供电，因此工厂只需设一个低压配电间，如图 1-7 所示。

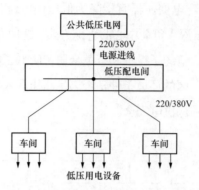

图1-7 低压进线的工厂供配电系统

由以上分析可知,配电站的任务是接受电能和分配电能,不改变电压;而变电站的任务是接受电能、变换电压和分配电能。以上各供配电系统中的母线又称汇流排,其任务是汇集和分配电能。而工厂供配电系统是指从电源线路进厂起到高、低压用电设备进线端止的整个电路系统,包括工厂内的变配电站和所有的高、低压供配电线路。

【技能训练】

参观发电厂或大企业,了解供配电系统。

【任务实施及考核】

项目名称	供配电系统认知		
任务内容	参观变电站、配电站	学时	2
计划方式	参观、安全规程学习		
任务目的	1.通过参观,使学生了解变电站的结构及布置方式,辨识电气设备的外形和名称,对供配电系统形成初步的感性认识。 2.通过有关安全规程的学习,进一步提高学生对安全经济运行的认识,树立严肃认真的工作作风		
任务准备	1.组织学生集中行动,发放安全帽。 2.电气技术人员为学生介绍参观内容、参观要求和安全规程		
实施步骤	实施内容		
1	记录高压进线柜的型号,观察开关柜上的主接线		
2	观察进线柜内布线		
3	记录联络柜的型号,所用开关的型号及相关参数		
4	打开联络柜,观察联络柜内的一次设备及其连接情况		

项目名称	供配电系统认知				
5	观察计量柜内的一次设备及其连接情况				
6	观察馈出线柜的出线方式				
7	记录观察到的各个柜内设备名称及主要技术参数				
考核内容	1. 画出各个柜的装置式主接线方案于右表				
		编号	1号 进线柜	2号 联络柜	3号 计量柜	4号 出线柜
		尺寸				
		型号				
		主接线方案				
		隔离开关				
		断路器				
		避雷器				
		电流互感器				
		电压互感器				
		用途				
	2. 拍照并制作 PPT 进行演示				
	3. 写出实训报告				
注意事项	参观时一定要服从指挥注意安全，未经许可不得进入禁区，不允许随便触摸任何电器的按钮，以防意外发生				

任务 1.2　电力系统额定电压的确定和选择

【任务描述】

　　工厂电力系统的电压主要取决于当地电网的供配电电压等级，同时要考虑工厂用电设备的电压、容量和供配电距离等因素。在同一输送功率和输送距离条件下，供配电电压越高，线路电流越小，线路导线或电缆截面积越小，可减少线路的初始投资和有色金属消耗量。通过本任务的学习，首先明确电力系统额定电压的概念、分类及确定额定电压的基本原则，再根据具体的要求选择合适的供电电压和确定用电设备的额定电压。

【相关知识】

一、电力系统额定电压的确定

1. 额定电压

能使受电器（电动机、白炽灯等）、发电机、变压器等正常工作的电压，称为电气设备的额定电压（U_N）。当电气设备按额定电压运行时，一般可使其技术性能和经济效果为最好。

2. 额定电压等级

电气设备的额定电压在我国已经统一标准化，发电机和用电设备的额定电压分成若干标准等级，电力系统的额定电压也与电气设备的额定电压相对应，它们统一组成了电力系统的标准电压等级。

标准电压等级是根据国民经济发展的需要，考虑技术经济上的合理性，以及电动机、电器的制造技术水平和发展趋势等一系列因素而制定的。为使电气设备实现标准化和系列化，国家规定了交流电网和电力设备的额定电压等级，如表1-2所示。

表1-2　我国交流电网和电力设备的额定电压（线电压）　kV

用电设备与电力网的额定电压	发电机额定电压	变压器额定电压		
		一次侧绕组		二次侧绕组
		接电力网	接发电机	
0.22	0.23	0.22	0.23	0.23
0.38	0.40	0.38	0.40	0.40
0.66	0.69	0.66		0.69
3	3.15	3	3.15	3.15、3.3
6	6.3	6	6.3	6.3、6.6
10	10.5	10	10.5	10.5、11
35		35		38.5
66		66		72.5
110		110		121
220		220		242
330		330		363
500		500		550
750		750		825
1000		1000		1100

3. 电网的额定电压

电网（线路）的额定电压是我国根据国民经济发展的需要和电力工业的水平，经全面的技术和经济分析后确定的。它是确定各类电力设备额定电压的基本依据。

4. 用电设备的额定电压

由于线路运行时（有电流通过时）要产生电压降，所以线路上各点的电压都略有不同，如图 1-8 中虚线所示。但是批量生产的用电设备，其额定电压不可能按使用处线路的实际电压来制造，而只能按线路首端与末端的平均电压即电网的额定电压 U_N 来制造。因此用电设备的额定电压规定与同级电网的额定电压相同。

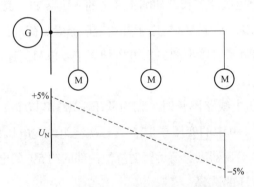

图 1-8　用电设备和发电机的额定电压

5. 发电机的额定电压

由于电力线路允许的电压偏差一般为 ±5%，即整个线路允许有 10% 的电压损耗，因此为了维持线路的额定平均电压，线路首端（电源端）的电压可比线路额定电压高 5%，而线路末端则可比线路额定电压低 5%，如图 1-8 所示。所以发电机的额定电压规定应比同级电网的额定电压高 5%。

6. 电力变压器的额定电压

变压器在电力系统中具有发电机和用电设备的双重性。变压器的一次绕组是从电网接收电能的，故相当于用电设备；其二次绕组是输出电能的，相当于发电机。因此对其额定电压的规定有所不同。

（1）变压器一次绕组的额定电压。

1）当变压器直接与发电机相连时，如图 1-9 中的变压器 T1，变压器一次绕组的额定电压与发电机的额定电压相同，高于同级电网额定电压的 5%。

2）当变压器不与发电机相连而是连接在线路上时，如图 1-9 中的变压器 T2，则可看作是线路上的用电设备，因此，其一次绕组额定电压应与电网额定电压相同。

（2）变压器二次绕组的额定电压。变压器二次绕组的额定电压，是指变压器一次绕组

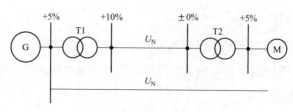

图 1-9　电力变压器额定电压

接上额定电压而二次绕组开路时的电压，即空载电压。而变压器在满载运行时，二次绕组内约有 5% 的阻抗电压降。

1）变压器二次侧供电线路较长，如图 1-8 中的变压器 T1，其二次绕组额定电压应比相连电网额定电压高 10%，其中 5% 是用于补偿变压器满负荷运行时绕组内部的约 5% 的电压降，另外变压器满负荷时输出的二次电压相当于发电机，还要高于电网额定电压的 5%，以补偿线路上的电压损耗。

2）变压器二次侧供电线路不长时，如为低压（1000V 以下）电网或直接供电给高、低压用电设备时，如图 1-9 中的变压器 T2，其二次绕组额定电压只需高于所连电网额定电压的 5%，仅考虑补偿变压器满负荷运行时绕组内部的约 5% 的电压降。

二、工厂供配电电压的选择

1. 工厂供电电压的选择

工厂供电电压的高低，对提高电能质量及降低电能损耗均有重大的影响。在输送功率一定的情况下，若提高供电电压，就能减少电能损耗，提高用户端电压质量；但从另一方面讲，电压等级越高，对设备的绝缘性能要求随之增高，投资费用也相应增加。因此，供配电电压的选择主要取决于用电负荷的大小和供电距离的长短。常用各级电压电力网的经济输送功率与输送距离的参考值如表 1-3 所示。

表 1-3　各级电压电力线路合理的输送功率和输送距离

线路电压（kV）	线路结构	输送功率（kW）	输送距离（km）
0.38	架空线	≤ 100	≤ 0.25
	电缆线	≤ 175	≤ 0.35
6	架空线	≤ 2000	3 ~ 10
	电缆线	≤ 3000	≤ 8
10	架空线	≤ 3000	5 ~ 15
	电缆线	≤ 5000	≤ 10
35	架空线	2000 ~ 15000	20 ~ 50

线路电压（kV）	线路结构	输送功率（kW）	输送距离（km）
63	架空线	3500 ~ 30000	30 ~ 100
110	架空线	10000 ~ 50000	50 ~ 150
220	架空线	100000 ~ 500000	200 ~ 300

《供电营业规则》规定：供电企业（指供电电网）供电的额定电压，低压为单相220V、三相380V，高压为10、35（66）、110、220kV。并规定：除发电厂直配电压可采用3kV或6kV外，其他等级的电压逐步过渡到上列额定电压。用户需要的电压等级不在上列范围时，应自行采取变压措施解决。用户需要的电压等级在110kV及以上时，其受电装置应作为终端变电站设计，方案需经省、市电网经营企业审批。

2. 工厂高压配电电压的选择

工厂高压配电电压主要取决于工厂高压用电设备的电压和容量、数量等因素。

工厂采用的高压配电电压通常为10kV。如果工厂拥有相当数量的6kV用电设备，或者供电电源电压就是从邻近发电厂取得的6.3kV直配电压，则可考虑采用6kV作为高压配电电压。如果不是上述情况，则应仍用10kV作为高压配电电压，而少数6kV用电设备则通过专用的10/6.3kV电力变压器单独供电。3kV不能作为高压配电电压。如果工厂有3kV用电设备，则应通过10/3.15kV电力变压器单独供电。

如果当地电网供电电压为35kV，而厂区环境条件又允许采用35kV架空线路（或电缆）和较经济的35kV电气设备时，则可考虑采用35kV作为高压配电电压深入工厂各车间负荷中心，并经车间变电站直接降为低压用电设备所需的电压。这种高压深入负荷中心的直配方式，可以省去一级中间变压，大大简化供配电系统接线，节约投资和有色金属，降低电能损耗和电压损耗，提高供电质量，因此有一定的推广价值。但必须考虑厂区要有满足35kV架空线路或电缆线路深入各车间负荷中心的"安全走廊"，以确保安全。

3. 工厂低压配电电压的选择

工厂低压配电电压一般采用220/380V，其中线电压380V接三相动力设备及额定电压为380V的单相用电设备，相电压220V接额定电压为220V的照明灯具和其他单相用电设备。但某些场合宜采用660V甚至1140V作为低压配电电压，如矿井下，因负荷中心往往离变电站较远，所以为保证负荷端的电压水平而采用660V甚至1140V电压配电。采用660V或1140V配电，较之采用380V配电，可以减少线路的电压损耗，提高负荷端的电压水平，而且能减少线路的电能损耗，降低线路的有色金属消耗量和初投资，增加供电半径，提高供电能力，减少变压点，简化配电系统。因此提高低压配电电压有明显的经济效益，是节电的有效措施之一，这在世界各国已成为发展趋势。但是将 380V 升高为 660V，需电器制造部门乃至其他有关部门全面配合，我国目前尚难实现。目前 660V 电压只限于采矿、石油和化工等少数企业中采用，1140V 电压只限于矿井下采用。

【任务实施与考核】

电力系统额定电压的计算。

1. 项目描述

（1）如图 1-10 所示，计算发电机以及变压器 T1、T2、T3 的额定电压。

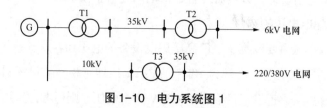

图 1-10 电力系统图 1

（2）如图 1-11 所示，计算变压器 T1 以及线路 WL1 和 WL2 的额定电压。

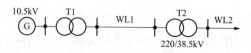

图 1-11 电力系统图 2

（3）完成训练项目的自我评价与总结报告。

2. 教学目标

（1）了解影响电能质量的几个因素。

（2）掌握电力系统线路额定电压的确定方法和国家规定。

（3）能够熟练计算电力系统的额定电压。

3. 学时与教学实施

2 学时；采用 5~6 人小组教学方式进行。

4. 项目评价标准

项目评价标准如表 1-4 所示。

表 1-4 项目评价标准

项目评价标准		配分	得分
基本知识（30分）	掌握发电机额定电压的计算方法	10	
	掌握变压器一次、二次绕组额定电压的计算方法	10	
	掌握电网额定电压的计算方法	10	
计算结果（40分）	在规定时间内完成，结果正确。每一处计算错误，扣4分	40	
协作组织（10分）	任务实施中，全勤、团结协作、积极完成任务	10	
分析总结报告（20分）	按时交分析总结报告，内容书写完整、认真	10	

任务 1.3 供配电系统中性点运行方式的分析

【任务描述】

电力系统中的中性点是指发电机、变压器的中性点。中性点运行方式是一个涉及面很广的问题。它对于供配电可靠性、过电压、绝缘配合、短路电流、继电保护、系统稳定性以及对弱电系统的干扰等方面都有不同的影响，特别是在系统发生单相接地故障时有明显的影响。所以合理选择中性点运行方式至关重要。

【相关知识】

一、电力系统的中性点运行方式

电力系统的中性点是指发电机或变压器的中性点。在电力系统中，作为供电电源的发电机和变压器的中性点有三种运行方式：第一种是中性点不接地的方式，第二种是中性点经消弧线圈接地的方式，第三种是中性点直接接地的方式。前两种属小接地电流系统，后一种属大接地电流系统。

中性点不同的运行方式，在电网发生单相接地时有明显的不同，因而决定着系统保护与监测装置的选择与运行。各种接地方式都有其优缺点，对不同电压等级的电网亦有各自的适用范围。

目前，在我国电力系统中，110kV 以上的高压系统，为降低设备绝缘要求，多采用中性点直接接地的运行方式；3～66kV，特别是 3～10kV 系统，为提高供电可靠性，首选中性点不接地的运行方式，当接地电流不满足要求时，可采用中性点经消弧线圈接地的运行方式。

我国的 220/380V 低压配电系统，广泛采用中性点直接接地的运行方式。

1. 中性点不接地的电力系统

我国 3~10kV 电网，一般采用中性点不接地方式。这是因为在这类电网中，单相接地故障占的比例很大，采用中性点不接地方式可以减少单相接地电流，从而减轻其危害。中性点不接地电网中，单相接地电流基本上由电网对地电容决定。

（1）正常运行。系统正常运行时，电力系统三相导线之间都存在着分布电容。三相电压对称，三相经对地电容入地的电流相量和为零，没有电流在地中流动，中性点 N 点的电位应为零电位。各相对地电压就等于相电压 $\dot{U}_1$、$\dot{U}_2$ 和 $\dot{U}_3$。其电路与相量关系如图 1-12 所示。

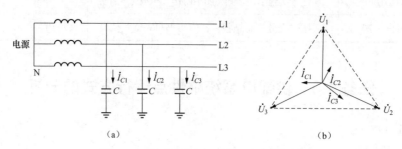

图 1-12　正常运行时中性点不接地系统

（a）电路图；（b）相量图

$\dot{U}_1+\dot{U}_2+\dot{U}_3=0$，即中性点对地电压 $\dot{U}_0=0$。

各相对地电压：$\dot{U}_1+\dot{U}_0=\dot{U}_1$，$\dot{U}_2+\dot{U}_0=\dot{U}_2$，$\dot{U}_3+\dot{U}_0=\dot{U}_3$。

三相对地电容电流也对称，$\dot{I}_{C1}+\dot{I}_{C2}+\dot{I}_{C3}=0$，中性点无电流流过。

（2）故障运行。当中性点不接地系统由于绝缘损坏发生单相接地时，各相对地电压、对地电容电流都要发生改变。例如第 3 相接地，如图 1-13 所示。此时，接地的第 3 相对地电压为 0，即

$$\dot{U}_3+\dot{U}_0=0，\text{则}\ \dot{U}_0=-\dot{U}_3$$

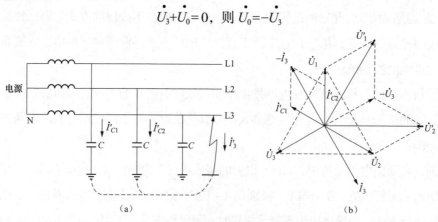

图 1-13　单相接地时的中性点不接地系统

（a）电路图；（b）相量图

第 1、第 2 相对地电压为

$$\dot{U}_1+\dot{U}_0=\dot{U}_1+(-\dot{U}_3)=\dot{U}_{13}=\dot{U}_1'（线电压）$$
$$\dot{U}_2+\dot{U}_0=\dot{U}_2+(-\dot{U}_3)=\dot{U}_{23}=\dot{U}_2'（线电压）$$

这表明，当中性点不接地电网发生单相接地时，其余两非故障相相电压将升高到线电压，因而易使电网在绝缘薄弱处被击穿，造成两相接地短路。这是中性点不接地方式的缺点之一。

当第 3 相接地时，电网的接地电流（电容电流）$\dot{I}_3'$ 应为 1、2 两相对地电容电流之和。取电源到负荷为各相电流的正方向，可得

$$\dot{I}_3'=3\dot{I}_{C1}=3\dot{I}_{C0} \tag{1-2}$$

由图 1-13（b）可知，$\dot{I}_3'$ 相位超前 $\dot{U}_3'$ 90°，在量值上，由于 $\dot{I}_3=\sqrt{3}\,\dot{I}_{C1}$，而 $\dot{I}_{C1}=U_1'/X_C=\sqrt{3}\,U_1/X_C=\sqrt{3}\,I_{C1}$，故得

$$\dot{I}_3=3\dot{I}_{C1}=3\dot{I}_{C0} \tag{1-3}$$

即一相接地的电容电流为正常运行时每相对地电容电流 I_{C0} 的 3 倍。

（3）故障运行特点。综上所述，中性点不接地系统发生单相接地时有以下特点：

1）中性点对地电压升高为相电压。

2）接地相对地电压为 0，非接地相对地电压升高为线电压。

3）线电压与正常时相同。

4）因非接地相对地电压为原来的 $\sqrt{3}$ 倍，电容电流也为原来的 $\sqrt{3}$ 倍。

5）接地点总的电容电流为正常运行时电容电流的 3 倍，即 $\dot{I}_3=3\dot{I}_{C1}=3\dot{I}_{C0}$。

（4）运行管理。

1）对于高电压、长距离输电线路，单相接地电容电流较大，在接地点容易发生电弧周期性的熄灭与重燃，引起电网高频振荡，形成过电压，造成短路故障。

2）在发生单相接地时，电网线电压的相位和量值均未发生变化，三相用电设备仍可照常运行。规程规定，发生单相接地故障时，允许暂时运行两小时；经两小时后接地故障仍未消除时，就应该切除此故障线路。

3）对于危险易爆场所应立即跳闸断电，以确保安全。

2. 中性点经消弧线圈接地的电力系统

在中性点不接地系统中，当单相接地电流超过规定数值时，电弧不能自行熄灭，一般采用消弧线圈接地措施减小接地电流，使故障电弧自行熄灭，如图 1-14 所示，这种系统和中性点不接地系统在发生单相接地故障时，接地电流都较小，故通常称为小电流接地系统。

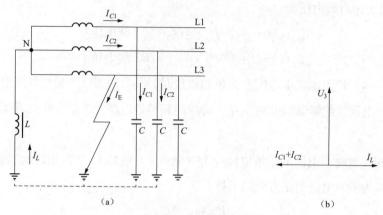

图 1-14 单相接地时中性点经消弧线圈接地的电力系统
（a）电路图；（b）相量图

消弧线圈实际上就是铁芯线圈式电抗器，其电阻很小，感抗很大，利用电抗器的感性电流补偿电网的对地电容电流，可使总的接地电流大为减少。

在正常运行情况下，三相系统是对称的，中性点电流为零，消弧线圈中没有电流流过。当发生单相接地时（如 C 相），就把相电压 U_C 加在消弧线圈上，使消弧线圈有电感电流 I_L 流过。因为电感电流 I_L 和电容电流 I_C 相位相反，因此在接地处互相补偿。如果消弧线圈电感选用合适，会使接地电流减到很小，而使电弧自行熄灭。

与中性点不接地方式一样，当中性点经消弧线圈接地方式发生单相接地时，其他两相对地电压也要升高到线电压，但三相线电压正常，也允许继续运行两小时用于查找故障。

在各级电压网络中，当发生单相接地故障时，通过故障点总的电容电流超过下列数值时，必须尽快安装消弧线圈。

（1）对 3～6kV 电网，故障点总电容电流超过 30A。

（2）对 10kV 电网，故障点总电容电流超过 20A。

（3）对 20～66kV 电网，故障点总电容电流超过 10A。

目前电力系统中已广泛应用了具有自动跟踪补偿功能的消弧线圈装置，避免了人工调节消弧线圈的诸多不便，不会使电网的部分或全部在调谐过程中暂时失去补偿，并有足够的调谐精度。自动跟踪补偿装置一般由驱动式消弧线圈和自动测控系统配套构成，自动完成在线跟踪测量和跟踪补偿。当被补偿的电网运行状态改变时，装置自动跟踪测量电网的对地电容，将消弧线圈调谐到合理的补偿状态；或者当电网发生单相接地故障时，迅速将消弧线圈调谐到接近谐振点的位置，使接地电弧变得很小而快速熄灭。

由于消弧线圈能有效地减小单相接地电流，迅速熄灭故障电弧，防止间歇性电弧接地时所产生的过电压，故广泛应用于 3～66kV 电压等级的电网中。

3. 中性点直接接地的电力系统

中性点直接接地的系统称为大接地电流系统。这种系统中，发生单相对地绝缘破坏时，就构成单相短路，用符号 $k^{(1)}$ 表示。由于变压器和线路的阻抗都很小，故所产生的单相短路电流 $I_k^{(1)}$ 比线路中正常的负荷电流大得多。因而保护装置动作使断路器跳闸或线路熔断器熔断，将短路故障部分切除，其他部分则恢复正常运行，如图 1-15 所示。

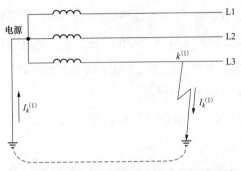

图 1-15 单相接地时的中性点直接接地系统

在这种方式下的非故障相对地电压不变，电气设备绝缘按相电压考虑，降低设备要求。此外，在中性点直接接地的低压配电系统中，如为三相四线制供电，可提供 380V 和 220V 两种电压，供电方式更为灵活。中性点直接接地系统主要有以下几个特点。

（1）当发生单相接地故障时，形成单相短路，由于短路电流较大，保护装置动作，立即切断电源。为了减少单相接地故障引起停电次数，在高压系统中普遍采用的是自动重合闸装置。当发生单相接地故障时，在保护装置下跳闸，经过一段时间后自动合闸送电，若为瞬间单相接地故障，则用户供电即可得到恢复；若为永久性单相接地故障，则保护动作再次跳闸停电并被锁住。

（2）中性点直接接地后，中性点经常保持零电位。在发生单相接地时，其他非故障两相电压不会升高，因此用电设备的相对地绝缘只需要按照相电压考虑，这对于 110kV 及以上的高压、超高压系统有较大的经济技术价值。高压电器特别是超高压电器，其绝缘是设计和制造的关键，对绝缘要求降低，实际上就降低了造价，同时也改善了高压电器的性能。因此，我国 110kV 及以上的高压、超高压系统均采取中性点直接接地的运行方式。

（3）低压供电系统采用中性点直接接地后，当发生单相接地故障时，由于能限制非故障相对地电压的升高，因此保证了单相用电设备安全。中性点直接接地后，单相接地故障电流较大，一般可使漏电保护或过电流保护装置动作，切断电流，造成停电；发生人身单相对地触电时，危险也较大。此外，在中性点直接接地的低压电网中可接入单相负荷。

二、低压配电系统的中性点运行方式

我国 220/380V 低压配电系统中，广泛采用中性点直接接地运行方式，引出线有中性线（N 线）、保护线（PE 线）、保护中性线（PEN 线）。

中性线（N 线），一是用来提供额定电压为相电压的单相用电设备电能；二是用来传导不平衡电流和单相电流；三是减少中性点电压偏移。

保护线（PE 线），是为保障人身安全、防止触电事故用的接地线。系统中所有设备的外露可导电部分（指正常不带电压，但故障情况下能带电压的易被触及的导电部分，如金属外壳、金属构架等）通过保护线接地，可在设备发生接地故障时减小触电危险。

保护中性线（PEN 线）兼有中性线（N 线）和保护线（PE 线）的功能。这种保护中性线在我国通称为"零线"，俗称"地线"。

根据供电系统中性点及电气设备的不同接地方式，保护接地可分为三种不同类型：TN、TT、IT 系统。

（一）TN 系统

在建筑电气中应用较多的是 TN 系统。TN 系统的电源中性点直接接地，并引出 N 线，属三相四线制系统，如图 1-16 所示。当设备带电部分与外壳相连时，短路电流经外壳和

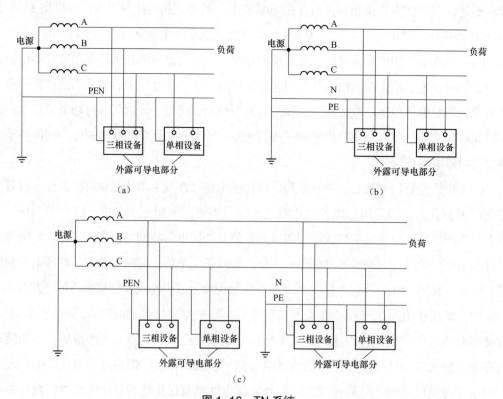

图 1-16 TN 系统

（a）TN-C 系统；（b）TN-S 系统；（c）TN-C-S

N 线（或 PE 线）而形成单相短路，显然该短路电流较大，可使保护设备快速而可靠地动作，将故障部分与电源断开，消除触电危险。

其中，N 线和 PE 线完全分开的称 TN-S 系统（又称三相五线制）；N 线与 PE 线前段共用，后段分开的称 TN-C-S 系统；N 线与 PE 线完全共用的称为 TN-C 系统。

1.TN-C 系统

这种系统的 PE 与 N 合为一根 PEN，投资较省。设备外露可导电部分均接 PEN 线。PEN 线可能有电流流过，设备外壳正常带对地电压和杂散电流，打火容易引起火灾和爆炸及会对电子设备产生电磁干扰。如 PEN 线断线，会使接 PEN 的设备外露可导电部分带电，造成人身触电危险，会使单相设备烧坏。在发生单相接壳或接地故障时，过电流保护装置动作，将切除故障线路。这种系统一般能够满足供电可靠性的要求，而且投资较省，节约有色金属，所以在中国的低压配电系统中早期应用较为普遍，适用于工厂配电，但不适用于安全要求高及抗电磁干扰要求高的场所。目前已不推荐使用。

2.TN-S 系统

这种系统的 PE 线与 N 线分开，简称三相五线制。PE 线中无电流流过，设备外露可导电部分均接 PE 线，因此对接 PE 线的设备无电磁干扰。PE 线断线时，正常情况下不会使 PE 的设备外露可导电部分带电，但在有设备发生单相接壳故障时，将会带电，危及人身安全。在发生单相接壳或接地故障时，过电流保护装置动作，将切除故障线路。PE 线与 N 线分开，投资较 TN-C 系统高，适用于对安全或抗电磁干扰要求高的场所，常用于工业企业及变压器设在用电建筑物中的民用建筑供电。

3.TN-C-S 系统

这种系统的前部分全为 TN-C 系统，而后边有一部分为 TN-C 系统，有一部分为 TN-S 系统。设备外露可导电部分分接 PEN 线或 PE 线，综合了 TN-C 与 TN-S 系统的特点。PE 线与 N 线一旦分开，两者不能再相连。此系统比较灵活，对安全或抗电磁干扰要求高的场所采用 TN-S 系统，而其他情况则采用 TN-C 系统。它广泛地应用于分散的民用建筑中，特别适合一台变压器供好几幢建筑物用电的系统。

（二）TT 系统

1.TT 系统构成

TT 系统中所有设备的外露可导电部分均各自经 PE 线单独接地，如图 1-17 所示。TT 系统各设备的 PE 线之间无电磁联系，因此互相之间无电磁干扰。当发生单相接地故障时则形成单相短路，但短路电流不大，影响保护装置动作，此时设备外壳对地电压近 1/2 相电压（110V），危及人身安全。TT 系统省去了公共 PE 线，较 TN 系统经济，但单独装设 PE 线，又增加了麻烦。

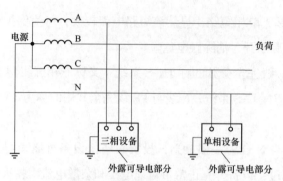

图 1-17　低压配电 TT 系统

TT 系统就是电源中性点直接接地，用电设备外露可导电部分也直接接地的系统。通常将电源中性点的接地称为工作接地，而设备外露可导电部分的接地称为保护接地。

TT 系统中，这两个接地必须是相互独立的。设备接地可以是每一设备都有各自独立的接地装置，也可以若干设备共用一个接地装置。

TT 系统适用于无等电位连接的户外场所，如道路用电、园林照明、农村低压电力网、施工场地、农场户外电气装置、户外临时用电等。

2. TT 系统保护原理

TT 系统的电源中性点直接接地，也引出 N 线，属三相四线系统，而设备的外露可导电部分则经各自的 PE 线分别接地，其功能可用图 1-18 来说明。

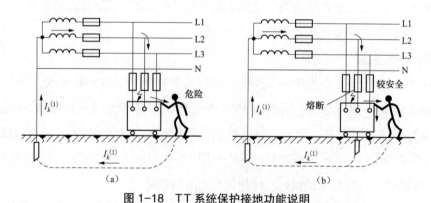

图 1-18　TT 系统保护接地功能说明

（a）外露可导电部分未接地；（b）外露可导电部分接地

如图 1-18（a）所示，电气设备没有采用接地保护措施时，一旦电气设备漏电，其漏电流不足以使熔断器熔断（或过流保护装置动作），设备外壳将存在危险的相电压。若人体误触其外壳时，就会有电流流过人体，其值 I_{m} 为

$$I_{\mathrm{m}} = \frac{U_{\varphi}}{R_{\mathrm{m}} + R_0} \tag{1-4}$$

式中：R_0 为变压器中性点的接地电阻；U_φ 相电压；R_m 为人体电阻。

R_0 值一般取 4Ω，与 R_m 相比可以略去。$U_\varphi=220V$，$R_m=1000\Omega$，则该经人体的电流 $I_m = \dfrac{U_\varphi}{R_m + R_0}=0.22$（A），这个电流对人体是危险的。

在 TT 系统中，电气设备采用接地保护措施后，如图 1-18（b）所示，当发生电气设备外壳漏电时，由于外壳接地故障电流通过保护接地电阻 R_E 和中性点接地电阻回到变压器中性点，其值为 $I_m = \dfrac{U_\varphi}{R_E + R_0} = \dfrac{220}{4 + 4}=27.5A$。

这一电流通常能使故障设备电路中的过电流保护装置动作，切断故障设备电源，从而减少人体触电的危险。

因某种原因，即使过电流保护装置不动作，由于人体电阻 R_m 远大于保护接地电阻 R_E（此时相当于 R_m 与 R_E 并联），因此通过人体的电流也很小，一般小于安全电流，对人体的危险也较小。

由上述分析可知，TT 系统的使用能减少人体触电的危险，但是毕竟不够安全。因此，为保障人身安全，应根据国际 IEC 标准加装剩余电流动作保护器（剩余电流动作开关）。

同一低压电力网中不应采用两种保护接地方式。

（三）IT 系统

IT 系统中所有设备的外露可导电部分也都各自经 PE 线单独接地，如图 1-19 所示。它与 TT 系统不同的是，其电源中性点不接地或经 10000 阻抗接地，且通常不引出中性线，不适于接相电压的单相设备。而电气设备的导电外壳经各自的 PE 线分别直接接地，互相之间无电磁干扰，因此它又被称为三相三线制系统。

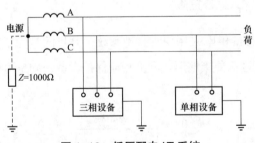

图 1-19　低压配电 IT 系统

在 IT 系统中，当电气设备发生单相接地故障时，接地电流将通过人体和电网与大地之间的电容构成回路，如图 1-20 所示。由图 1-20 可知，流过人体的电流主要是电容电流。一般情况下，此电流是不大的，但是，如果电网绝缘强度显著下降，这个电流可能达到危险程度。

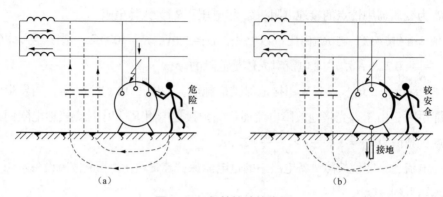

图 1-20　保护接地的作用

（a）没有保护接地的电动机一相碰壳时；（b）装有保护接地的电动机一相碰壳时

导体已经接地而未被发现（此时三相设备仍可继续正常运行），人体又误触及另一相正常导体，这时人体所承受的电压将是线电压，其危险程度不言而喻。因此，为确保安全必须在系统内安装绝缘监测装置，当发生单相接地故障时，及时发出灯光或音响信号，提醒工作人员迅速清除故障以绝后患。

IT 系统故障电流很小，接触电压很低，第一次故障时不切除电源，适用于对供电不间断要求很高的场所该系统应用于对连续供电要求高及有易燃易爆物的危险场所。如医院手术室、采矿、冶金化工等重要场所用电，及数据中心、高层多层建筑的消防应急电源等场所。

例 1-1　某楼内附 10/0.4kV 变电站，本楼采用 TN-S 系统，该站提供与其相距 100m 外的后院一幢多层住宅楼 0.22/0.38kV 电源，因主楼采用了 TN-S 系统，故该住宅楼也只能采用 TN-S 系统，是否正确？

分析： 对于该住宅楼的供电采用何种接地系统，其目的是为了安全，也就是保护性接地。根据图 1-21 可知，这三种接地形式配上相应保护设备，均是可行的。但从图 1-21（b）

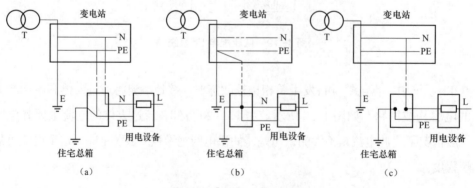

图 1-21　[例 1-1] 分析图

中可以看出，其所示方案比较经济，同时在总 N 线因故拆断时，其 N 线已接地，不会因相负荷不平衡而造成基准电位大的漂浮而烧坏家用电器。图 1-21（c）所示为 TT 系统，也是可行的、经济的，但必须设置剩余电源动作保护。

例 1-2 **在 TT 系统中，N 线和 PE 线接错后的危害是什么?**

分析：在 TT 系统中，N 线和 PE 线接地时是相互独立的，因此绝对不允许接错。

如图 1-22 所示，假设在 1 号设备处接错，2 号设备接法正确，其结果是 1 号设备为一相一地运行，是不允许的，如果在 N 线 F 点断开，将造成 1 号设备金属外壳对地呈现危险电压，是极不安全的。

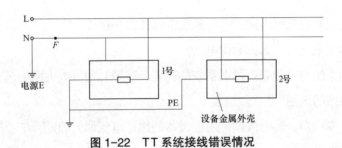

图 1-22 TT 系统接线错误情况

【任务实施及考核】

任务内容	电力系统中性点运行方式的测试	学时	2
计划方式	实操、分析讨论		
任务目的	1.掌握电力系统中性点运行方式。 2.掌握低压配电系统的接地形式。 3.通过本任务的学习，让学生掌握电力系统中性点运行方式及各自的特点，并会根据实际情况选择合适的中性点运行方式		
任务准备	安全帽、绝缘手套、电笔、变压器		
实施步骤	实施内容		
1	戴上安全帽和绝缘手套，在低压带电体上测试电笔是否完好		
2	找到并确认变压器的中性点		
3	检测并判断变压器中性点的运行方式		
4	判断目前的中性点运行方式与其电压等级是否匹配		

续表

5	用验电笔测试数控车间接地线是否带电
6	测量其正常运行时的线电压和相电压，再观察一相接地故障时的现象
7	根据其他情况进一步判断其接地形式
考核内容	1. 记录测试数据
	2. 分析数据并给出结论
	3. 写出实训报告

【思考与练习】

1. 什么是电力系统和电力网？电力系统由哪几部分组成？

2. 什么称为变电站？什么称为配电站？

3. 试述电力系统与工业企业供电系统的构成、区域和地方电力网的区别以及总降压变电站和车间变电站的区别。

4. 发电机、变压器、输电线路、用电设备的额定电压如何确定？统一规定设备的额定电压的意义是什么？

5. 熟悉 GB/T 156—2017《标准电压》规定，我国的交流电力网额定电压等级主要有哪些？

6. 衡量电能质量的指标主要有哪些？

7. 什么称为电压偏移？电压偏移对用电设备有什么影响？应采取哪些措施进行电压调整？

8. 我国规定的工频是多少？对其频率偏差有何规定？

9. 工厂供电系统由哪几部分组成？

10. 变电站和配电站的任务是什么？二者的区别在哪里？

11. 电力系统的中性点运行方式有几种？

12. 中性点不接地的电力系统若发生单相接地故障，其故障相对地电压等于多少？此时接地点的短路电流是正常运行的单相对地电容电流的多少倍？

13. 为什么小电流接地系统发生单相接地时，允许系统暂时继续运行，但不允许长期运行？

14. 中性点直接接地系统发生单相接地时，各相对地电压如何变化？系统能否继续运行？

15. 低压配电系统中的中性线（N 线）、保护线（PE 线）和保护中性线（PEN 线）各有哪些功能？

16. 什么是低压配电的 IT 系统和 TT 系统？各有什么特点？

17. 如何区分 TN-C 系统、TN-S 系统和 TN-C-C 系统？

18. 为了保护线路，有人在 TN-C 系统的 PEN 线上安装了熔断器，你认为此系统可否安全运行？举例说明其危害。

项目 2　供配电系统计算

【项目描述】

　　本项目以工厂车间变电站设计与选型计算为载体，分两个任务来学习工厂车间变电站供配电系统的负荷分类、计算；短路电流的计算方法等。首先学习最基本的专业知识，如电力负荷分级、对供电的要求，以及绘制负荷曲线的实际意义。通过对一组设备进行负荷计算的实例讲授用需要系数法确定三相用电设备组计算负荷的方法，并根据计算的结果来进行设备的选型以及导线截面的选择，明确计算短路电流的实际意义。通过学习，使学生具备车间变电站供配电系统负荷计算和选型能力，初步具有供配电系统设计思路，能理解短路过程中的相关物理量，并具有短路电流的计算能力。

【知识目标】

　　1. 了解工厂的电力负荷，确定电力负荷等级。

　　2. 根据了解的电力负荷情况，正确估计工厂、车间、设备等的负荷曲线。

　　3. 掌握按需要系数法确定计算负荷。

　　4. 掌握电力系统短路的定义及种类、短路的原因和危害、短路电流计算的目的。

　　5. 掌握用欧姆法进行短路电流计算的方法。

【技能目标】

　　1. 会进行一般工厂负荷的计算。

　　2. 通过电力负荷的计算结果，学会对导线、电气设备进行选择，具备电气设备选型能力。

　　3. 掌握尖峰电流的计算。

　　4. 掌握供电系统三相短路电流的计算。

　　5. 具备团结合作、组织与语言表达能力，培养学生分析问题、解决问题的能力和严谨的工作作风。

　　6. 培养学生整理资料与分析能力，理论知识运用能力。

任务 2.1 工厂电力负荷与负荷曲线

【任务描述】

在工矿企业供电及设计及运行中，我们需要分析工厂的电力负荷情况，并确定其电力负荷等级，为变电站的设计及运行提供依据。这就要求我们必须了解什么是电力负荷？如何描述电力负荷？与电力负荷相关的物理量有哪些？根据了解的电力负荷情况，正确估计工厂、车间、设备等的负荷曲线。

【相关知识】

一、工厂电力负荷的分级

电力负荷又称电力负载，有两种含义：一种是指耗用电能的用电设备或用户，如重要负荷、一般负荷、动力负荷和照明负荷等；另一种是指用电设备或用户耗用的功率或电流大小，如轻负荷（轻载）、重负荷（重载）、空负荷（空载）和满负荷（满载）等。电力负荷的具体含义视具体情况而定。

1. 工厂电力负荷的分级

工厂的电力负荷，按 GB 50052—2009《供配电系统设计规范》规定，根据其对供电可靠性的要求及中断供电造成的损失或影响的程度分为三级：

（1）一级负荷。一级负荷为中断供电将造成人身伤亡者，或者中断供电将在政治、经济上造成重大损失者，如重大设备损坏、重大产品报废、用重要原料生产的产品大量报废、国民经济中重点企业的连续生产过程被打乱需要长时间才能恢复等。

在一级负荷中，当中断供电将发生中毒、爆炸和火灾等情况的负荷，以及特别重要场所不允许中断供电的负荷，应视为特别重要的负荷。

（2）二级负荷。二级负荷为中断供电将在政治、经济上造成较大损失者，如主要设备损坏、大量产品报废、连续生产过程被打乱需较长时间才能恢复、重点企业大量减产等。

（3）三级负荷。三级负荷为一般电力负荷，所有不属于上述一、二级负荷者均属三级负荷。

2. 各级电力负荷对供电电源的要求

（1）一级负荷对供电电源的要求：由于一级负荷属于重要负荷，如果中断供电造成的后果将十分严重，因此要求由两路电源供电，当其中一路电源发生故障时，另一路电源应不致同时受到损坏。

一级负荷中特别重要的负荷，除上述两路电源外，还必须增设应急电源。为保证对特别重要负荷的供电，严禁将其他负荷接入应急供电系统。

常用的应急电源有：①独立于正常电源的发电机组；②供电网络中独立于正常电源的专门供电线路。

（2）二级负荷对供电电源的要求：二级负荷也属于重要负荷，要求由两回路供电，供电变压器也应有两台，但这两台变压器不一定在同一变电站。在其中一回路或一台变压器发生常见故障时，二级负荷应不致中断供电，或中断后能迅速恢复供电。只有当负荷较小或者当地供电条件困难时，二级负荷可由一回路 6kV 及以上的专用架空线路供电。这是考虑架空线路发生故障时，较之电缆线路发生故障时易于发现且易于检查和修复。当采用电缆线路时，必须采用两根电缆并列供电，每根电缆应能承受全部二级负荷。

（3）三级负荷对供电电源的要求：由于三级负荷为不重要的一般负荷，因此它对供电电源无特殊要求。

二、工厂常用的用电设备

工厂常用的用电设备种类繁多，根据其用途和特点，大致可以分为四类：生产加工机械的拖动设备、电焊和电镀设备、电热设备、照明设备。

1. 生产加工机械的拖动设备

生产加工机械的拖动设备又可分为机床设备和起重运输设备两种。

机床设备是工厂切削和压力加工的主要设备，常见的有车床、铣床、刨床、钻床、磨床、冲床、锯床、剪床、砂轮机等。

起重运输设备是工厂中起吊和搬运物料、运输客货的重要工具，常见的有起重机（吊车、行车）、输送机、电梯及自动扶梯。另外，空气压缩机、通风机、水泵等也是工厂的常用辅助设备。

这些设备的主要动力，一般都由多台电动机供给，工作方式大都属于长期连续工作方式（除起重机的吊车、行车外），设备的容量可以从几千瓦到几十千瓦，单台设备的功率因数在 0.8 以上。

2. 电焊和电镀设备

电焊设备也是工厂中的常见用电设备，常见的电焊机有电弧焊机和电阻焊机。

电焊机的工作特点是：

（1）工作方式呈一定的周期性，工作时间和停歇时间相互交替。

（2）功率较高，380V 单台电焊机功率可达 400kVA，三相电焊机功率最大可达 1000kVA。

（3）功率因数低，电弧焊机的功率因数为 0.3 ~ 0.35，电阻焊机的功率因数为 0.4 ~ 0.85。

（4）工作地点不稳定，经常移动。

电镀的作用是防止腐蚀，增加美观，提高零件的耐磨性或导电性等，如镀铜、镀铬。另外，塑料、陶瓷等非金属零件表面，经过适当处理后进行电镀也可以形成导电层。

电镀设备的工作特点是：

（1）工作方式为长期连续工作。

（2）采用直流电源供电，需要晶闸管整流设备。

（3）容量较大，功率从几十千瓦到几百千瓦。

（4）功率因数较低，为 0.4 ~ 0.62。

3. 电热设备

工厂电热设备的种类也很多，通常有电阻加热炉、感应热处理及红外线加热设施等。

电热设备的工作特点是：

（1）工作方式为长期连续工作。

（2）电力装置属于一级、二级或三级负荷。

（3）功率因数都较高，可接近 1。

4. 照明设备

电气照明是工厂供电系统的重要组成部分，合理的照明设计和照明设备的选用是工作场所得到良好照明环境的保证。照明设备的工作特点是：

（1）工作方式为长期连续工作。

（2）除白炽灯、卤钨灯的功率因数为 1 外，其他类型的照明设备，如荧光灯、高压汞灯、高压钠灯和钨卤化物灯的功率因数均较小。

（3）照明负荷为单相负荷，单个照明设备容量较小。

（4）照明负荷在工厂总负荷中所占比例通常在 10% 左右。

三、工厂用电设备的工作制

工厂用电设备的工作制分为以下三类：

1. 连续工作制

这类工作制的设备在恒定负荷下运行，其运行时间长到足以使之达到热平衡状态，如通风机、水泵、空气压缩机、电热设备、照明设备、电镀设备、运输机等。此类设备在计算其设备容量时，可直接查取其铭牌上的额定容量（额定功率），不用转换计算。

2. 短时工作制

这类工作制的设备在恒定负荷下运行的时间短，而停歇的时间较长，如机床上的某些辅助电动机、控制闸门的电动机等。

此类设备在工厂负荷中占比很小，在计算其设备容量时，可直接查取其铭牌功率。

3. 断续周期工作制

这类工作制的设备周期性地工作—停歇—工作，如此反复运作，而工作周期一般不超过 10min，如电焊机、起重机械。

断续周期工作制的设备可用"负荷持续率"（又称暂载率）来表征工作特性。

负荷持续率为一个工作周期内工作时间与工作周期的百分比值，用 ε 表示，即

$$\varepsilon = \frac{t}{T} \times 100\% = \frac{t}{t + t_0} \times 100\% \qquad (2\text{-}1)$$

式中：T 为工作周期；t 为工作周期内的工作时间；t_0 为工作周期内的停歇时间。

4. 设备容量的确定

用电设备铭牌上的"额定容量"（额定功率）P_N，经过换算至统一规定的工作制下的"额定功率"称为设备容量，用 P_e 表示。

（1）连续工作制和短时工作制的设备容量就是设备铭牌上的额定功率，即

$$P_e = P_N \qquad (2\text{-}2)$$

（2）断续周期工作制的设备容量是将某负荷持续率下的铭牌上的额定功率换算到统一的负荷持续率下的功率。断续周期工作制设备的额定容量（铭牌上的额定功率）P_N，是对应于某一标准负荷持续率 ε_N 的。如实际运行的负荷持续率 $\varepsilon \neq \varepsilon_N$，则实际容量 P_e 应按同一周期内等效发热条件进行换算。数学推导证明，设备容量与负荷持续率的平方根成反比，即

$$P_e = P_N \sqrt{\frac{\varepsilon_N}{\varepsilon}} \qquad (2\text{-}3)$$

常用设备的换算要求如下：

1）电焊机：要求统一换算到 $\varepsilon = 100\%$ 时的功率，即

$$P_e = P_N \sqrt{\frac{\varepsilon_N}{\varepsilon_{100\%}}} = \sqrt{\varepsilon_N} P_N \qquad (2\text{-}4)$$

式中：P_e 为设备容量；ε_N 为标准负荷持续率；P_N 为额定容量（铭牌上的额定功率）；$\varepsilon_{100\%}$ 为其值是 100% 的负荷持续率（计算中用 1）。

电焊设备的标准负荷持续率 ε_N 有 50%、65%、75% 和 100% 四种。

2）起重机（吊车电动机）：要求统一换算到 $\varepsilon = 25\%$ 时的额定功率，即

$$P_e = P_N \sqrt{\frac{\varepsilon_N}{\varepsilon_{25\%}}} = 2\sqrt{\varepsilon_N} P_N \qquad (2\text{-}5)$$

式中：$\varepsilon_{25\%}$ 为其值为 25% 的负荷持续率（用 0.25 计算）。

起重机的标准负荷持续率 ε_N 有 15%、25%、40% 和 60% 四种。

3）照明设备：

a. 不用镇流器的照明设备（如白炽灯、碘钨灯），其设备容量指灯头的额定功率，即

$$P_\mathrm{e}=P_\mathrm{N} \tag{2-6}$$

b. 用镇流器的照明设备（如荧光灯、高压汞灯、金属卤化物灯），其设备容量要包括镇流器中的功率损失。

荧光灯：$P_\mathrm{e}=1.2P_\mathrm{N}$。

高压汞灯、金属卤化物灯：$P_\mathrm{e}=1.1P_\mathrm{N}$。

例 2-1　某小批量生产车间 380V 线路上接有金属切削机床共 20 台（其中 10.5kW 有 4 台，7.5kW 有 8 台，5kW 有 8 台），车间有 380V 电焊机 2 台（每台容量 20kVA，$\varepsilon_\mathrm{N}=65\%$，$\cos\varphi=0.5$），车间有吊车 1 台（11kW，$\varepsilon_\mathrm{N}=25\%$），试计算此车间的设备容量。

解（1）金属切削机床的设备容量。

金属切削机床属于连续工作制设备，令金属切削机床的总容量为 P_e1，则 20 台金属切削机床的总容量可由式（2-2）求得

$$P_\mathrm{e1}=\sum P_\mathrm{N1}=(10.5\times4+7.5\times8+5\times8)=142（\mathrm{kW}）$$

（2）电焊机的设备容量。

电焊机属于断续周期工作制设备，它的设备容量应统一换算到 $\varepsilon=100\%$ 时的额定功率，令电焊机的总容量为 P_e2，则 2 台电焊机的设备总容量可由式（2-4）求得

$$P_\mathrm{e2}=P_\mathrm{N}\sqrt{\frac{\varepsilon_\mathrm{N}}{\varepsilon_{100\%}}}=\sqrt{\varepsilon_\mathrm{N}}P_\mathrm{N}$$
$$=\sqrt{0.65}\times2\times S_\mathrm{N}\times\cos\varphi=\sqrt{0.65}\times2\times20\times0.5\mathrm{kW}=16.1\mathrm{kW}$$

（3）吊车的设备容量。

吊车属于断续周期工作制设备，它的设备容量应统一换算到 $\varepsilon=25\%$ 时的额定功率，令吊车的总容量为 P_e3，则 1 台吊车的设备容量可由式（2-5）求得

$$P_\mathrm{e3}=P_\mathrm{N}\sqrt{\frac{\varepsilon_\mathrm{N}}{\varepsilon_{25\%}}}=2\sqrt{\varepsilon_\mathrm{N}}P_\mathrm{N}=2\times\sqrt{0.25}\times11\mathrm{kW}=11\mathrm{kW}$$

（4）车间的设备总容量。

$$P_\mathrm{e}=P_\mathrm{e1}+P_\mathrm{e2}+P_\mathrm{e3}=(142+16.1+11)\mathrm{kW}=169.1\mathrm{kW}$$

四、负荷曲线及有关物理量

负荷曲线是表示电力负荷随时间变动情况的曲线。它将日常记录和积累的数据绘制在直角坐标系上，纵坐标表示负荷功率值，横坐标表示对应的时间，一般以小时（h）为单位。

通过负荷的统计计算求出的、用来按发热条件选择供电系统中各元件的负荷值称为计算负荷。

1. 负荷曲线的分类

按负荷对象分：工厂、车间和某台设备的负荷曲线。

按负荷的功率性质分：有功和无功负荷曲线。

按表示的时间分：年、月、日的负荷曲线或工作班的负荷曲线。

按绘制方式分：依点连成的负荷曲线，如图 2-1（a）所示，以及梯形负荷曲线，如图 2-1（b）所示。

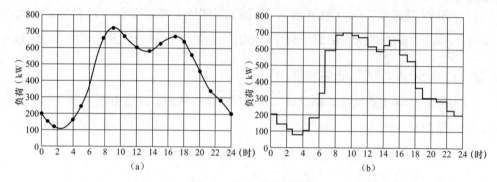

图 2-1　日有功负荷曲线

（a）依点连成的负荷曲线；（b）梯形负荷曲线

2. 负荷曲线的绘制

负荷曲线通常都绘制在直角坐标系上，横坐标表示负荷变动时间，纵坐标表示负荷大小（功率 kW、kvar）。年负荷曲线是按全年每日的最大半小时平均负荷来绘制的。图 2-2（a）所示，为年负荷持续时间曲线；图 2-2（b）所示，为年每日最大负荷曲线。这种年负荷曲线主要用来确定经济运行方式，即用来确定何段时间投入变压器台数的多少，使供电系统的能耗达到最小，以获得最大的经济效益。

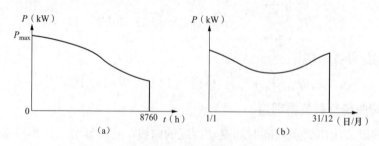

图 2-2　年负荷曲线

（a）年负荷持续时间曲线；（b）年每日最大负荷曲线

3. 与负荷曲线有关的参数

（1）年最大负荷 P_{max} 和年最大负荷利用小时 T_{max}。

年最大负荷和年平均负荷反映了全年负荷变动与对应的负荷持续时间（全年按 8760h 计）的关系，如图 2-3 所示。

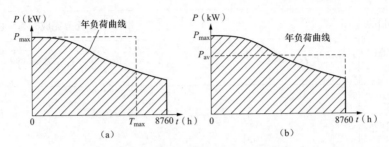

图 2-3 年最大负荷和年平均负荷

（a）年最大负荷和年最大负荷利用小时；（b）年平均负荷

年最大负荷 P_{max}：年负荷持续时间曲线上的最大负荷，它是全年中负荷最大的工作班消耗电能最多的半小时平均负荷 P_{30}，即 $P_{max}=P_{30}$。

年最大负荷利用小时 T_{max}：假设负荷按最大负荷 P_{max} 持续运行时，在此时间内电力负荷所耗用的电能与电力负荷全年实际耗用的电能相同。

$$T_{max} = \frac{W_a}{P_{max}} \tag{2-7}$$

式中：T_{max} 为年最大负荷利用小时；W_a 为负荷全年实际耗用电能；P_{max} 为年最大负荷。

T_{max} 是一个反映工厂负荷特征的重要参数，一班制工厂的 $T_{max}=1800\sim3000h$；两班制工厂的 $T_{max}=3500\sim4800h$；三班制工厂的 $T_{max}=5000\sim7000h$。

（2）平均负荷 P_{av} 和年平均负荷。

平均负荷就是负荷在一定时间 t 内平均消耗的功率

$$P_{av} = \frac{W_t}{t} \tag{2-8}$$

式中：P_{av} 为平均负荷；W_t 为 t 时间内耗用的电能；t 为时间。

年平均负荷就是全年工厂负荷消耗的总电能除全年总小时数。

$$P_{av} = \frac{W_a}{8760h} \tag{2-9}$$

综上所述，从各种负荷曲线上可以直观地了解电力负荷变动的情况。通过对负荷曲线的分析，可以更深入地掌握负荷变动的规律，并从中获得一些对设计和运行有用的资料。因此负荷曲线对于从事工厂供电设计和运行的人员来说，是很重要的。

【任务实施及考核】

查阅资料分析某机械厂的电力负荷情况，确定电力负荷等级，分析电力负荷曲线重要物理量，并分组汇报分析结果。

姓名		专业班级		学号	
任务内容及名称					
1.任务实施目的			2.任务完成时间：1学时		
3.任务实施内容及方法步骤					
4.分析结论					
指导教师评语（成绩）				年 月 日	
任务总结	通过本任务的学习，让学生理解电力负荷分级及有关概念，懂得如何描述车间、工厂的电力负荷情况，为后续知识的学习做铺垫				

任务 2.2 负荷计算的方法

【任务描述】

完成本任务要求学生理解计算负荷的概念，掌握需要系数法的基本公式及其含义，能够根据需要查阅计算负荷需要的基础数据，具备应用掌握的理论知识计算用电设备组计算负荷的能力，通过计算负荷可以确定供配电系统的用电计算负荷，以便正确合理地选择电气设备和线路，并为进行无功补偿提高功率因数提供依据，由此再合理地选择变压器、开关电器及导线电缆。

【相关知识】

一、计算负荷的确定

在工厂供电设计中，"电力负荷"在不同的场合可以有不同的含义，它可以指用电设备（变压器、开关设备、电动机等）或用电单位，也可以指用电设备或用电单位的功率（或电流）的大小（而不是指它们的阻抗）。例如，发电机、变压器的负荷是指它们输出的电功率（或电流），线路的负荷就是指通过导线的容量（或电流）。如果负荷达到了电气设备铭牌规定的数值（额定容量）就称为满负荷（或满载）。

进行工业企业供电设计时，首先考虑的是全厂要用多少电，即总负荷计算。工厂里各种用电设备在运行中其负荷时大时小地变化着，但不应超过其额定容量。此外，各台用电设备的最大负荷一般不会在同一时间出现，显然全厂的最大负荷总是比全厂各种用电设备额定容量的总和要小。若根据全厂用电设备额定容量的总和作为计算负荷来选择导线截面和开关电器、变压器等，则将造成投资和设备的浪费；反之，若负荷计算过小，则导线、开关电器、变压器等有过热的危险，使线路及各种电气设备的绝缘老化，过早损坏，甚至引发事故。所以进行电力负荷计算的目的是合理地选择供电系统中的导线、开关电器、变压器等，使电气设备和材料得到充分利用和安全运行。

负荷计算：是指对某一线路中的实际用电负荷的运行规律进行分析，从而求出该线路的计算负荷的过程。

负荷计算是工厂供电设计及运行中很重要的一环。不过由于负荷情况复杂，影响负荷计算的因素很多，要准确地进行计算是很困难的。因此负荷计算的原则是力求接近实际，留有一定余地，保证运行安全。理论及实践均证明，计算负荷实际上与从曲线图上查得的年最大负荷 P_{max}，即半小时最大负荷 P_{30} 是基本相当的。因此，计算负荷也可认为就是半小时最大负荷。

负荷计算方法包括：

（1）需要系数法：需要系数法是指用设备容量乘以需要系数，直接求出计算负荷。这种方法比较简便，应用广泛，尤其适用于变配电站的负荷计算，本书主要介绍需要系数法进行负荷计算。

（2）二项式系数法：二项式系数法考虑了用电设备中几台功率较大的设备工作时对负荷影响的附加功率，一般适用于低压配电支干线和配电箱的负荷计算。

计算负荷是用统计计算求出的，用来选择和校验变压器容量及开关设备、连接该负荷的电力的负荷值。

计算负荷是指导体中通过一个等效负荷时，导体的最高温升正好与通过实际变动负荷时产生的最高温升相等，该等效负荷就称为计算负荷。

由于导体通过电流达到稳定温升的时间为（3~4）τ，τ 为发热时间常数。对中小截面（$35mm^2$ 以下）的导体，其 τ 约为 10min，故载流导体约经 30min 后可达到稳定温升值。由此可见，再次证明计算负荷实际上与负荷曲线上查到的半小时最大负荷 P_{30}（即年最大负荷 P_{max}）基本是相当的。

本书用 P_c 来表示有功计算负荷，用 Q_c、S_c 和 I_c 分别表示无功计算负荷、视在计算负荷和计算电流。

二、单独用电设备的负荷计算

（1）单台电动机，供电线路在 30min 内出现的最大平均负荷，即计算负荷为

$$P_c = P_e / \eta_N \tag{2-10}$$

$$Q_c = P_c \tan\varphi \tag{2-11}$$

$$S_c = P_c / \cos\varphi = \sqrt{P_c^2 + Q_c^2} \tag{2-12}$$

式中：P_c 为有功计算负荷，kW；Q_c 为无功计算负荷，kvar；S_c 为视在计算负荷，kVA；P_e 为设备容量（常用单位 kW）；η_N 为电动机在额定负荷下的效率。

（2）单个照明设备、单台电热设备、电炉变压器等设备，设备容量就作为其计算负荷，即

$$P_c = P_e \qquad (2\text{-}13)$$

（3）单台反复短时工作制的设备，其设备容量均作为计算负荷。不过对于吊车类和电焊类设备，则应进行相应的换算。

三、用需要系数法进行负荷计算

我国目前普遍采用的负荷计算方法是"需要系数法"和"二项式系数法"。这两种方法均简便实用，又各具特色，前一种方法世界各国已普遍采用，后一种方法适用于有些特点的场合，本书仅讨论需要系数法。

1. 需要系数法的基本公式

需要系数 K_d：是用电设备组在最大负荷时所需要的有功功率 P_c 与其总的设备容量 P_e 的比值，即

$$K_d = \frac{P_c}{P_e} \qquad (2\text{-}14)$$

在这里，用电设备组的设备容量 P_e 是指用电设备组所有设备（不含备用设备）的设备容量 P_{ei} 之和，即

$$P_e = \sum P_{ei} \qquad (2\text{-}15)$$

K_d 是考虑了以下四种情况而取的系数：

（1）用电设备组中的设备实际上不一定都同时运行。

（2）运行的设备也不太可能都满负荷运行。

（3）设备本身有功率损耗。

（4）配电线路有功率损耗。

实际需要系数 K_d 不仅与用电设备组的工作性质、设备台数、设备效率和线路损耗有关，而且与操作人员的技能和生产组织等多种因素有关，详见表 2-1。

表 2-1　各用电设备组的需要系数 K_d 及功率因数表

用电设备组名称	需要系数 K_d	二项式系数		最大容量设备台数 x	功率因数 $\cos\varphi$	$\tan\varphi$
		b	c			
小批量生产金属冷加工机床	0.16 ~ 0.2	0.14	0.4	5	0.5	1.73
大批量生产金属冷加工机床	0.18 ~ 0.25	0.14	0.5	5	0.5	1.73
小批量生产金属热加工机床	0.25 ~ 0.3	0.24	0.4	5	0.6	1.33
大批量生产金属热加工机床	0.3 ~ 0.35	0.26	0.5	5	0.65	1.17

用电设备组名称	需要系数 K_d	二项式系数		最大容量 设备台数 x	功率因数 $\cos\varphi$	$\tan\varphi$
		b	c			
通风机、水泵、空气压缩机	0.7 ~ 0.8	0.65	0.25	5	0.8	0.75
非联锁的连续运输机械	0.5 ~ 0.6	0.4	0.2	5	0.75	0.88
联锁的连续运输机械	0.65 ~ 0.7	0.6	0.2	5	0.75	0.88
锅炉房和机加工、机修、装配车间的吊车	0.1 ~ 0.15	0.06	0.2	3	0.5	1.73
铸造车间的吊车	0.15 ~ 0.25	0.09	0.3	3	0.5	1.73
自动装料电阻炉	0.75 ~ 0.8	0.7	0.3	2	0.95	0.33
非自动装料电阻炉	0.65 ~ 0.75	0.7	0.3	2	0.95	0.33
小型电阻炉、干燥箱	0.7	0.7			1.0	0
高频感应电炉（不带补偿）	0.8				0.6	1.33
工频感应电炉（不带补偿）	0.8				0.35	2.68
电弧熔炉	0.9				0.87	0.57
点焊机、缝焊机	0.35				0.6	1.33
对焊机	0.35				0.7	1.02
自动弧焊变压器	0.5				0.4	2.29
单头手动弧焊变压器	0.35				0.35	2.68
多头手动弧焊变压器	0.4				0.35	2.68
生产厂房、办公室、实验室照明	0.8 ~ 1				1.0	0
变配电室、仓库照明	0.5 ~ 0.7				1.0	0
生活照明	0.6 ~ 0.8				1.0	0
室外照明	1				1.0	0

按需要系数法确定三相用电设备组的计算负荷公式

$$P_c = K_d \sum_{i=1}^{n} P_i \qquad (2-16)$$

$$K_d = \frac{K_\Sigma K_L}{\eta_e \eta_{W1}} \qquad (2-17)$$

式中：K_Σ 为同时系数，并非供电范围内的所有用电设备都会同时投入使用；K_L 为负荷系数，并非投入使用的所有电气设备任何时候都会满负荷运行；η_e 为电气设备的平均效率，电气设备额定功率与输入功率不一定相等；η_{W1} 为平均效率，考虑直接向电气设备配电的配电线路上的功率损耗后，电气设备输入功率与系统向设备提供的功率不一定相同。

2. 需要系数法应用的几个问题

（1）对 1~2 台用电设备

$$K_d = 1$$

（2）用电设备组的计算负荷。

有功计算负荷：$P_c = K_d P_e$（常用单位 kW）；

无功计算负荷：$Q_c = P_c \tan\varphi$（常用单位 kvar）；

视在计算负荷：$S_c = P_c / \cos\varphi = \sqrt{P_c^2 + Q_c^2}$（常用单位 kVA）；

计算电流：$I_c = \dfrac{S_c}{\sqrt{3}U_N}$（常用单位 A）。

（3）多组用电设备的计算负荷。

总的有功计算负荷：$P_c = K_\Sigma \sum P_{ci}$（常用单位 kW）；

总的无功计算负荷：$Q_c = K_\Sigma \sum Q_{ci}$（常用单位 kvar）；

总的视在计算负荷：$S_c = \sqrt{P_c^2 + Q_c^2}$（常用单位 kVA）；

总的计算电流：$I_c = \dfrac{S_c}{\sqrt{3}U_N}$（常用单位 A）。

在确定多组用电设备的计算负荷时，应考虑各组用电设备的最大负荷不会同时出现的因素，计入一个同时系数 K_Σ，部分车间和母线的同时系数见表 2-2。

表 2-2　部分车间和母线的同时系数 K_Σ

应用范围	K_Σ
确定车间变电站低压线路最大负荷	
冷加工车间	0.7 ~ 0.8
热加工车间	0.7 ~ 0.9
动力站	0.8 ~ 1.0
确定配电站母线的最大负荷	
计算负荷小于 5000kW	0.9 ~ 1.0
计算负荷为 5000 ~ 10000kW	0.85
计算负荷大于 10000kW	0.8

需要系数法比较适用于用电设备台数比较多，而单台设备容量相差不大的情况。应用此法计算时，首先要正确判明用电设备的类别和工作状态，例如机修车间的金属切削机床电动机属于小批生产的冷加工机床电动机；压塑机、拉丝机和锻造属于热加工机床；起重机、行车、电动葫芦、卷扬机均属于吊车类。

例 2-2　同［例 2-1］，某小批量生产车间 380V 线路上接有金属切削机床共 20 台（其中 10.5kW 有 4 台，7.5kW 有 8 台，5kW 有 8 台），车间有 380V 电焊机 2 台（每台容量 20kVA，$\varepsilon_N = 65\%$，$\cos\varphi = 0.5$），车间有吊车 1 台（11kW，$\varepsilon_N = 25\%$），试计算此车间的计算负荷。

解　由［例 2-1］计算结果可知：

金属切削机床的设备总容量：$P_{e1} = 142$kW；

电焊机的设备总容量：$P_{e2} = 16.1$kW；

吊车的设备总容量：P_{e3}=11kW；

车间的设备总容量：P_e=169.1kW。

（1）金属切削机床组的计算负荷。

由表 2-1 中查取 K_d=0.2，$\cos\varphi$=0.5，$\tan\varphi$=1.73，计算得

$P_{c.1}$=0.2×142kW=28.4（kW）；

$Q_{c.1}$=1.73×28.4kvar=49.1（kvar）；

$S_{c.1}=\sqrt{28.4^2+49.1^2}=56.8$（kVA）；

$I_{c.1}=\dfrac{56.8}{\sqrt{3}\times0.38}=86.3$（A）。

（2）电焊机组的计算负荷。

由表 2-1 的"单头手动弧焊变压器"一行中查取 K_d=0.35，$\cos\varphi$=0.35，$\tan\varphi$=2.68，计算得：

$P_{c.2}$=0.35×1.61=5.6（kW）；

$Q_{c.2}$=5.6×2.68=15.0（kvar）；

$S_{c.2}=\sqrt{5.6^2+15.0^2}=16.0$（kVA）；

$I_{c.2}=\dfrac{16}{\sqrt{3}\times0.38}=24.3$（A）。

（3）吊车的计算负荷。

由表 2-1 的"锅炉房和机加、机修、装配车间的吊车"一行中查取 K_d=0.15，$\cos\varphi$=0.5，$\tan\varphi$=1.73，计算得：

$P_{c.3}$=0.15×11=1.7（kW）；

$Q_{c.3}$=1.7×1.738=2.9（kvar）；

$S_{c.3}=\sqrt{1.7^2+2.9^2}=3.4$（kVA）；

$I_{c.3}=\dfrac{3.4}{\sqrt{3}\times0.38}=5.2$（A）。

（4）全车间的总计算负荷。

根据表 2-2，取同时系数 K_Σ=0.8，所以全车间的计算负荷为：

$P_c=K_\Sigma\cdot\sum P_{ci}$=0.8×（28.4+5.6+1.7）=28.6（kW）

$Q_c=K_\Sigma\cdot\sum Q_{ci}$=0.8（49.1+15+2.9）=53.6（kvar）

$S_c=\sqrt{28.6^2+53.6^2}=60.8$（kVA）

$I_c=\dfrac{60.8}{\sqrt{3}\times0.38}=92.4$（A）

结果分析：若取车间 $\cos\varphi$=0.5，通过表 2-3 可以看出经过设备容量的计算和需要系数法（考虑同时系数）计算后不同的负荷值。

表 2-3　用需要系数法计算前后容量和计算负荷分析表

设备类别	铭牌额定功率 P（kW）	电流 $I=\dfrac{P}{\sqrt{3}U\cos\varphi}$（A）	设备容量 P_e（kW）	电流 $I=\dfrac{P}{\sqrt{3}U\cos\varphi}$（A）	需要系数法求计算负荷	
					P_c（kW）	I（A）
机床组	142	431.51	142	431.5	28.4	86.3
电焊机组	20	60.8	16.1	48.9	5.6	24.3
吊车组	11	33.4	11	33.4	1.7	5.2
车间总计	173	525.7	169.1	513.8	28.6	92.4

四、尖峰电流的计算

1. 尖峰电流的概念

尖峰电流是由于电动机启动等原因，短时间（1～2s）出现的比额定电流大几倍的电流。尖峰电流是选择熔断器、整定自动空气开关、整定继电保护装置的重要依据。

2. 尖峰电流的计算方法

（1）单台设备尖峰电流的计算。

单台用电设备的尖峰电流就是其启动电流，因此

$$I_{PK}=I_{st}=K_{st}I_N \tag{2-18}$$

式中：I_N 为用电设备的额定电流；I_{st} 为用电设备的启动电流；K_{st} 为用电设备的启动电流倍数，可查设备铭牌或技术说明书。

一般笼式电动机 $I_{st}=5\sim7$，绕线式电动机 $I_{st}=2\sim3$，直流电动机 $I_{st}=1.7$，电焊变压器 $I_{st}\geqslant3$。

（2）多台用电设备尖峰电流的计算。

对接有多台用电设备的配电线路，其尖峰电流可按下式确定

$$I_{PK}=I_c+(I_{st}-I_N)_{max} \tag{2-19}$$

$$I_c=K_\Sigma\sum I_N$$

式中：$(I_{st}-I_N)$ 为电动机中最大的那台电动机的电流差值；I_c 为全部用电设备投入时，线路上的计算电流；K_Σ 为多台用电设备的同时系数，按台数的多少可取 0.7～1。

例 2-3　有一条 380V 的线路，供电给 4 台电动机，负荷资料如表 2-4 所示，试计算该 380V 线路上的尖峰电流。

表 2-4　电动机负荷资料

参数	电动机			
	1M	2M	3M	4M
额定电流（A）	5.8	5	35.8	27.6

参数	电动机			
	1M	2M	3M	4M
启动电流（A）	40.6	35	197	193.2

解　由表 2-4 可知，电动机 4M 的 $I_{st}-I_N=193.2-27.6=165.6$（A）为最大，因此按式（2-24）计算（取 $K_\Sigma=0.9$）得线路的尖峰电流为

$$I_{PK}=I_c+(I_{st}-I_N)_{max}=0.9\times(5.8+5+35.8+27.6)+165.6=232.38（A）$$

【任务实施及考核】

项目名称	供配电系统计算		
任务内容	某工厂供配电系统电力负荷的计算	学时	2
计划方式	设计、计算		
任务准备	分组，发放任务书，查阅资料		
任务目的	1. 熟悉工厂供电设计的基本内容、程序与要求。 2. 会用需要系数法进行负荷计算。 3. 能对某一小型工厂负荷进行整体计算		
基础资料	某制造厂共有 8 个车间、2 栋行政办公楼、1 个大型职工宿舍区，负荷情况如下表，请完成整个工厂的负荷计算。（同时系数取 0.9）		

序号	用电单位名称	负载性质	设备容量（kW）	需要系数	cosφ	tanφ	计算负荷			
							P_{30}（kW）	Q_{30}（kvar）	S_{30}（kVA）	I_{30}（A）
1	1 号车间	动力	300	0.32	0.7	1.02				
		照明	7	0.9	1.0	0				
2	2 号车间	动力	180	0.25	0.65	1.17				
		照明	5	0.85	1.0	0				
⋮	……	……	……	……	……	……				
11	宿舍区	照明	260	0.7	1.0	0				
12	以上小计		1700	—	—	—	722.2	860.2	—	—
13	380V 侧未补偿时的总负荷（$K_P=0.9$；$K_Q=0.93$）		1700	—	—	0.63				
14	380V 侧无功补偿容量		1700							
15	380V 侧补偿后总容量		1700	—	—	0.92				
16	SL7 型变压器损耗		—	—	—	—			—	—
17	工厂 10kV 侧总负荷		1700	—	—	0.9				

续表

项目名称	供配电系统计算
实施步骤	实施内容
1	低压侧各车间的负荷计算
2	无功补偿的计算
3	变压器容量的计算
4	高压侧进线的负荷计算
考核内容	写出计算报告

*任务2.3 短路电流计算

【任务描述】

在供配电系统的设计和运行中，不仅要考虑系统的正常运行状态，还要考虑系统的不正常运行状态和故障情况，最严重的故障是短路故障。

短路电流计算的目的一是校验所选设备在短路状态下是否满足动稳定和热稳定的要求；二是为线路过电流保护装置动作电流的整定提供依据。本次任务为：

（1）熟悉供配电系统短路的原因，了解短路的后果及短路的形式；

（2）掌握用欧姆法进行短路计算的方法。

【相关知识】

一、短路故障的原因和种类

1. 短路故障的原因

短路故障是指运行中的电力系统或工厂供配电系统的相与相或者相与地之间发生的金属性非正常连接。短路产生的原因主要是系统中带电部分的电气绝缘出现破坏，造成的直接原因一般是由于过电压、雷击、绝缘材料的老化以及运行人员的误操作和施工机械的破坏，或鸟害、鼠害等原因造成的。

2. 短路故障的种类

在电力系统中，短路故障对电力系统的危害最大，按照短路的情况不同，短路的类型可分为4种，各种短路的符号、性质和特点见表2-5。

表 2-5　短路种类、表示符号、性质及特点

短路类型	示意图	代表符号	短路性质	特点
三相短路		$k^{(3)}$	对称短路	三相电路中都流过很大的短路电流，短路时电压和电流保持对称，短路点电压为零
两相短路		$k^{(2)}$	不对称短路	短路回路中流过很大的短路电流，电压和电流的对称性被破坏
单相短路		$k^{(1)}$	不对称短路	短路电流仅在故障相中流过，故障相电压下降，非故障相电压会升高
两相接地短路		$k^{(1.1)}$	不对称短路	短路回路中流过很大的短路电流，故障相电压为零

　　三相交流系统的短路种类主要有表 2-5 中所示的三相短路、两相短路、单相短路和两相接地短路。

　　当线路设备发生三相短路时，由于短路的三相阻抗相等，因此，三相电流和电压仍是对称的，所以三相短路又称为对称短路，其他类型的短路不仅相电流、相电压大小不同，而且各相之间的相位角也不相等，这些类型的短路统称为不对称短路。

　　电力系统中，发生单相短路的可能性最大，而发生三相短路的可能性最小，但通常三相短路电流最大，造成的危害也最严重。因此常以三相短路时的短路电流热效应和电动力效应来校验电气设备。

3. 短路的危害

　　发生短路时，由于短路回路的阻抗很小，产生的短路电流较正常电流大数十倍，可能高达数万甚至数十万安培。同时系统电压降低，离短路点越近电压降低越大，三相短路时，短路点的电压可能降到零。因此，短路将造成严重危害。

　　（1）短路产生很大的热量，导体温度升高，将绝缘损坏。

　　（2）短路产生巨大的电动力，使电气设备受到机械损坏。

　　（3）短路使系统电压严重降低，电气设备的正常工作受到破坏。例如异步电动机的转矩与外施电压的平方成正比，当电压降低时，其转矩降低使转速减慢，造成电动机过热烧坏。

　　（4）短路造成停电，给国民经济带来损失，给人民生活带来不便。

（5）严重的短路将影响电力系统运行的稳定性，使并联运行的同步发电机失去同步，严重的可能造成系统解列，甚至崩溃。

（6）单相短路产生的不平衡磁场，对附近的通信线路和弱电设备产生严重的电磁干扰，影响其正常工作。

由此可见，短路产生的后果极为严重，在供配电系统的设计和运行中应采取有效措施，设法消除可能引起短路的一切因素，使系统安全可靠地运行。同时，为了减轻短路的严重后果和防止故障扩大，需要计算短路电流，以便正确地选择和校验各种电气设备，计算和整定保护短路的继电保护装置和选择限制短路电流的电气设备（如电抗器）等。

4. 短路电流计算的意义

为确保电气设备在短路情况下不致损坏，或减轻短路危害和防止故障扩大，必须事先对短路电流进行计算。计算短路电流的意义在于：

（1）选择和校验电气设备。

（2）进行继电保护装置的选型与整定计算。

（3）分析电力系统的故障及稳定性能，选择限制短路电流的措施。

（4）确定电力线路对通信线路的影响等。

为了使电力系统中的电气设备在最严重的短路状态下也能可靠工作，作为选择校验设备用的短路电流，一般采用系统最大运行方式下的三相短路电流进行校验，而在继电保护（如过电流保护）的灵敏度计算中，则采用系统最小运行方式下的两相短路电流进行校验。

5. 短路计算方法

短路计算的方法常用的有两种：有名值法和标幺值法。当供配电系统中某处发生短路时，其中一部分阻抗被短接，网络阻抗发生变化，所以在进行短路电流计算时，应先对各电气设备的参数进行计算。如果各种电气设备的电阻和电抗及其他电气参数用有名值表示，称为有名值法；如果各种电气设备的电阻和电抗及其他电气参数用相对值表示，称为标幺值法。

在低压系统中，短路电流计算通常用有名值法，这种方法简单明了。而在高压系统中，通常采用标幺值法或短路容量法计算。这是由于高压系统中存在多级变压器耦合，如果用有名值法，当短路点不同时，同一元件所表现的阻抗值就不同，必须对不同电压等级中各个元件的阻抗值按变压器的变比归算到同一电压等级，使短路计算的工作量增加。限于篇幅，本任务只介绍欧姆法。

二、欧姆法计算电路的短路电流

欧姆法又称有名单位制法，因其短路计算中的阻抗都采用有名单位"欧姆"而得名。

1. 阻抗的计算

无限大容量系统发生三相短路时，三相短路电流有效值 I_k^3 可按三相电路欧姆定律公式进行计算。因为在高压电路的短路计算中，正常总电抗远比总电阻大，所以一般只计电抗，不计电阻。在计算低压侧短路时，也只有当短路电路的 $R_\Sigma > X_\Sigma/3$ 时，才需要考虑电阻。

如果不计电阻，则三相短路电流有效值为

$$I_k^3 = \frac{U_c}{\sqrt{3}\left|Z_\Sigma\right|} = \frac{U_c}{\sqrt{3}\sqrt{R_\Sigma^2 + X_\Sigma^2}} \approx \frac{U_c}{\sqrt{3}X_\Sigma} \tag{2-20}$$

式中：U_c 为短路点的短路计算电压，kV，由于线路首端短路时其短路最为严重，因此按线路首端电压考虑，短路计算电压取值应比线路额定电压 U_N 高 5%，即 $U_c=U_N\times(1+5\%)$；$\left|Z_\Sigma\right|$、R_Σ、X_Σ 分别为短路电路的总阻抗（模）、总电阻和总电抗值，Ω。

三相短路容量 $S_k^{(3)}$ 为

$$S_k^{(3)} = \sqrt{3}U_c I_k^{(3)} \text{（kVA）} \tag{2-21}$$

采用欧姆法进行短路电流计算的关键是确定短路回路的阻抗。下面分别讲述供电系统中各主要元件如（电源）电力系统、电力变压器和输电线路的阻抗计算。至于供电系统中的母线、电流互感器的一次绕组、低压断路器的过电流脱扣线圈及开关的触头（触点）等的阻抗，相对来说很小，在短路计算中可略去不计。在略去一些阻抗后，计算出来的短路电流自然稍有偏大；但用稍偏大的短路电流来校验电气设备，反而可以使其运行的安全性更有保证。

下面对短路回路中的电力系统、变压器、输电线路等的阻抗进行计算。

（1）电力系统的阻抗。

电力系统的电抗远大于电阻，可将电阻忽略不计，只考虑电抗。电抗可由电力系统变电站馈电线出口断路器的断流容量 S_{OC} 来估算。

电力系统的电抗 X_s 为

$$X_s = \frac{U_c^2}{S_{OC}} \tag{2-22}$$

式中：X_s 为电力系统的电抗，Ω；U_c 为短路点的短路计算电压，kV，应高于短路点线路额定电压 U_N 的 5%，即 $U_c=U_N\times(1+5\%)$；S_{OC} 为电力系统出口断路器的断流容量，MVA，可通过查阅高压断路器技术参数手册，如果只有断路器的开断电流 I_{OC} 的数据，则其断流容量 $S_{OC} = \sqrt{3}I_{OC}U_N$，这里 U_N 为断路器的额定电压。

（2）电力变压器的阻抗。

对于大容量电力变压器，忽略变压器绕组的电阻 R_T，只计算其电抗值，由于 $X_T \gg R_T$，因此 R_T 可忽略不计。

电力变压器的电抗 X_T 为

$$X_{\mathrm{T}} \approx \frac{U_k\%}{100}\frac{U_{\mathrm{C}}^2}{S_{\mathrm{N}}} \tag{2-23}$$

式中：X_{T} 为变压器的电抗，Ω；$U_k\%$ 为变压器短路电压（阻抗电压）百分数，由变压器技术参数表查得；S_{N} 为变压器的额定容量，kVA，由变压器技术参数表查得；U_{C} 为短路点的短路计算电压，kV，应高于短路点线路额定电压 U_{N} 的 5%，即 $U_{\mathrm{C}}=U_{\mathrm{N}}\times(1+5\%)$。

对于小容量变压器，其电阻不能忽略。变压器的电阻和电抗可直接从技术参数表中查出。

（3）输配电线路的阻抗。

忽略输电线路的电阻，只计其电抗，输电线路的阻抗即为其电抗值。

输配电线路的电抗 X_{WL} 为

$$X_{\mathrm{WL}}=X_0 L \tag{2-24}$$

式中：X_{WL} 为输配电线路电抗，Ω；X_0 为导线或电缆线单位长度电抗值，Ω/km，X_0 可按照表 2-6 来取值；L 为线路长度，km。

表 2-6　电力线路每相的单位长度电抗平均值　　　　　　　　　　　　　　　　　Ω/km

线路结构	线路电压		
	35kV 及以上	6～10kV	220V/380V
架空线	0.4	0.35	0.32
电缆线路	0.12	0.08	0.066

输电线路电阻计算公式为

$$R_{\mathrm{WL}}=R_0 L \tag{2-25}$$

式中：R_0 为输电线路单位长度的电阻，Ω，可查有关手册或产品样本；L 为导线的长度，km。

在计算短路电路的阻抗时，假如电路内含有电力变压器，则电路内各元件的阻抗都应该统一换算到短路点的短路计算电压上去。阻抗等效换算的条件是元件的功率损耗不变。

由 $\Delta P=\dfrac{U^2}{R}$ 和 $\Delta Q=\dfrac{U^2}{X}$ 可知，元件的阻抗值与电压二次平方成正比，因此，阻抗等效换算公式为

$$R' = R\left(\frac{U_{\mathrm{C}}'}{U_{\mathrm{C}}}\right)^2 \tag{2-26}$$

$$X' = X\left(\frac{U_{\mathrm{C}}'}{U_{\mathrm{C}}}\right)^2 \tag{2-27}$$

式中：R、X、U_{C} 为换算前元件的电阻、电抗、元件所在处的短路计算电压；R'、X'、U_{C}' 为

换算后元件的电阻、电抗、元件所在处的短路计算电压。

短路计算中的几个主要元件的阻抗，只有电力线路的阻抗需要换算。例如，计算低压侧的短路电流时，高压侧的线路阻抗就需要换算到低压侧。而计算电力系统和电力变压器的阻抗时，由于它们的计算公式中均含有 U_c，因此计算时，将 U_c 直接代入短路点的计算电压，就相当于阻抗已经换算到短路点一侧了。

（4）短路回路总阻抗的计算。

求出各元件的阻抗后，化简短路电路，就可以求出短路的总阻抗。

在计算短路回路的总阻抗时，由于短路回路中各元件的连接方式各有所不同，所以应根据电工知识将它们化简为简单电路，然后再进行总阻抗的计算。各种不同电网的变换及其基本公式如表 2-7 所示。

表 2-7　各种不同电网的变换及其基本公式

变换名称	变换前的网络	变换后的网络	变换后网络元件的阻抗
串联	X_1　X_2　X_3	X_Σ	$X_\Sigma = X_1 + X_2 + \cdots + X_n$
并联	X_1 X_2 X_3	X_Σ	$X_\Sigma = \dfrac{1}{\dfrac{1}{X_1} + \dfrac{1}{X_2} + \cdots + \dfrac{1}{X_n}}$

短路回路总阻抗为

$$Z_\Sigma = \sqrt{R_\Sigma^2 + X_\Sigma^2} \qquad\qquad (2-28)$$

式中：R_Σ 为短路回路的总电阻，Ω；X_Σ 为短路回路的总电抗，Ω。

若忽略短路回路的电阻，则短路回路总阻抗为

$$Z_\Sigma = X_\Sigma \qquad\qquad (2-29)$$

短路电路的总阻抗求出后，就可以按照式（2-20）计算出短路电流周期分量 $I_k^{(3)}$。

2. 欧姆法短路计算的步骤

（1）绘出短路的计算电路图，一般画成系统的单线图。

（2）确定短路计算点。一般选高压母线为一个短路计算点，选低压母线为另一个短路计算点。

（3）根据短路计算点绘出短路电路的等效电路图。此图需表示出电力系统各阻抗元件（电源、输电线路、变压器）的等效电路图。

（4）按照短路计算点的短路计算电压计算出各元件的阻抗。在等效电路图上，标明序号和阻抗值，分子标序号，分母标各元件的阻抗值。

（5）按照网络化简的方法，求等效电路的总阻抗。

（6）计算短路点的三相短路电流周期分量有效值 $I_k^{(3)}$，可用式（2-20）计算。

（7）计算短路点的三相短路容量 $S_k^{(3)}$，可用式（2-26）计算。

例 2-4 某供电系统如图 2-4 所示。已知电力系统出口断路器的断流容量为 500MVA，试求变电站 10kV 母线上 **k-1** 点短路和低压 380V 母线上 **k-2** 点短路的三相短路电流、短路容量。

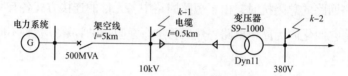

图 2-4 ［例 2-4］的短路计算电路图

解（1）求 k-1 点的三相短路电流和短路容量。

1）计算短路电路中各元件的电抗及总电抗。

短路计算电压为

$$U_{C1}=10\times（1+5\%）=10.5（kV）$$

电力系统的电抗为

$$X_1=\frac{U_{C1}^2}{S_{OC}}=\frac{10.5^2}{500}=0.22（\Omega）$$

架空线路的电抗可查表 2-7 得 $X_0=0.35\Omega/km$，因此

$$X_2=X_0L=0.35\times5=1.75（\Omega）$$

绘制 k-1 点的等效电路，如图 2-5（a）所示，并计算其总电抗，得

$$X_{\Sigma(k-1)}=X_1+X_2=0.22+1.75=1.97（\Omega）$$

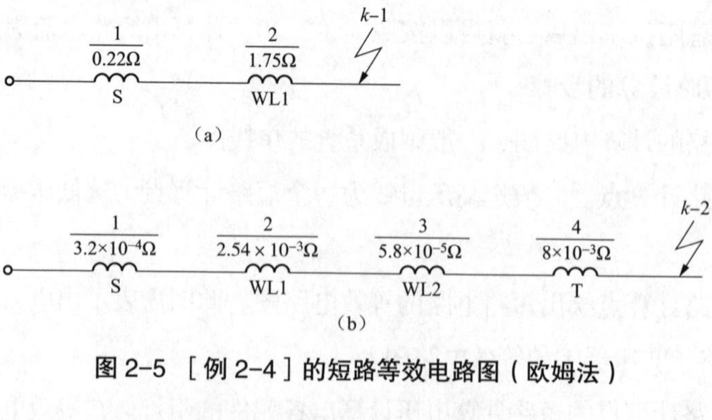

$$\frac{1}{0.22\Omega}\quad\frac{2}{1.75\Omega}\quad k\text{-}1$$
$$S\qquad\qquad WL1$$

（a）

$$\frac{1}{3.2\times10^{-4}\Omega}\quad\frac{2}{2.54\times10^{-3}\Omega}\quad\frac{3}{5.8\times10^{-5}\Omega}\quad\frac{4}{8\times10^{-3}\Omega}\quad k\text{-}2$$
$$S\qquad\qquad WL1\qquad\qquad WL2\qquad\qquad T$$

（b）

图 2-5 ［例 2-4］的短路等效电路图（欧姆法）

2）计算 k-1 点的三相短路电流和短路容量。

三相短路电流周期分量有效值为

$$I_{k-1}^{(3)} = \frac{U_{C1}}{\sqrt{3}X_{\Sigma(k-1)}} = \frac{10.5}{\sqrt{3} \times 1.97} = 3.08 \quad (\text{kA})$$

三相短路容量为

$$S_k^{(3)} = \sqrt{3}U_{C1}I_{k-1}^3 = \sqrt{3} \times 10.5 \times 3.08 = 56 \quad (\text{MVA})$$

（2）求 k-2 点的三相短路电流和短路容量。

1）计算短路电路中各元件的电抗及总电抗。

短路计算电压为

$$U_{C2} = 0.38 \times (1 + 5\%) = 0.4 \quad (\text{kV})$$

电力系统的电抗为

$$X_1' = \frac{U_{C2}^2}{S_{OC}} = \frac{0.4^2}{500} = 3.2 \times 10^{-4} = 0.32 \times 10^{-3} \quad (\Omega)$$

查表 2-6 得架空线路的电抗 $X_0 = 0.35\,\Omega/\text{km}$，故架空线路的电抗为

$$X_2' = X_0 L \left(\frac{U_{C2}}{U_{C1}}\right)^2 = 0.35 \times 5 \times \left(\frac{0.4}{10.5}\right)^2 = 2.54 \times 10^{-3} \quad (\Omega)$$

查表 2-6 得电缆线路的电抗 $X_0 = 0.08\,\Omega/\text{km}$，故电缆线路的电抗为

$$X_3' = X_0 L \left(\frac{U_{C2}}{U_{C1}}\right)^2 = 0.08 \times 0.5 \times \left(\frac{0.4}{10.5}\right)^2 = 5.8 \times 10^{-5} \quad (\Omega)$$

查附表 1 得 $U_k\% = 5$，故电力变压器的电抗为

$$X_T \approx \frac{U_k\%}{100}\frac{U_C^2}{S_N} = \frac{5}{100} \times \frac{0.4^2}{1000} = 8 \times 10^{-3} \quad (\Omega)$$

绘制 k-2 点的等效电路，如图 2-5（b）所示，并计算其总电抗，得

$$\begin{aligned}X_{\Sigma(k-2)} &= X_1' + X_2' + X_3' + X_T \\ &= 0.32 \times 10^{-3} + 2.54 \times 10^{-3} + 5.8 \times 10^{-5} + 8 \times 10^{-3} = 10.9 \times 10^{-3} \quad (\Omega)\end{aligned}$$

2）计算 k-2 点的三相短路电流和短路容量。

三相短路电流周期分量有效值为

$$I_{k-2}^{(3)} = \frac{U_{C2}}{\sqrt{3}X_{\Sigma(k-2)}} = \frac{0.4}{\sqrt{3} \times 10.9 \times 10^{-3}} = 21.2 \quad (\text{kA})$$

三相短路容量为

$$S_k^{(3)} = \sqrt{3}U_{C2}I_{k-2}^3 = \sqrt{3} \times 0.4 \times 21.2 = 14.7 \quad (\text{MVA})$$

三、不对称短路电流的计算

两相短路和单相短路称为不对称短路形式，两相短路和单相短路电流都较三相短路电流小，在校验保护装置的灵敏度时，需要计算两相短路电流。两相短路电流的计算电路图

如图 2-6 所示。两相短路电流的计算公式为

$$I_k^{(2)} = \frac{U_C}{2Z_\Sigma} = \frac{U_C}{2\sqrt{R_\Sigma^2 + X_\Sigma^2}} \tag{2-30}$$

式中：U_C 为短路点所在线路的短路计算电压，kV；Z_Σ 为短路回路的总阻抗，Ω；$I_k^{(2)}$ 为两相短路电流（kA）。

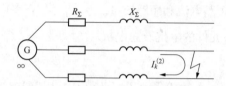

图 2-6　无限大电源容量系统两相短路电流计算图

三相短路电流的计算公式为

$$I_k^3 = \frac{U_C}{\sqrt{3}\left|Z_\Sigma\right|} = \frac{U_C}{\sqrt{3}\sqrt{R_\Sigma^2 + X_\Sigma^2}} \tag{2-31}$$

由式（2-30）和式（2-31）可得，同一点短路时三相短路电流与两相短路电流之间的关系式为

$$I_k^{(2)} = \frac{\sqrt{3}}{2}I_k^{(3)} = 0.866 I_k^{(3)} \tag{2-32}$$

式（2-32）说明，无限大容量系统中，同一地点的两相短路电流为其三相短路电流的 0.866。因此无限大容量系统中的两相短路电流，可在求出三相短路电流后利用式（2-32）直接求得。

四、短路电流的效应

通过短路计算可知，供电系统发生短路时，短路电流是相当大的。如此大的短路电流通过电器和导体，一方面要产生很高的温度，即热效应。由于时间很短，短路电流产生的热量未及时向外发散，全部转化为载流导体的温升，最后达到某一较高的温度。所谓开关设备热稳定性校验，就是将这一温度与导体最高允许温度相比，若导体的这一温度低于导体最高允许温度，则载流导体（设备）不致因短路电流发热而损坏，即热稳定校验合格。

另一面电气设备及导体流经短路电流时，载流部分受短路电流电动力的影响，要产生很大的电动力，即电动效应。产生大的机械应力，严重者可使设备及导体扭曲变形造成重大损坏。因此在选择有关电气设备、母线和瓷绝缘子时需进行短路电流的动稳态性校验。这两类短路效应，对电器和导体的安全运行威胁很大，必须充分注意。

【任务实施及考核】

任务内容	某工厂供配电系统短路电流的计算	学时	2
计划方式	分析、计算		
任务目的	1. 熟悉工厂供配电系统短路的原因、后果及形式。 2. 会用欧姆法进行短路电流计算		
任务准备	发放任务书，查阅资料		
基础资料	某制造厂共有 8 个车间、2 栋行政办公楼、1 个大型职工宿舍区，负荷情况如下，请完成整个工厂配电系统的短路电流计算。（注：该工厂的负荷结果可用上一任务的计算结果）		

基础资料表：

序号	用电单位名称	负荷性质	设备容量（kW）	需要系数	$\cos\varphi$	$\tan\varphi$	计算负荷 P_{30}（kW）	计算负荷 Q_{30}（kvar）	计算负荷 S_{30}（kVA）	计算负荷 I_{30}（A）
1	1 号车间	动力	300	0.32	0.7	1.02				
		照明	7	0.9	1.0	0				
2	2 号车间	动力	180	0.25	0.65	1.17				
		照明	5	0.85	1.0	0				
⋮	……	……	……	……	……	……				
11	宿舍区	照明	260	0.7	1.0	0				
12	以上小计		1700	—	—	—	722.2	860.2	—	—
13	380V 侧未补偿时的总负荷（K_P=0.9；K_Q=0.93）		1700	—	0.63	—				
14	380V 侧无功补偿容量		1700	—						
15	380V 侧补偿后总容量		1700	—	0.92					
16	SL7 型变压器损耗		—	—						
17	工厂 10kV 侧总负荷		1700	—	0.9					

实施步骤	实施内容
1	画出设计方案中供配电系统的等效电路
2	用欧姆法计算等效电路中各元件的等效电流
3	在等效电路中确定短路点
4	计算变压器高压侧电路发生三相短路时的短路电流
5	计算变压器低压侧电路发生三相短路时的短路电流
6	计算各支路中流过的最大短路电流
考核内容	写出计算报告

【思考与练习】

1. 电力负荷分为几级，分别对供电电源有何要求？

2. 什么称为最大负荷利用小时？什么称为年最大负荷和年平均负荷？什么称为负荷系数？

3. 工厂常用的用电设备有哪几类？各类设备有何工作特点？

4. 工厂用电设备的工作制是如何划分的？

5. 什么是暂载率？电焊变压器和吊车电动机的暂载率分别怎样计算？

6. 什么称为计算负荷？正确确定计算负荷有何意义？

7. 设备的总容量是否就是计算负荷？

8. 确定计算负荷的需要系数法有什么特点？

9. 一个大批量生产的机械加工车间，拥有 380V 金属切削机床 50 台，总容量为 650kW。试确定此车间的计算负荷。

10. 一机修车间，有冷加工机床 20 台，设备总容量为 150kW；电焊机 5 台，共 15.5kW（暂载率为 65%）；通风机 4 台，共 4.8kW。车间采用 380/220V 线路供电，试确定该车间的设备总容量。

11. 已知某机修车间的金属切削机床组，拥有 380V 的三相电动机（7.5kW）3 台，试计算其有功负荷。

12. 有一 380V 三相线路，供电给 35 台小批生产的冷加工机床电动机，总容量为 85kW，求其有功计算负荷（$K_d=0.2$，$\cos\varphi=0.5$，$\tan\varphi=1.73$）。

13. 什么称为尖峰电流？如何计算单台设备和多台设备的尖峰电流？

14. 什么称为短路？短路故障产生的原因有哪些？短路对电力系统有哪些危害？

15. 短路有哪些形式？哪种短路形式的可能性最大？哪些短路形式的危害最为严重？

16. 在无限大容量系统中，两相短路电流与三相短路电流有什么关系？

17. 简述用欧姆法短路计算短路电流的步骤。

18. 某工厂电力系统如图 2-7 所示。系统出口断路器开断容量为 400MVA。试用欧姆法计算系统中（k-1）点和（k-2）点的三相短路电流和短路容量。

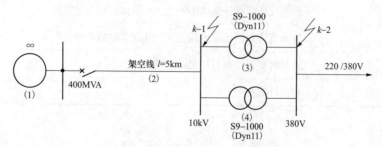

图 2-7　[思考与练习] 18 题图

项目 ③　供配电系统一次设备的选择与维护

【项目描述】

本项目包含五个工作任务，主要介绍应该选择几台变压器？选择什么型号的变压器？变压器如何检修与维护？变电站高低压一次设备的相关专业知识与职业岗位技能。通过本项目学习，要求学生熟悉变压器的结构和作用，理解变压器的工作原理，了解变压器的分类，学会做变压器投运前的各项检查；学生能在变电站现场认识开关柜中的高低压器件，如高压断路器、隔离开关、熔断器、负荷开关，以及能量转换的设备，掌握开关柜中高低压器件的作用，识读电气符号，学会使用和维护电气一次设备，为从事供配电系统运行、维护和设计工作打下基础。

【知识目标】

1.熟悉变压器的工作原理及结构。

2.熟悉变压器的类型及特点、联结组别，并能说出变压器型号中参数的含义。

3.熟悉互感器的接线方式及使用注意事项。

4.熟悉高低压开关的功能及使用。

5.熟记"五防"开关柜含义，现场能够认识高低压开关柜中的高低压器件、母线、绝缘子、互感器、避雷器等，并说出各自作用。

6.熟记高低压器件的电气符号。

7.掌握低压配电柜及电气设备的选型。

【技能目标】

1.能够识别各种变压器，并说出各组成部件及其作用。

2.能够现场认识装设的高压开关柜及开关器件。

3.能够停送电操作高压开关柜的高压断路器、高压隔离开关。

4.能对高低压配电装置进行操作与维护。

5.具有现场识别低压配电柜一次设备的能力。

6. 具有识读变电站低压电气图的能力，并能说出各低压器件的作用。

任务 3.1　变压器的选择与维护

【任务描述】

电力变压器（文字符号 T）是变电站的核心设备。本任务要求学生熟悉变压器的结构和作用，理解变压器的工作原理，了解变压器的分类；学会做变压器投运前的各项检查；熟悉变压器的运行方式及变压器的经济运行。了解常见故障现象，能分析故障产生的原因，学会处理几种常见故障。

【相关知识】

一、变压器的结构及各部件功能

1. 电力变压器的分类

电力变压器是变配电站中最关键的一次电气设备，其作用主要有：升降电压、改变电流、传输电能。在电力系统中，变压器占有极其重要的地位，无论在发电厂还是在变电站，都可以看到各种形式和不同容量的变压器。

电力变压器按容量系列分，我国采用 R10 容量系列。R10 容量系列是指容量等级是按 $\sqrt[10]{10} \approx 1.26$ 倍递增的。容量等级如 50、80、100、125、160、200、250、315、400、500、630、800、1000kVA 等。

电力变压器按相数分，有单相电力变压器和三相电力变压器。工厂变电站通常都采用三相电力变压器。

电力变压器按调压方式分，有无载调压（又称无励磁调压）电力变压器和有载调压电力变压器。工厂变电站大多采用无载调压电力变压器。但在用电负荷对电压水平要求较高的场合也有采用有载调压电力变压器的。

电力变压器按绕组导体材质分，有铜绕组电力变压器和铝绕组电力变压器。工厂变电站大多采用铜绕组电力变压器。

电力变压器按绕组形式分，有双绕组电力变压器、三绕组电力变压器和自耦电力变压器。工厂变电站一般采用双绕组电力变压器。

电力变压器按绕组绝缘及冷却方式分，有油浸式、干式和充气式（SF_6）等电力变压器。其中油浸式又有油浸自冷式、油浸风冷式、油浸水冷式和强迫油循环冷却式等。工厂变电站大多采用油浸自冷式电力变压器。

2. 电力变压器的结构和型号

（1）电力变压器的结构。电力变压器的基本结构包括铁芯和绕组两大部分。绕组又分高压绕组和低压绕组或一次绕组和二次绕组等。如图 3-1 所示是三相油浸式电力变压器。

气体继电器　储油柜　套管　油位计　吸湿器　绕组　防爆管　温度计　铭牌　铁芯及硅钢片　放油阀

(a)

(b)

图 3-1　三相油浸式变压器的外形与结构

（a）组成部件；（b）内部结构

　　一般工厂变电站采用的中、小型变压器多为油浸自冷式，而干式变压器常用在宾馆、楼宇、大厦等场所，一般安装在地下变配电站内和箱式变电站内。随着高层楼宇的兴建，干式变压器应用越来越广泛。图 3-2 所示为环氧树脂浇注绝缘的三相干式电力变压器外形和结构图。

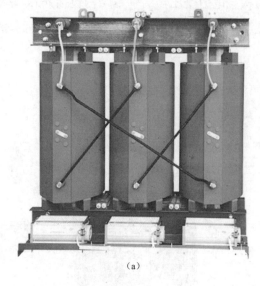

（a）

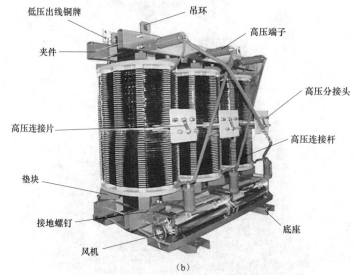

（b）

图3-2　三相干式电力变压器

（a）外形；（b）结构

　　三相干式电力变压器结构特点：高、低压绕组各自用环氧树脂浇注，并同轴套在铁芯上；高、低压绕组间有冷却气道，使绕组散热；三相绕组间的连线也由环氧树脂浇注而成，使所有带电部分都不暴露在外。容量从30kVA到几千千伏安，最高可达上万千伏安。高压侧电压有6、10、35kV；低压侧电压为230/400V。

　　（2）电力变压器的型号。电力变压器型号的表示和含义如下：

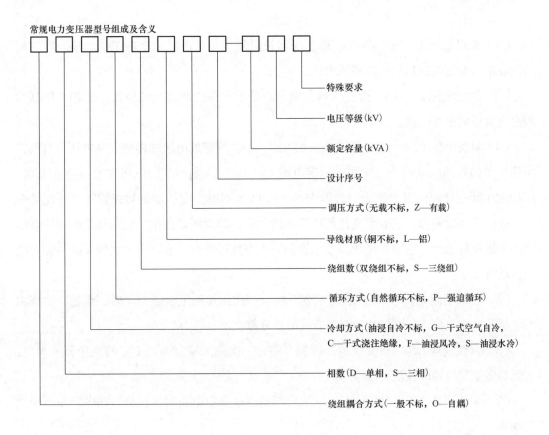

常规电力变压器型号组成及含义

- 特殊要求
- 电压等级（kV）
- 额定容量（kVA）
- 设计序号
- 调压方式（无载不标，Z—有载）
- 导线材质（铜不标，L—铝）
- 绕组数（双绕组不标，S—三绕组）
- 循环方式（自然循环不标，P—强迫循环）
- 冷却方式（油浸自冷不标，G—干式空气自冷，C—干式浇注绝缘，F—油浸风冷，S—油浸水冷）
- 相数（D—单相，S—三相）
- 绕组耦合方式（一般不标，O—自耦）

例如 SFZ-10000/110 表示三相自然循环风冷有载调压，额定容量为 10000kVA，高压绕组额定电压 110kV 电力变压器。S11-160/10 表示三相油浸自冷式，双绕组无励磁调压，额定容量 160kVA，高压侧绕组额定电压为 10kV 电力变压器。SC10-315/10 表示三相干式浇注绝缘，双绕组无励磁调压，额定容量 315kVA，高压侧绕组额定电压为 10kV 电力变压器。

二、电力变压器的技术参数

变压器的主要技术参数一般都标注在变压器的铭牌上，一般包括额定容量、额定电压、额定电流、冷却方式、额定频率、绝缘电阻、绕组联结组、相数、阻抗电压等。

（1）额定容量 S_N（kVA）。指在额定工作状态下变压器能保证长期输出的容量。由于变压器的效率很高，规定一、二次侧的容量相等。

对于单相变压器

$$S_N = U_N I_N \qquad (3-1)$$

对于三相变压器

$$S_N = \sqrt{3} U_N I_N \qquad\qquad (3-2)$$

（2）额定电压 U_N（kV 或 V）。指变压器长时间运行时所能承受的工作电压。在三相变压器中，额定电压指的是空载线电压。

（3）额定电流 I_N（A）。指变压器在额定容量下允许长期通过的电流。三相变压器的额定电流指的是线电流。

（4）阻抗电压 $U_k\%$。将变压器二次侧短路，一次侧施加电压并慢慢升高电压，直到二次侧产生的短路电流等于二次侧的额定电流 I_{2N} 时，一次侧所加的电压称为短路电压 U_k，用相对于额定电压的百分数表示，即 $U_k\% = U_k/U_N \times 100\%$。变压器的短路阻抗百分比是变压器的一个重要参数，它表明变压器内阻抗的大小，即变压器在额定负荷运行时变压器本身的阻抗压降大小。它对于变压器在二次侧发生突然短路时，会产生多大的短路电流有决定性的意义。

（5）空载电流 $I_0\%$。当变压器二次侧开路，一次侧加额定电压 U_{1N} 时，流过一次绕组的电流为空载电流 I_0，用相对于额定电流的百分数表示。

（6）空载损耗 ΔP_0。指变压器二次侧开路，一次侧加额定电压 U_{1N} 时变压器的损耗，它近似等于变压器的铁损。

（7）短路损耗 ΔP_k。指变压器一、二次绕组流过额定电流时，在绕组的电阻中所消耗的功率。

三、电力变压器的连接组别

电力变压器的连接组别，是指变压器一、二次绕组因连接方式不同而形成变压器一、二次侧对应的线电压之间的不同相位关系。为了形象地表示一、二次侧对应的线电压之间的关系，采用"时钟表示法"，即把一次绕组的线电压作为时钟的长针，并固定在"12"点，二次绕组的线电压作为时钟的短针，短针所指数字即为三相变压器的连接组别的标号，该标号也是将二次绕组的线电压滞后于一次绕组线电压的相位差除以 30° 所得的值。这里介绍变压器常见的两种连接组别。

1. Yyn0（Y/Yo-12）连接组别

Yyn0 连接示意图如图 3-3 所示。图中"·"表示同名端，其一次线电压与对应的二次线电压之间的相位差为 0^0。连接组别的标号为零点。这种连接组别一般用在低压侧电压为 400/220V 的配电变压器中，供电给动力和照明混合负载。三相动力负载用 400V 线电压，单相照明负载用 220V 相电压。yn0 表示低压侧绕组星形连接；有中性线引出；一次侧与二次侧电压是同相位的。

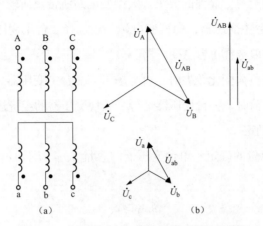

图 3-3 变压器 Yyn0 连接的接线图和相量图

2. Dyn11（△/Yo-11）连接组别

Dyn11 连接示意图如图 3-4 所示。其二次侧绕组的线电压相位滞后于一次侧绕组线电压相位 30^0，连接组别的标号为 11 点。

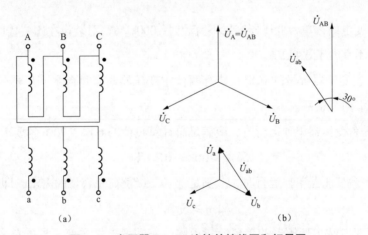

图 3-4 变压器 Dyn11 连接的接线图和相量图

四、变压器的选择

1. 变压器台数的选择

在选择电力变压器时，应选用低损耗节能型变压器，如 S11、S12 系列或 S13、S15 系列。对于安装在户内的电力变压器，通常选择干式变压器；如果变压器安装在多尘或有腐蚀性气体严重影响的场所，一般需选择密闭型变压器或防腐型变压器。其台数的选择应考虑下列原则。

（1）应满足用电负荷对可靠性的要求。大型变电站所带负荷较大，且所带一、二类负荷较多，宜选择 2~4 台主变压器；中型变电站一般选择 2 台主变压器；小型变电站，其负荷常为Ⅲ类负荷，一般选择 1 台主变压器。

（2）当季节或昼夜负荷变化较大时，可考虑采用 2 台主变压器。负荷高峰时两台变压器并列运行，而在低负荷时，一台变压器运行，实现变压器的经济运行。

2. 变压器容量的确定

（1）单台变压器容量的确定。单台变压器的容量 $S_{N.T}$ 应不小于全部用电设备总的计算负荷 S_C，即

$$S_{N.T} \geqslant S_C \tag{3-3}$$

低压为 0.4kV 的单台主变压器容量，一般不宜大于 1250kVA，这一方面是受现在通用的低压断路器的断流能力及短路稳定度要求的限制，另一方面也是考虑到可以使变压器更接近负荷中心，以减少低压配电系统的电能损耗和电压损耗，降低有色金属消耗量。但是，如果负荷比较集中、容量较大而且运行合理时，在采用断流能力更大、短路稳定度更高的新型低压断路器（如 ME 型等）的情况下，也可选用单台容量较大（1600~2000kVA）的配电变压器。

工厂车间变电站，单台变压器容量不宜超过 1000kVA，对装设在二层楼以上的干式变压器，其容量不宜大于 630kVA。

（2）两台主变压器容量的确定。装有两台主变压器时，每台主变压器的额定容 $S_{N.T}$ 应同时满足以下两个条件：

1）当任一台变压器单独运行时，应满足总计算负荷的 60%~70% 的要求，即

$$S_{N.T} \geqslant (0.6 \sim 0.7) S_C \tag{3-4}$$

2）当任一台变压器单独运行时，应满足一、二级负荷总容量的需求，即

$$S_{N.T} \geqslant S_{C(I+II)} \tag{3-5}$$

（3）车间变电站主变压器的单台容量上限。车间变电站主变压器的单台容量，一般不宜大于 1000kVA（或 1250kVA）。这一方面是受以往低压开关电器断流能力和短路稳定度要求的限制；另一方面也是考虑到可以使变压器更接近于车间负荷中心，以减少低压配电线路的电能损耗、电压损耗和有色金属消耗量。现在我国已能生产一些断流能力更大和短路稳定度更好的新型低压开关电器，如 DW15、ME 等低压断路器及其他电器，因此如车间负荷容量较大、负荷集中且运行合理时，也可以选用单台容量为 1250（或 1600~2000kVA）的配电变压器，这样能减少主变压器台数及高压开关电器和电缆的数量等。

对装设在二层以上的电力变压器，应考虑垂直与水平运输对通道及楼板荷载的影响。

如采用干式变压器时，其容量不宜大于 630kVA。

对居住小区变电站内的油浸式变压器单台容量，不宜大于 630kVA。这是因为油浸式变压器容量大于 630kVA 时，按规定应装设气体保护，而该变压器电源侧的断路器往往不在变压器附近，因此气体保护很难实施。而且如果变压器容量增大，供电半径也会相应增大，这势必会造成供电末端的电压偏低，给居民生活带来不便，例如日光灯启动困难、电冰箱不能启动等。

（4）适当考虑负荷的发展。应适当考虑今后 5～10 年电力负荷的增长，留有一定的余地，同时要考虑变压器的正常过负荷能力。

最后必须指出：变电站主变压器台数和容量的最后确定，应结合变电站主连线方案的选择，对几个较合理方案作技术经济比较，择优而定。

例 3-1　某车间 10/0.4kV 变电站总计算负荷为 1350kVA，其中Ⅰ、Ⅱ类负荷量为 680kVA，试确定主变压器台数和单台变压器容量。

解： 由于车间变电站具有Ⅰ、Ⅱ类负荷，所以应选用 2 台变压器。根据式（3-4）和式（3-5）可知，任一台变压器单独运行时均要满足 60%～70% 的总负荷量，即

$$S_{N \cdot T} \geq (0.6 \sim 0.7) \times 1350 = 810 \sim 945（kVA）$$

且任一台变压器均应满足

$$S_{N \cdot T} \geq S_{30（I + II）} \geq 680（kVA）$$

综合上述情况，同时满足以上两式，所以可选择 2 台容量均为 1000kVA 的电力变压器，具体型号为 S11-1000/10 或 S13-1000/10。

五、变压器的运行

1. 变压器的正常过负荷能力

变压器在正常运行时，负荷不应超过其额定容量。但是，变压器并非总在最大负荷下运行，在许多时间内变压器的实际负荷远小于额定容量，因此，变压器在不降低规定使用寿命的条件下具有一定的短期过负荷能力。变压器的过负荷能力，分正常过负荷能力和事故过负荷能力两种。

正常过负荷能力：变压器在正常运行时带额定负荷可连续运行 20 年。由于昼夜负荷变化和季节性负荷差异而允许的变压器过负荷，称为正常过负荷。这种过负荷系数的总数，对室外变压器不超过 30%，对室内变压器不超过 20%，并且持续过负荷时间不要超过 2h。但是干式变压器一般不考虑过负荷，而事故过负荷是以牺牲变压器的寿命为代价的。

2. 变压器的事故过负荷能力

一般来讲，变压器在运行时最好不要过负荷，但是，在事故情况下，可以允许短时间

较大幅度地过负荷运行，但运行时间不得超过表 3-1 所规定的时间。

表 3-1　电力变压器的事故过负荷允许值

油浸自冷式变压器	过负荷百分数（%）	30	60	75	100	200
	允许过负荷时间（min）	120	45	20	10	1.5
干式变压器	过负荷百分数（%）	10	20	40	50	60
	允许过负荷时间（min）	75	60	32	16	5

3. 变压器的并列运行

（1）变压器并联运行的目的

供配电技术中常常采用变压器的并联运行方式，目的是提高供电的可靠性和变压器运行的经济性。

例如：某工厂变电站采用 2 台变压器并联运行时，如果其中一台变压器发生故障或检修时，只要将其从电网中切除，另一台变压器仍能正常供电，从而提高了供电的可靠性。

电力负荷的变动是经常性的。根据负荷的变动，及时调整投入运行的变压器台数，以减少变压器本身的能量损耗，无疑能够提高供电效率，达到经济运行的目的。

（2）变压器并联运行的条件

变压器并联要安全运行，必须满足以下条件；如果不符合条件，并联运行将会引起安全事故发生。它要求空载时，并联线圈间不应有循环电流流过；带负载时，各变压器的负荷应按容量成比例地分配，使容量能得到充分利用。在日常运行中发现并联线圈间的循环电流（也就是环流），对变压器损害是非常大的。为了消除环流，实现两台或多台变压器并联运行，就必须满足以下条件：

1）接线组别相同。如果接线组别不同的两台变压器并联，二次回路中将会出现相当大的电压差。由于变压器内阻很小，将会产生几倍于额定电流的循环电流，使变压器烧坏。

2）电压比相等。如果变压比不同的两台变压器并联，二次侧会产生环流，增加损耗，引起绕组过热甚至烧毁。要在任何一台都不会过负荷的情况下，才可以并联运行。为了使并联的变压器安全运行，我国规定并联变压器的变压比差值不得超过 ±0.5（指分接开关置于同一挡位的情况）。

3）阻抗电压的百分数相等。如果两台变压器的阻抗电压（短路电压）百分数不等，则变压器所带负载不能按变压器容量的比例分配。例如，若电压百分数大的变压器满载，则电压百分数小的变压器将过载。只有当并联运行的变压器任何一台都不会过负荷时，才可以并联运行。一般认为，并联变压器的短路阻抗相差不得超过 ±10%。通常，应设法提高短路阻抗大的变压器副绕组电压或改变变压器分接头位置来调整变压器的短路阻抗，以使并联运行的变压器的容量得到充分利用。

4）并列运行的变压器容量应尽量相同或相近。其最大容量与最小容量之比，一般不能超过 3:1。如果容量相差悬殊，不仅运行很不方便，而且在变压器特性上稍有差异时，变压器间的环流将增加，会造成容量小的变压器因过负荷而烧毁。

六、变压器的损耗和经济运行

1. 变压器损耗

变压器工作时是有损耗的，损耗的来源主要有两个部分，即导线发热产生的铜损，以及由于铁芯发热产生的铁损。每类损耗中又分基本损耗与附加损耗。

（1）铁损 P_{Fe}。基本铁损是铁芯中的磁滞损耗与涡流损耗之和。为了降低涡流损耗，一般变压器铁芯均采用 0.35mm 厚的硅钢片叠成。这样可把涡流损耗降低到基本铁损的 30%~40%。

附加铁损产生的原因主要有：铁芯接缝处磁通分布不均而引起的额外损耗及磁通在金属构件中引起的涡流损耗，对中、小容量的变压器，一般为基本铁损的 15%~20%。

总铁损为基本铁损与附加铁损之和，它近似地与磁通密度最大值的平方成正比。

变压器空载时的能量损耗以铁损为主，一般情况下认为变压器的铁损等于空载损耗。当电源电压一定时，铁损为恒定值，与负载电流的大小和性质无关，即

$$P_{Fe} \approx P_0 \tag{3-6}$$

式中：P_{Fe} 为铁损，W；P_0 为空载损耗，W。

（2）铜损 P_{Cu}。基本铜损与附加铜损主要是随负载电流而产生的，因此合称负载损耗，简称变压器的铜损 P_{Cu}。以基本铜损为主，基本铜损是指一次绕组与二次绕组内电流所引起的电阻损耗。

某一负载电流 I_2 与额定负载电流 I_{2N} 之比值称为负载系数，用 β 表示，即 $\beta = \dfrac{I_2}{I_{2N}}$，铜损计算公式可写为

$$P_{Cu} = (\beta)^2 P_{CuN} \tag{3-7}$$

式中：P_{CuN} 为额定负载下的铜损。因此只要知道负载电流 I_2 的大小，就可以用该式计算出该负载下的铜损。额定负载时铜损近似等于短路损耗 $P_{CuN} \approx P_k$，即上式可表示为

$$P_{Cu} = (\beta)^2 P_{CuN} = (\beta)^2 P_k \tag{3-8}$$

式（3-8）说明，在某一负载下变压器的铜损等于变压器负载系数的平方与其额定铜损的乘积。因为铜损是随负载电流的变化而变化的，所以也称为可变损耗。

2. 变压器的经济运行

所谓经济运行就是变压器损耗最小、效率最高的运行方式。可以证明：变压器的铜损等于铁损时效率最高，此时变压器带的负载最经济，所以通常以此作为变压器经济运行的依据，一般变压器的最大效率出现在负载系数为 0.5 ~ 0.6 时。

对于变压器的经济运行应根据变压器现有的技术参数结合实际负荷情况及现场情况，选择合理的变压器运行方式及变压器容量，以便能够实现变压器的经济运行，减少变压器的有功功率损耗。

（1）在综合了解用户负荷前提下，尽量根据变压器工作在 40% ~ 70% 利用率情况下选择变压器容量。

（2）变压器长期固定运行情况下可以考虑损耗较小的新型变压器。虽然新型变压器初期价格高，但是新型变压器和高能耗变压器价格差一般能在变压器 2 ~ 3 年的运行中得到弥补。

（3）根据现场供电情况，变压器安装应选择在供电负荷中心区域。同时尽量保证三相变压器负荷平衡，减少变压器因负荷不平衡引起的损耗增大。

（4）变压器的选择应根据变压器损耗和外接线路的投资来充分比较考虑，尽量达到线路初期投资小和变压器损耗低的优化方案。

七、变压器的运行维护和故障检修

1. 电力变压器的停、送电操作顺序

停电时先停负荷侧，后停电源侧；送电时先接通电源侧，再依次接通负荷侧。

2. 电力变压器的常见故障分析

电力变压器在运行中，由于其内部或外部的原因会发生一些异常情况，影响变压器正常运行，造成事故。按变压器发生故障的原因，一般可分为磁路故障和电路故障。磁路故障一般指铁芯、铁轭及夹件间发生的故障。常见的有硅钢片短路、穿心螺栓及铁轭夹紧件与铁芯之间的绝缘损坏以及铁芯接地不良引起的放电等。电路故障主要指绕组和引线故障等，常见的有线圈的绝缘老化、受潮，切换器接触不良，材料质量及制造工艺不良，过电压冲击及二次回路短路引起的故障等。

3. 电力变压器故障的分析方法

（1）直观法。变压器的控制屏上一般都装有监测仪表，容量在 630kVA 以上的都装有保护装置，如气体继电器、差动保护继电器和过电流保护装置等。通过这些仪表和保护装置可以准确地反映变压器的工作状态，及时发现故障。

（2）试验法。许多故障不能完全靠外部直观法来判断。例如，匝间短路、内部绕组放电或击穿、绕组与绕组之间的绝缘被击穿等，其外表的特征不明显，所以必须结合直观法

进行试验测量，以正确判断故障的性质和部位。电力变压器故障的试验法如下。

1）测绝缘电阻。用 2500V 的绝缘电阻表测量绕组之间和绕组对地的绝缘电阻，若其值为零，则绕组之间和绕组对地可能有击穿现象。

2）绕组的直流电阻试验。如果分接开关置于不同分接位置时，测得的直流电阻值相差大，可能是分接开关接触不良或触点有污垢等；测得高、低压侧的相电阻与三相电阻平均值之比超过 4%，或者线电阻与三线电阻平均值之比超过 2%，则可能是匝间短路或引线与套管的导管间接触不良；测得一次侧电阻极大，则为高压绕组断路或分接开关损坏；二次侧相电阻误差很大，则可能是引线铜皮与绝缘子导管断开或接触不良等。

【技能训练】

一、用钳型电流表测量配电变压器负荷电流

1. 实训目的

（1）学会正确使用钳型电流表测量变压器的负荷电流。

（2）掌握带电操作的安全注意事项，培养带电操作的安全意识。

2. 准备工作

钳型电流表一块，外观结构如图 3-5 所示。

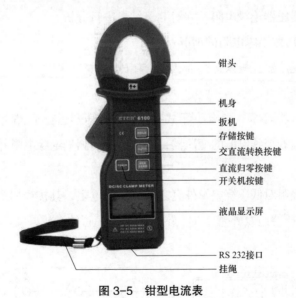

钳头

机身
扳机
存储按键
交直流转换按键
直流归零按键
开关机按键

液晶显示屏

RS 232接口
挂绳

图 3-5　钳型电流表

3. 操作步骤

（1）选择量程。

（2）钳入导线。

（3）正确读数。

4. 技术要求

（1）测量前应对被测电流进行粗略的估计，选择适当的量程。如果被测电流无法估计，应先把钳型电流表的量程放到最大挡位，然后根据被测电流指示值，由大到小，转换到合适的挡位。倒换量程挡位时，应在不带电的情况下进行。

（2）测量时将钳型电流表的钳口张开，钳入被测导线，闭合钳口使导线尽量位于钳口中心，在表盘上找到相应的刻度线。由表计的指示位置，根据电流表所在量程，直接读出被测电流值。

（3）测量时，钳型电流表的钳口应闭合紧密。每次测量后，要把调节电流量程的挡位放在最高挡位。

（4）测量 5A 以下电流时，为得到较为准确的读数，在条件允许时可将导线多绕几圈，放进钳口进行测量。测得的电流值除以钳口内的导线根数即为实际电流值。

（5）测量时一人操作，一人监护，操作人员对带电部分应保持安全距离。此方法只适用于被测线路电压不超过 500V 的情况。

二、测量配电变压器的绝缘电阻

1. 实训目的

（1）掌握测量变压器绝缘电阻的全过程及安全注意事项。

（2）学会测量变压器绝缘电阻，并对测量结果进行分析。

2. 需要测量变压器绝缘电阻的情况

（1）安装好的变压器在投入运行前，做交接试验时。

（2）变压器大修后。

（3）油浸式变压器运行 1~3 年，干式和充气式变压器运行 1~5 年。

（4）搁置或停运 6 个月以上的变压器，投入运行前测量绝缘电阻并做油耐压试验。

3. 测量接线图

（1）测量高压绕组对低压绕组及外壳之间的绝缘电阻，其接线如图 3-6 所示。绝缘电阻表的"E"端接低压绕组及外壳，"G"端接高压瓷套管的瓷裙，"L"端接高压绕组。

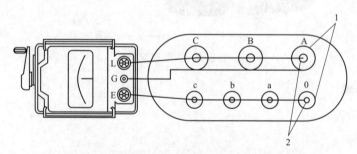

图 3-6　测量高压绕组对低压绕组及外壳之间的绝缘电阻

1—瓷裙；2—接线端子

（2）测量低压绕组对高压绕组及外壳之间的绝缘电阻，其接线如图 3-7 所示。绝缘电阻表的"E"端接高压绕组及外壳，"G"端接低压瓷套管的瓷裙，"L"端接低压绕组。

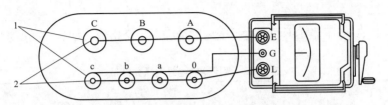

图 3-7　测量低压绕组对高压绕组及外壳之间的绝缘电阻

1—瓷裙；2—接线端子

4. 操作的全过程

（1）绝缘电阻表的选用。主要考虑绝缘电阻表的额定电压和测量范围是否与被测电气设备的绝缘等级相适应。测量 3kV 及以上变压器的绝缘电阻应选用 2500V 绝缘电阻表。

（2）绝缘电阻表的检查。检查外观完好无破损；仪表进行开路试验时，表针应指向无穷大；仪表进行短路试验时，表针应"瞬间"指零；测试线的绝缘应良好，不得使用双绞线或平行线。

（3）测量项目。

1）高压绕组对低压绕组及外壳的绝缘电阻，简称为高对低及地。

2）低压绕组对高压绕组及外壳的绝缘电阻，简称为低对高及地。

（4）操作过程。

1）将被测变压器退出运行，并执行验电、放电、装设临时接地线等安全技术措施；测量工作须由两人进行，应戴绝缘手套。

2）拆除变压器高、低压两侧的母线或导线。

3）将变压器高、低压瓷套管擦拭干净，然后用裸铜线在每个瓷套管的瓷裙上绕 2~3 圈，将高、低压瓷套管分别连接起来。

4）将变压器高压 A、B、C 和低压 n、a、b、c 接线端用裸铜线分别短接。

5）测量时应先将 E 和 G 与被测物连接好，用绝缘物挑起"L"线，待绝缘电阻表转速达 120r/min，再将"L"线搭接在高压绕组（或低压绕组）接线端子上，测量时仪表应水平放置，以 120r/min 的转速匀速摇动绝缘电阻表的手柄，待表针稳定 1min 后读取数据，撤下"L"线，再停绝缘电阻表。

6）测量前后均应进行绕组对地放电；测量完毕后，拆除相间短路线，并恢复原来接线。

5. 绝缘电阻合格值的标准

（1）本次测得的绝缘电阻值与上次测得的数值，换算到同一温度下相比较，本次数值比上次数值不得降低 30%。

（2）吸收比 $R_{60''}/R_{15''}$（即测量中 60s 与 15s 时绝缘电阻的比值）在 10～30℃时，应为 1.3 倍及以上。

（3）3～10kV 变压器在不同温度下变压器绝缘电阻合格值，如表 3-2 所示。

表 3-2 变压器的绝缘电阻允许值   MΩ

温度（℃） 测量项目	10	20	30	40	50	60	70	80
一次对二次及地	450	300	200	130	90	60	40	25
二次对地	450	300	200	130	90	60	40	25

（4）新安装的和大修后的变压器，其绝缘电阻合格值应符合上述规定。运行中的变压器则不得低于 10MΩ。

6. 操作过程中的安全注意事项

（1）被测变压器，应执行停电、验电、放电、装设临时接地线、悬挂标示牌和装设临时遮栏等安全技术措施，并应拆除高低压侧母线。

（2）测量工作应两人进行，需戴绝缘手套。

（3）测量前、后必须进行放电。

（4）测量时，应先摇动绝缘电阻表摇柄，再搭接"L"线。测量结束时，应先撤下"L"线，再停止摇动（即"先摇后搭，先撤后停"）。

（5）测量过程中不应减速或停摇。

（6）必要时，记录测量时变压器的温度。

三、油浸式配电变压器调整分接开关的操作

无载调压的配电变压器，分接开关有三挡或五挡，三挡即Ⅰ挡时，为 10500/400V；Ⅱ挡时，为 10000/400V；Ⅲ挡时，为 9500/400V。结构如图 3-8 所示。

当系统电压过高，超过额定电压，反映于变压器二次侧电压高，需要将变压器分接开关调到Ⅰ挡位置。如果系统电压低，达不到额定电压时，反映变压器二次电压低，则需要将变压器分接开关调至Ⅲ挡位置。这就是所谓的"高往高调，低往低调"。但是，变压器分接开关的调整，要注意相对稳定，不可频繁调整，否则将影响变压器运行寿命。

1. 实训目的

（1）学会油浸式配电变压器倒分接开关的操作方法。

（2）掌握变压器分接开关进行切换操作的全过程及安全注意事项。

（3）学会用直流电阻测试仪或万用表测量变压器的直流电阻。

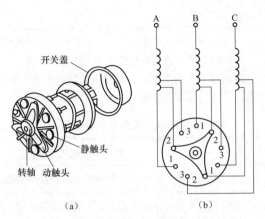

图 3-8　电压分接开关

（a）外形图；（b）接线图

2. 变压器分接开关进行切换操作的全过程及步骤

切换无载调压分接开关，应在变压器停止运行的情况下进行。变压器停电后执行的有关安全技术措施：应拆开高压侧的母线，并擦净高压瓷套管；切换分接开关前、后均应测试高压绕组直流电阻；倒分接开关和测试高压绕组直流电阻应由两人进行。

其调整方法和步骤如下：

（1）因普通配电变压器是无载调压，所以调整前必须先停电，并做好相应的安全措施。

（2）旋出风雨罩上的圆头螺钉，取下风雨罩。

（3）根据电压情况，确定调节挡位。

（4）因分接开关的分接头长期在变压器中，很可能产生氧化膜，容易造成调整后接触不良，所以在变换分接头时，应正、反方向转动几次，以便消除触头上氧化膜及油污，然后将分接头固定在所需的位置。

（5）为防止调整后接触不良，切换完分接头后，还应用直流电阻测试仪或较精密的万用表测量线圈的直流电阻。部颁标准规定为：1600kVA 及以下的变压器，各相绕组电阻，相间差别一般不大于三相平均值的 4%，线间差别一般不大于三相平均值的 2%，测量的相间差与以前相应部位测得的相间差比较，其变化不能大于 2%。

（6）调整完毕后，检查锁紧位置，盖上风雨罩，并对分接头的变换情况做好记录。

【任务实施及考核】

任务实施一

任务内容	电力变压器的选择与运行	学时	2
计划方式	实操、分析讨论		

任务目的	1. 掌握电力变压器不同类型，认识现场变压器铭牌数据。 2. 根据要求，进行变配电站主变压器的选择。 3. 通过本任务的学习，让学生掌握电力变压器运行方式及特点，并会根据实际情况选择合适的变压器运行方式
任务准备	安全帽、绝缘手套、电笔、变压器
实施步骤	实施内容
1	通过查阅资料、实地企业调研等方式认识不同类型的变压器
2	搜集不同类型变压器的照片，全面认识变压器的结构及功能原理
3	根据负荷情况变配电站主变压器台数的选择
4	根据负荷情况变配电站主变压器容量的选择
5	怎样实现变压器的并联运行条件
6	如何实现变压器的经济运行
7	如何调整变压器的无载分接开关
考核内容	1. 记录测试数据
	2. 分析数据并给出结论
	3. 写出实训报告

任务实施二

项目名称	供配电系统计算及电力变压器容量选择综合应用		
任务内容	计算变压器容量	学时	2
计划方式	设计、计算		
任务准备	分组，发放任务书，查阅资料		
任务目的	1. 用电设备分类并确定用电设备容量。 2. 用电设备分组并求出各组设备的计算负荷。 3. 根据各组计算负荷求车间的计算负荷并确定变压器容量		
职业能力	1. 能正确进行用电设备分类及计算设备容量。 2. 能正确进行计算。 3. 能根据新装要求及政策确定变压器容量。 4. 能从设计总结归纳设计体会		
实施步骤	实施内容		
1	布置任务，预备知识讲解学习，引导学生查找资料、做设计前期准备，调动和激发学生的积极性和主动性		

2	组织学生团队讨论工作任务，使每一位学生都能理解任务要求，在清楚任务之后，发挥学生的思维和想象力，针对工作任务提出自己的计算思路
3	1. 进行用电设备分类及计算设备容量。 2. 进行计算。 3. 根据新装要求及政策确定变压器容量。 4. 完成计算报告
4	选出 1~2 组团队交流计算结果
考核内容	写出计算报告：计算目的、要求、任务；计算方案；计算实施过程、结果；计算能力目标实现与否感想

任务 3.2 高压电气设备的选择与维护

【任务描述】

企业变配电站中承担输送和分配电能任务的电路，称为一次电路或称主电路、主接线。一次电路中所有的电气设备，称为一次设备。常用一次设备有高压熔断器、高压隔离开关、高压负荷开关、高压断路器及高压开关柜等，本任务通过对这些一次设备的结构组成、工作原理、选择使用方面的学习，掌握合理的选择供配电系统需要的高压一次设备，保证变电站的良好运行，首先要熟悉熔断器、断路器、高压隔离开关的功能结构、工作原理、型号规格，掌握其在供配电系统中的功能，并能正确选择、检测、安装、使用，为从事供配电系统运行、维护和设计工作打下基础。

【相关知识】

一、高压断路器

（一）高压断路器的基本知识

1. 高压断路器的用途

高压断路器（文字符号为 QF），是电力系统中最重要的控制和保护电器。它具有完善的灭弧装置，既能通、断负荷电流，又能自动、快速地切除短路电流。高压断路器在电网中起的作用有两个：一是控制作用，根据电网运行的需要，将一部分电力设备或线路投入或退出运行；二是保护作用，即在电力设备或线路发生故障时，通过继电保护装置使断路器跳闸，将故障部分从电网中迅速切除，保证电网无故障部分的正常运行。

2. 高压断路器的类型及型号

（1）类型：高压断路器可分为户外和户内两种，根据断路器采用的灭弧介质不同，又可分为油断路器、压缩空气断路器、六氟化硫断路器、真空断路器等。目前供配电技术中应用最多的是 SF_6 断路器和真空断路器，其高压断路器产品实物如图 3-9 所示。

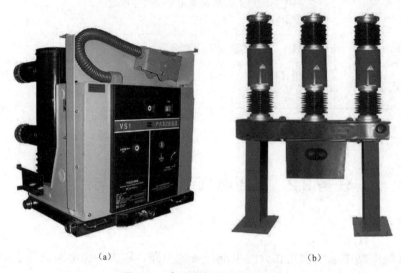

（a）   （b）

图 3-9　高压断路器产品实物图

（a）10kV 户内真空断路器；（b）LW8A-40.5T 户外高压六氟化硫断路器

（2）高压断路器的型号含义。高压断路器的型号含义如图 3-10 所示。

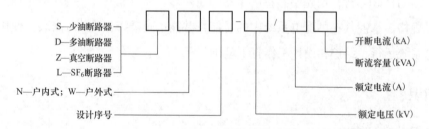

图 3-10　高压断路器的型号及含义

例如：ZN28-10/600 型断路器，表示该高压断路器为户内真空断路器，设计序号为28，额定电压为 10kV，额定电流为 600A。

3. 高压断路器的主要参数

（1）额定电压 U_N。额定电压是指高压断路器正常工作时所能承受的电压等级，它决定了高压断路器的绝缘水平，它表明的是高压断路器耐压能力。供配电系统中常用的高压断路器的额定电压等级为 10、35、110（kV）等。

（2）额定电流 I_N。额定电流指在规定的环境温度下，高压断路器长期允许通过的最大工作电流（有效值），反映了高压断路器的载流能力。常用高压断路器的额定电流等级为200、400、630、1000、1250、1600、2000、3150、4000、5000、6300、8000、10000A 等。

（3）额定开断电流 I_{Nkd}。额定开断电流是指在额定电压下高压断路器能够可靠开断的最大短路电流值，它是表明高压断路器灭弧能力的技术参数。

（4）额定断流容量 S_{oc}。由于开断能力和额定电压、开断电流有关，因此，通常采用一个综合参数，即以额定断流容量来表示断路器的开断能力，对于三相电路有：$S_{oc} = \sqrt{3} U_N I_{Nkd}$。单位，MVA。

由于额定开断容量纯粹由计算得出，并不具备具体的物理意义，而开断电流能更明确、更直接地表述断路器的开断能力，所以我国国标及 IEC 标准都不再采用额定开断容量这个参数。

（5）动稳定电流 I_P。表示高压断路器在冲击短路电流作用下，承受电动力的能力。

（6）热稳定电流 I_K。表明高压断路器承受短路电流热效应的能力。

（7）开断时间 t_{kd}。从操动机构跳闸线圈接通跳闸脉冲起，到三相电弧完全熄灭时止的一段时间称为高压断路器开断时间。

（二）真空断路器

真空断路器是利用"真空"灭弧的一种断路器，具有体积小、重量轻、噪声小、维护工作量小等突出的优点，目前已广泛应用在 3～10kV 电压等级的户内配电装置中。如图3-11 所示是真空断路器的外形图，它主要由真空灭弧室、操动机构、框架三部分组成。

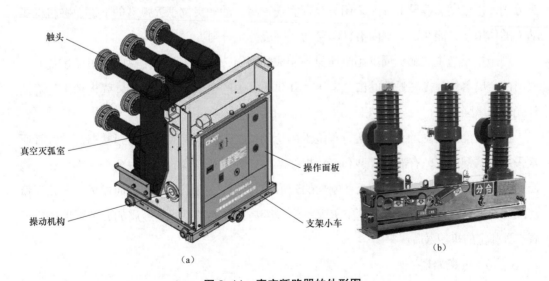

（a）

（b）

图 3-11 真空断路器的外形图

（a）10kV 户内真空断路器；（b）10kV 户外真空断路器

真空灭弧室是真空断路器的核心元件，是一个真空的密闭容器，具有开断、导电和绝缘的功能，主要由绝缘外壳、动静触头、波纹管、屏蔽罩等组成，如图 3-12 所示。其中，绝缘外壳主要由玻璃和陶瓷材料制作，它的作用是支撑动静触头和屏蔽罩等金属部件，与端盖气密地焊接在一起，以确保灭弧室内的高真空度。

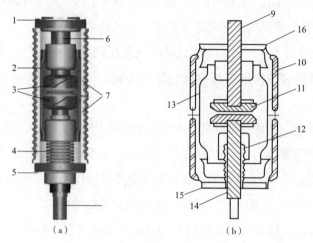

图 3-12　真空灭弧室

（a）结构图；（b）剖面图

1—静端盖板；2—主屏蔽罩；3、11—触头；4、12—波纹管；5—动端盖板；6、9—静导电杆；
7、10—绝缘外壳；8、14—动导电杆；13—屏蔽罩；15—下端盖；16—上端盖

触头材料对真空断路器的灭弧性能影响很大，通常要求它具有导电好、耐弧性好、导热性好、机械强度高和加工方便等特点，常用的触头材料是铜铬合金、铜合金等。动静触头分别焊接在动、静导电杆上，用波纹管实现密封。动触头位于灭弧室的下部，在机构驱动力的作用下，能在灭弧室内沿轴向移动，完成分、合闸。

屏蔽罩是包围在触头周围用金属材料制成的圆筒，它的主要作用是吸附电弧燃烧时释放出的金属蒸气，提高弧隙的击穿电压，并防止弧隙的金属喷溅到绝缘外壳内壁上，降低外壳的绝缘强度。

波纹管能保证动触头在一定行程范围内运动时，不破坏灭弧室的密封状态。波纹管通常采用不锈钢制成，有液压成型和膜片焊接两种。真空断路器的触头每分合一次，波纹管便产生一次机械变形，长期频繁和剧烈的变形容易使波纹管因材料疲劳而损坏，导致灭弧室漏气而无法使用。波纹管是真空灭弧室中最容易损坏的部件，其金属的疲劳强度决定了真空灭弧室的机械寿命。

（三）SF_6 断路器

六氟化硫断路器是利用 SF_6 气体作为灭弧和绝缘介质的一种断路器。SF_6 气体是一种无色、无味、无毒、不可燃的惰性气体，具有极强的电负性（吸附自由电子的能力），是一种优良的灭弧介质和绝缘介质。这种断路器的外形尺寸小，占地面积少，开断能力强，

运行期内基本无须维修。SF_6 气体本身无毒，但在高温作用下会生成氟化氢等具有强烈腐蚀性的剧毒物，对人身安全构成严重威胁，检修时应注意防毒。

在供配电系统中广泛使用支柱式 SF_6 断路器，其外形结构如图 3-13 所示。

图 3-13　支柱式 SF_6 断路器

绝缘子支柱式 SF_6 断路器内部结构及灭弧过程如图 3-14 所示。支柱式 SF_6 断路器在断路过程中，由动触头 4 带动压气缸 5 运动使缸体内建立压力。当动、静触头分开后灭弧室的喷口 3 被打开时，压气缸内高压 SF_6 气体吹动电弧，进行灭弧，另外，在灭弧过程中由于电弧的高温使 SF_6 分解，体积膨胀后产生一定压力，进一步增强断路器电弧熄灭能力使电弧迅速熄灭。在电弧熄灭后，被电弧分解的低氟化合物会急剧地结合成 SF_6 气体，使 SF_6 在密封的断路器内循环使用。

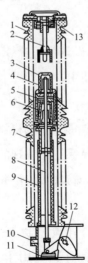

图 3-14　绝缘子支柱式 SF_6 断路器内部结构及灭弧过程

1—灭弧室瓷套；2—静触头；3—喷口；4—动触头；5—压气缸；6—压气活塞；7—支柱绝缘子；
8—绝缘操作杆；9—绝缘套筒；10—充放气孔；11—缓冲定位装置；12—联动轴；13—过滤器

（四）高压断路器的操动机构

高压断路器的工作过程中分、合闸动作是由操作系统来完成的。操作系统由相互联系的操动机构和传动机构组成，后者常归入高压断路器的组成部分。操动机构的工作性能和质量对高压断路器的工作性能和工作可靠性起着重要作用。

1. 操动机构的作用

操动机构的主要任务是将其他形式的能量转换成机械能，使高压断路器准确地进行分、合闸操作。因此，要求其具有合闸操作、保持合闸、分闸操作、防跳跃、复位、闭锁等功能。

2. 操动机构的分类

高压断路器的操动机构种类很多，按其操作能源来分主要有手动型（S）、电磁型（D）、液压型（Y）、气压型（Q）、弹簧型（T）等5种类型。

3. 操动机构的型号

一种操动机构可配用多种不同型号的高压断路器，同样一种高压断路器也可选用不同型号的操动机构，由于操动机构与高压断路器之间的多配性，为方便起见，操动机构有自己独立的型号。

操动机构的型号含义：

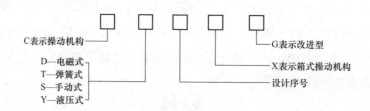

例如：CY3为液压式操动机构，设计序号为3。CT19为弹簧式操动机构，设计序号为19，通常与10kV真空断路器配套使用。

4. 弹簧操动机构

弹簧操动机构是一种以弹簧作为储能元件的机械式操动机构，对弹簧的储能是通过储能电动机带动减速装置再经过储能保持系统而实现的。当合闸命令发出时，经合闸线圈的电磁力脱扣储能保持系统，已储能的弹簧释放能量并推动传动系统的运动完成断路器的合闸操作。

作为储能单元的弹簧结构有压缩型弹簧、盘型弹簧、圈簧和扭簧等。

适用范围：可用于交流或直流操作，适用于220kV及以下的断路器，是35kV及35kV以下断路器配用的操动机构的首选。

中压产品型号有CT17、CT19、CT19B；高压产品型号有CT20等。

　　工作原理为：电动机通过减速装置和储能机构的动作，使合闸弹簧储存机械能，储能完成后通过保持装置使弹簧处于储能状态，电动机电源被切断；合闸命令已发出，储能保持装置解除弹簧释放能量，部分能量驱使断路器的动触头运动进行合闸，部分能量则通过机械传动使机构分闸弹簧储能，为分闸操作准备好能量；合闸操作完成后合闸弹簧释放能量，电动机又接通电源执行一次重储能过程，以便为下次所需的合闸操作做准备；分闸命令已发出，经自由脱扣装置来释放分闸弹簧储存的能量，使触头进行分闸操作。典型操动机构外形结构如图 3-15 所示。

　　图 3-16 为 CT19 型弹簧操动机构内部结构图，它采用三夹板式结构，储能电动机安装在右侧板下方，电动机的输出轴与齿轮轴连接，通过齿轮传动，驱动储能轴。齿轮传动，手动力储能的一对圆锥齿均安装在中侧板和左侧板之间，中侧板的左侧上方安装分闸电磁铁，下方安装合闸电磁铁。机构输出轴，凸轮连杆机构安装在右侧板和中侧板之间，两根合闸簧对称分布在左右侧板外侧，从而使各部件受力合理，稳定性好。左侧板的外侧装有磁吹式行程开关。右侧板内上侧装有"分、合"指示，中间装有储能状态指示。

图 3-15　CT19B 断路器弹簧操动机构外形图

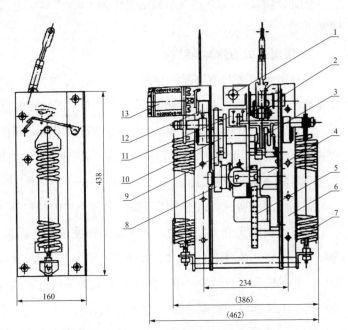

图 3-16　CT19 型弹簧操动机构结构图

1—分闸电磁铁；2—输出轴；3—凸轮与储能轴；4—储能电动机；
5—接线端子；6—角钢；7—合闸弹簧；8—小直齿轮；9—大直齿轮；
10—驱动块；11—合闸电磁铁；12—行程开关；13—辅助开关

二、高压隔离开关

隔离开关又称隔离刀闸，是一种高压开关电器。隔离开关的触头全部敞露在空气中，具有明显的断开点，隔离开关没有灭弧装置，因此不能用来切断负荷电流或短路电流。使用时应与断路器配合，只有在断路器断开时才能进行操作。

1. 隔离开关型号含义

隔离开关在电路中的文字符号为 QS，其图形符号为 ⌐，其型号表达式如下：

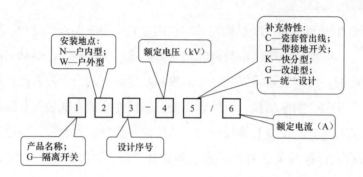

例如，GN2-10/400 型表示额定电压为 10kV、额定电流为 400A、序列号为 2 的户内式隔离开关。

2. 隔离开关的分类及结构

高压隔离开关具有明显的分断间隙，因此它主要用来隔离高压电源，保证安全检修，并能通断一定的小电流（如 2A 以下的空载变压器励磁电流、电压互感器回路电流、5A 以下的空载线路的充电电流）。因为高压隔离开关没有专门的灭弧装置，所以不允许切断正常的负荷电流，更不能用来切断短路电流。高压隔离开关具有明显的分断间隙，因此它通常与高压断路器配合使用。

根据使用场所，可以把高压隔离开关分为户内和户外两大类。

（1）户内隔离开关的结构。户内隔离开关主要产品为 GN 系列，适用 10～35kV 电压等级，有 GN6-10、GN8-10、GN19-10、GN22-10、GN24-10 等。户内隔离开关采用闸刀形式，有单极和三极两种。闸刀的运动方式为垂直旋转式。其基本结构包括导电回路、传动机构、绝缘部分和底座等。如图 3-17 所示。

（2）户外隔离开关。户外隔离开关的工作条件比较恶劣，需要适应风、雨、冰、雪、灰尘、严寒、酷暑等多种条件，其型号有 GW4、GW5、GW6、GW7、GW8 和 GW9 等系列。户外隔离开关分为单柱式、双柱式、V 形式和三柱式等。以下以常用的 GW5 系列隔离开关为例介绍其结构。

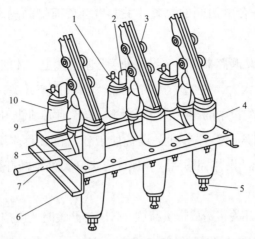

图 3-17 GN8-10/600 型户内高压隔离开关结构图

1—上接线端子；2—静触头；3—刀开关；4—套管绝缘子；5—下接线端子；

6—框架；7—转轴；8—拐臂；9—升降绝缘子；10—支柱绝缘子

GW5 系列隔离开关由底座、棒式支柱绝缘子、导电闸刀、左右触头和传动部分等组成，也称为 V 型隔离开关。根据需要该隔离开关可配装接地闸刀，广泛用于 35～110kV 电压等级中。如图 3-18 为结构示意图，图 3-19 为现场组装图。

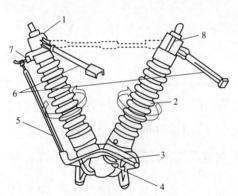

图 3-18 GW5-35 系列隔离开关（一相）结构示意图

1—出线座；2—支柱绝缘子；3—轴承座；

4—伞齿轮；5—接地闸刀；6—主闸刀；

7—接地静触头；8—导电带

图 3-19 GW5 系列隔离开关

3. 隔离开关的操作原则

隔离开关的操作原则如下：

（1）操作隔离开关之前，应确保与隔离开关连接的断路器处在断开位置，以防带负荷拉、合隔离开关，引起三相弧光短路。

（2）无论分闸或合闸，均应在不带负荷或负荷在允许范围内才能进行。

（3）送电时，应先合电源侧的隔离开关，后合负荷侧的隔离开关；断电时，顺序相反。

（4）合闸时，在确认断路器等开关设备处于分闸位置上，才能合上隔离开关，合闸动作快结束时，用力不宜太大，避免发生冲击；若为单极隔离开关，合闸时应先合两边相，后合中间相；分闸时应先拉中间相，后拉两边相。操作时必须使用绝缘棒。

（5）分闸时，在确认断路器等开关设备处于分闸位置，应缓慢操作，待主刀开关离开静触头时迅速拉开。操作完毕后，应保证隔离开关处于断开位置，并保持操动机构锁牢。

（6）错误操作隔离开关，造成带负荷拉、合隔离开关时，应按下列规定处理：

1）当错拉隔离开关，在切口发现电弧时应急速合上；若已拉开，不允许再合上。如果是单极隔离开关，操作一相后发现错拉，则其他两相不应继续操作，且应将情况及时上报有关部门。

2）当错合隔离开关时，无论是否造成事故，都不允许再拉开，因带负荷拉开隔离开关，将会引起三相弧光短路。此时应迅速报告有关部门，以便采取相应措施。

三、高压负荷开关

1. 高压负荷开关的作用

高压负荷开关是一种专门用于接通和断开负荷电流的高压电气设备。在装有脱扣器时，在过负荷情况下也能自动跳闸。但它仅有简单的灭弧装置，所以不能切断短路电流。

（1）开断和关合作用。负荷开关有一定的灭弧能力，可用来开断和关合负荷电流、小于一定倍数（通常为 3～4 倍）的过载电流；也可以用来开断和关合比隔离开关允许容量更大的空载变压器、更长的空载线路，有时也用来开断和关合大容量的电容器组。

（2）替代作用。负荷开关与限流熔断器串联组合（负荷开关—熔断器组合电器）可以代替断路器使用，即由负荷开关承担开断和关合小于一定倍数的过载电流，而由限流熔断器承担开断较大的过载电流和短路电流。

熔断器可以装在负荷开关的电源侧，也可以装在负荷开关的受电侧。

目前，国内外的环网供电单元和预装式变电站，广泛使用负荷开关＋熔断器的结构形式，用它保护变压器比用断路器更为有效，其切除故障时间更短，不易发生变压器爆炸事故。

2. 表示符号和型号含义

高压负荷开关的文字符号为 QL，图形符号为 ⤵。高压负荷开关的型号含义：

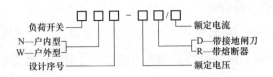

3. 高压负荷开关的结构原理

高压负荷开关按负荷开关灭弧介质及灭弧方式的不同可分为产气式、压气式、充油式、真空式及 SF_6 式等。按负荷开关安装地点的不同又可分为户内式和户外式。图 3-20 所示为一种较为常用的 FN3-10RT 型户内压气式高压负荷开关的外形结构。上半部是负荷开关本身，下半部是 RN1 型高压熔断器。负荷开关的上绝缘子是一个压气式灭弧室，它不仅起支持绝缘子的作用，而且内部是一个气缸，其中装有由操动机构主轴传动的活塞。分闸时，和负荷开关相连的弧动触头与绝缘喷嘴内的弧静触头之间产生电弧。由于分闸时主轴传动而带动活塞，压缩气缸内的空气从喷嘴往外吹弧，加之断路弹簧使电弧迅速拉长及本身电流回路的电动吹弧作用，使电弧迅速熄灭。

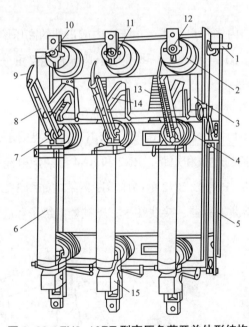

图 3-20　FN3-10RT 型高压负荷开关外形结构

1—主轴；2—上绝缘子兼气缸；3—连杆；4—下绝缘子；5—框架；6—RN1 型高压熔断器；7—下触头；
8—闸刀；9—弧动触头；10—绝缘喷嘴（内有弧静触头）；11—主静触头；12—上触座；13—断路弹簧；
14—绝缘拉杆；15—热脱扣器

四、高压熔断器

高压熔断器是当流过其熔体电流超过一定数值时，熔体自身产生的热量自动地将熔体熔断而断开电路的一种保护设备，其功能主要是对电路及其设备进行短路和过负载保护。

1. 高压熔断器的型号及种类

在工厂供配电系统中，对容量小且不太重要的负荷，广泛采用高压熔断器作为高压输配电线路、电力变压器、电压互感器和电力电容器等电气设备的短路和过负荷保护，是过电流保护的最简单和常用的电器。高压熔断器是一种结构最简单、应用最广泛的保护电器，一般由熔管、熔体、灭弧填充物、指示器、静触座等构成，分为限流式和不限流式两种。限流式熔断器的灭弧能力强，可以在短路电流上升到最大值之前灭弧。户内广泛采用 RN 系列的高压管式限流熔断器；户外则广泛使用 RW 系列的高压跌开式熔断器。

熔断器文字符号：FU；图形符号：▭。

高压熔断器全型号含义：

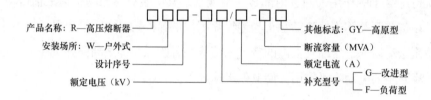

高压熔断器可分为户内式和户外式，用于户内或户外的高压熔断器又有不同型号。电压等级有 3、6、10、35、60、110kV 等。按是否有限流作用又可分为限流式和无限流式。

2. 户内式高压熔断器

户内式高压限流熔断器，额定电压等级分 3、6、10、20、35、66kV，常用的型号有 RN1、RN3、RN5、XRNM1、XRNT1、XRNT2、XRNT3，主要用于保护电力线路、电力变压器和电力电容器等设备的过载和短路；RN2 和 RN4 型额定电流均为 0.5～10A，为保护电压互感器的专用熔断器。RN1 及 RN2 型高压熔断器结构如图 3-21 所示，主要由瓷熔管、金属管帽、弹性触座、熔断指示器、接线端子、支柱瓷绝缘子和底座等组成。

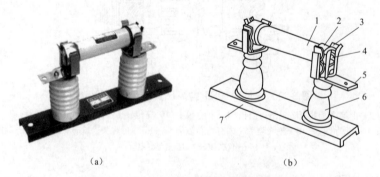

（a）　　　　　　　　　　　　　　　（b）

图 3-21　RN1、RN2 型高压熔断器外形图

（a）实物图；（b）结构图

1—瓷熔管；2—金属管帽；3—弹性触座；4—熔断指示器；5—接线端子；6—支柱瓷绝缘子；7—底座

短路电流通过时，熔管内并联铜丝熔断产生电弧，电弧在充满石英砂填料的熔管内燃烧，灭弧过程中利用了粗弧分细、长弧切短、狭沟灭弧和冷却灭弧等灭弧方法。RN 型熔管剖面示意图如图 3-22 所示。

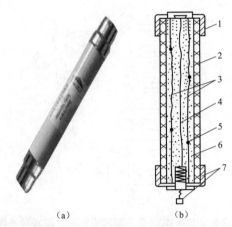

（a）　　　　　（b）

图 3-22　RN1、RN2 型高压熔断器内部结构示意图

（a）实物图；（b）结构图

1—管帽；2—瓷管；3—工作熔体；4—指示熔体；5—锡球；6—石英砂填料；7—熔断指示器

3. 户外跌落式高压熔断器

户外式熔断器主要产品为 RW 系列。常用的为跌落式熔断器，型号有 RW3、RW4、RW7、RW9、RW10、RW11、RW12、RW13 和 PRW 系列型等，其作用除与 RN1 型相同外，在一定条件下还可以分断和关合空载架空线路、空载变压器和小负荷电流。户外瓷套式限流熔断器常见型号有 RW10-35、RXWO-35，其额定电流为 0.5A，用于保护户外电压互感器。图 3-23 所示为 RW4-10（G）型高压跌落式熔断器的实物图。

图 3-23　RW4-10（G）型高压跌落式熔断器实物图

图 3-24 所示为 RW4-10（G）型高压跌落式熔断器结构。熔断器熔管外层为酚醛纸管

或环氧玻璃布管，内套纤维质消弧管，其灭弧原理为：短路电流使熔体熔断，形成电弧，电弧灼烧消弧管内壁，产气纵吹电弧而熄灭。

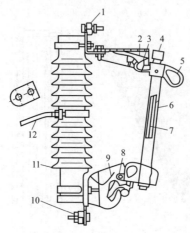

图 3-24　RW4-10（G）型高压跌落式熔断器结构图

1—上接线端子；2—上静触头；3—上动触头；4—管帽；5—操作环；6—熔管；7—铜熔体；
8—下动触头；9—下静触头；10—下接线端子；11—绝缘子；12—固定安装板

图 3-25 所示为 RW10-10F 跌开式熔断器。在一般跌开式熔断器的上静触头上加装了一个简单的灭弧室，因而可以带负荷操作，相当于负荷开关。

图 3-25　RW10-10F 跌开式熔断器

4. 户外跌落式高压熔断器操作步骤

操作架设在户外线杆上的跌落式高压熔断器时，拉开和合上跌落式高压熔断器应遵循以下步骤。

（1）高压熔断器三角排列时。

拉开高压熔断器：无风时，先拉开中相，再拉开左右边相；有风时，先拉开中相，再拉开下风向边相，最后拉开上风向边相。

合上高压熔断器：无风时，先合左右边相，再合中相；有风时，先合上风向边相，再合下风向边相，最后合中相。

（2）高压熔断器水平排列时。

拉开高压熔断器：无风时，先拉开左右边相，再拉开中相；有风时，先拉开下风向边相，再拉开中相，最后拉开上风向边相。

合上高压熔断器：无风时，先合中相，再合左右边相；有风时，先合上风向边相，再合中相，最后合下风向边相。

五、高压开关柜

高压成套配电装置又称高压成套配电柜，它是按不同用途和使用场合，将所需要一、二次设备按一定的线路方案组装而成的。

1. 高压开关柜的分类及型号

高压成套配电装置是由制造厂成套供应的设备，运抵现场后组装而成的高压配电装置。它将电气主电路分成若干个单元，每个单元即一条回路，将每个单元的断路器、隔离开关、电流互感器、电压互感器，以及保护、控制、测量等设备集中装配在一个整体柜内（通常称为一面或一个高压开关柜），有多个高压开关柜在发电厂、变电站或配电站安装后组成的电力装置称为成套配电装置。

高压成套配电装置按其特点分为金属封闭式、金属封闭铠装式、金属封闭箱式和 SF_6 封闭组合电器等；按断路器的安装方式分为固定式和手车式（移开式）；按安装地点分为户外式和户内式；按柜体结构形式分为开启式和封闭式。

国产系列高压开关柜型号含义：

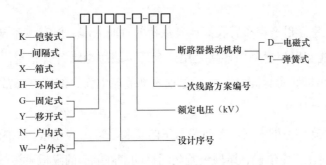

K—铠装式　　　　　　　断路器操动机构　D—电磁式
J—间隔式　　　　　　　　　　　　　　　T—弹簧式
X—箱式
H—环网式　　　　　　　一次线路方案编号
G—固定式
Y—移开式　　　　　　　额定电压（kV）
N—户内式
W—户外式　　　　　　　设计序号

2. 开关柜应具有"五防"联锁功能

电力生产运行，安全重于泰山。高压开关柜"五防"是保证电力网安全运行、确保电气成套设备和人身安全，防止误操作的重要措施。所以高压开关柜应具有"五防"联锁功能：

（1）防止带负荷分、合隔离开关（断路器、负荷开关、接触器合闸状态不能操作隔离开关）。

（2）防止误分、误合断路器、负荷开关、接触器（只有操作指令与操作设备对应才能对被操作设备操作）。

（3）防止接地开关处于闭合位置时关合断路器、负荷开关（只有当接地开关处于分闸状态，才能合隔离开关或手车才能进至工作位置，然后操作断路器、负荷开关闭合）。

（4）防止在带电时误合接地开关（只有在断路器分闸状态，才能操作隔离开关或手车才能从工作位置退至试验位置，然后合上接地开关）。

（5）防止误入带电间隔（只有间隔室不带电时，才能开门进入间隔室）。

"五防"联锁功能常采用断路器、隔离开关、接地开关与柜门之间的强制性机械闭锁、电磁闭锁或微机闭锁等方式实现。

3. KYN28-12型高压开关柜

下面以目前常用的 KYN28-12 中置式铠装移开式交流金属封闭开关设备为例介绍高压成套配电装置的组成结构、安装调试、操作与维护等。

KYN28-12 型高压开关柜（以下简称开关柜）为具有"五防"联锁功能的中置式金属铠装高压开关柜，用于额定电压为 3～10kV，额定电流为 1250～3150A 的发电厂、变电站和配电站中。

KYN28-12 型高压开关柜由固定的柜体和可抽出部件（简称手车）两大部分组成。KYN28-12 型高压开关柜的结构剖面图如图 3-26 所示。

高压开关柜被隔板分成母线室、手车室、电缆室和继电器仪表室，每一单元均良好接地。

（1）A—母线室。母线室布置在高压开关柜的背面上部，作安装布置三相高压交流母线及通过支路母线实现与静触头连接之用。全部母线用绝缘套管塑封。在母线穿越高压开关柜隔板时，用母线套管固定。如果出现内部故障电弧，能限制事故蔓延到邻柜，并能保障母线的机械强度。

（2）B—断路器（手车）室。在断路器室内安装了特定的导轨，供断路器手车在内滑行与工作。手车能在工作位置、试验位置之间移动。静触头的隔板（活门）安装在手车室的后壁上。手车从试验位置移动到工作位置过程中，隔板自动打开，反方向移动手车则完全复合，从而保障了操作人员不触及带电体，如图 3-27 所示。

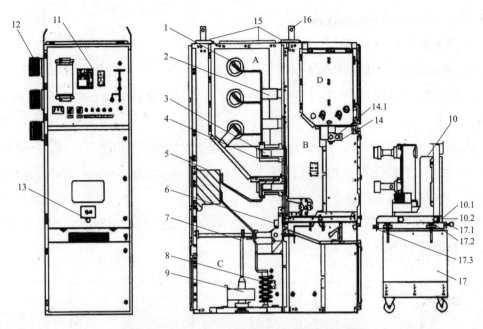

图 3-26 KYN28-12 型高压开关柜结构剖面图

隔室：A—母线室；B—断路器室；C—电缆室；D—继电器仪表室。

主要部件：1—母线；2—绝缘子；3—静触头；4—触头盒；5—电流互感器；6—接地开关；7—电缆终端；8—避雷器；9—零序电流互感；10—断路器手车；10.1—滑动把手；10.2—锁键（连到滑动把手）；11—控制和保护单元；12—穿墙套管。

主要附件：13—丝杠机构操作孔；14—二次插头；14.1—联锁杆；15—压力释放板；16—起吊耳；17—运输小车；17.1—锁杆；17.2—调节轮；17.3—导向杆。

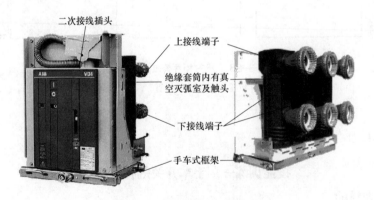

图 3-27 断路器（手车）室

（3）C—电缆室。电缆室内可安装电流互感器、接地开关、避雷器（过电压保护器）以及电缆等附属设备，并在其底部配制开缝的可卸铝板，以确保现场施工的方便。

（4）D—继电器仪表室。继电器室的面板上，安装有微机保护装置、操作把手、保护出口连接片、仪表、状态指示灯（或状态显示器）等；继电器室内，安装有端子排、微机保护控制回路直流电源开关、微机保护工作直流电源、储能电动机工作电源开关（直流或交流），以及特殊要求的二次设备。

4. 开关柜手车的三个位置

开关柜手车的三个位置见图 3-28。

工作位置：断路器与一次设备有联系，合闸后，功率从母线经断路器传至输电线路。

试验位置：二次插头可以插在插座上，获得电源。断路器可以进行合闸、分闸操作，对应指示灯亮；断路器与一次设备没有联系，可以进行各项操作，但是不会对负荷侧有任何影响，所以称为试验位置。

检修位置：断路器与一次设备（母线）没有联系，失去操作电源（二次插头已经拔下），断路器处于分闸位置。

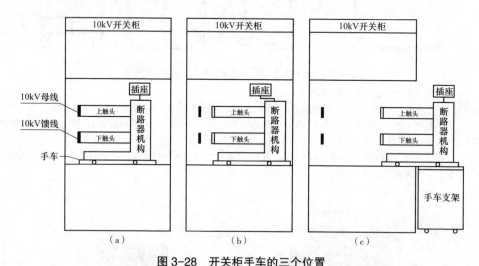

图 3-28　开关柜手车的三个位置
(a) 工作位置；(b) 试验位置；(c) 检修位置

【技能训练】

技能训练一：手车开关的操作实训

一、实训目的

（1）熟悉手车开关本体所处的 3 种位置和手车开关的 5 种状态。

（2）学会手车开关柜的操作方法。

二、实训内容

1. 认识手车开关的位置和状态

手车开关本体所处的 3 种位置，即工作位置、试验位置、检修位置。

（1）工作位置。手车开关本体在开关柜内，一次插件（动、静插头）已插好。

（2）试验位置。手车开关本体在开关柜内，且开关本体限定在"试验"位置，一次插件（动、静插头）在断开位置。

（3）检修位置。手车开关本体在开关柜外。

手车开关有 5 种状态，即运行状态、热备用状态、试验状态、冷备用状态和检修状态。

（1）运行状态。手车开关本体在"工作"位置，开关处于合闸状态，二次插头插好，开关操作电源、合闸电源均已投入，相应保护投入运行。

（2）热备用状态。手车开关本体在"工作"位置，开关处于分闸状态，二次插头插好，开关操作电源、合闸电源均已投入，相应保护投入运行。

（3）试验状态。手车开关本体在"试验"位置，开关处于分闸状态，二次插头插好，开关操作电源、合闸电源均已投入，保护投入不确定。

（4）冷备用状态，手车开关本体在"试验"位置，开关处于分闸状态，二次插头拔下，开关操作电源、合闸电源均未投入，相应保护退出运行。

（5）检修状态，手车开关本体在"检修"位置（在开关柜外），二次插头拔下，开关操作电源、合闸电源均未投入，相应保护退出运行，已做好安全措施。

手车式开关允许停留在运行、试验、检修位置，不得停留在其他位置。检修后，应推至试验位置，进行传动试验，试验良好后方可投入运行。手车式开关无论在运行还是检修位置，均应用机械联锁将手车锁定。当手车式开关推入柜内时，应保持垂直缓缓推入。处于试验位置时，必须将二次插头插入插座，断开合闸电源，释放弹簧储能。

2. 手车开关柜的操作

（1）从柜外向柜内推进手车操作。

1）确认断路器处于断开位置。

2）将手车放到转运车上并与之锁定。

3）用钥匙打开柜门，柜门开启应大于 90°。

4）将带有手车的转运车推到柜前，分别调节 4 个手轮的高度，使托盘接轨的高度与柜体手车导轨高度一致，并将托盘前的左右两个导向杆与中间锁杆分别插入柜体左右侧导向孔和中间锁孔内，锁钩靠拉簧的作用将自动钩住柜体中隔板，转运车即与柜体锁定在一起。

5）手车推入时，先用手向内侧拨动锁杆手柄与手车托盘解锁，接着将断路器小车直接推入断路器小室内，松开双手并锁定在试验位置。

6）将二次插头插入二次插座并锁定。

7）将锁钩手柄扳向左侧，解开转运车与开关柜的锁钩，将转运车移开，关闭开关柜门并锁定。

（2）从试验位置向工作位置推进手车。

1）确认断路器与接地开关处于断开位置。

2）插入手车操作摇把，顺时针方向摇动摇把，即可摇动手车至工作位置。手车到工作位置后，摇动手柄即摇不动，同时伴随有锁定响动声，其对应位置指示灯也同时指示其所在位置。

（3）从工作位置抽出手车。

1）确认断路器处于断开位置。

2）插入手车操作摇把，逆时针方向摇动摇把，即可摇动手车至试验位置。手车到试验位置后，摇动手柄即摇不动，其对应位置指示灯也同时指示其所在位置。

（4）从柜内抽出手车。

1）确认断路器处于断开位置。

2）用钥匙打开柜门，柜门开启应大于90°。

3）将二次插头拔出。

4）将带有手车的转运车推到柜前，分别调节4个手轮的高度，使托盘接轨的高度与柜体手车导轨高度一致。并将托盘前的左右两个导向杆与中间锁杆分别插入柜体左右侧导向孔和中间锁孔内，锁钩靠拉簧的作用将自动钩住柜体中隔板，转运车即与柜体锁定在一起。

5）先用手向内侧拨动锁杆手柄与开关柜体解锁，接着将断路器小车直接拉出至转运车上，松开双手并锁定在转运车的锁定位置上。

6）将锁钩手柄扳向左侧，解开转运车与开关柜的锁钩，将转运车移开，关闭开关柜门并锁定。

（5）断路器的合、分闸。

1）手车面板上设有手动按钮，供调试人员在调试断路器时使用。

2）运行中的断路器在一般情况下，不能由人直接进行断路器的合、分闸操作。

（6）合、分接地开关。

1）接地开关的操作轴端在柜体右前部。接地开关的操作应使用制造厂提供的专用操作手把。进行接地开关合闸操作前应首先确认手车已退到试验位置或移出柜外，查看带电显示器的指示确认电缆不带电，确认开关柜后门板没有打开，确认接地开关处于分闸状态。将专用操作手把插入接地开关的操作轴轴端，顺时针转动操作手把，就可完成接地开关的合闸操作。

2）进行接地开关分闸操作前应首先确认开关柜后门板已经完全盖好，确认接地开关处于合闸状态。将专用操作手把插入接地开关的操作轴轴端，逆时针转动操作手把，就可完成接地开关的分闸操作。

（7）打开开关柜后门板。

1）打开开关柜后门板之前，应先将接地开关合闸。

2）安装开关柜后门板。安装开关柜后门板之前，接地开关必须处于合闸状态，否则，安装将无法进行。安装开关柜后门板前还需特别注意检查电缆室内的杂物是否清理干净。

技能训练二：跌落式熔断器的操作

1. 实训目的

（1）掌握跌落式熔断器的操作流程。

（2）学会正确地操作方法，掌握操作要领及安全注意事项。

2. 操作前的准备

（1）填写检修工作票、倒闸操作票。

（2）将变压器的负荷侧全部停电。

（3）穿绝缘靴、戴绝缘手套及护目镜，使用绝缘杆，站在绝缘台垫上进行操作。

（4）操作跌落式熔断器，应两人进行，一人操作，一人监护。

3. 操作安全要点

（1）送电操作时，先合两边相，后合中相。

（2）停电操作时，先拉中相，后拉两边相。

（3）有风时，先拉下风侧边相，后拉上风侧边相，防止弧光短路。

4. 更换熔丝的操作

（1）取下熔丝管，RW3 型用绝缘杆顶静触头（鸭嘴）；RW4 及 RW7 型则拉熔丝管上端的操作环（即 3 顶、4 拉）。

（2）打磨被电弧烧伤的熔丝管静、动触头。

（3）调整熔丝管静、动触头的距离及紧固件，熔丝应位于消弧管的中部偏上处。

（4）更换熔丝前应检查熔丝管与产气管是否良好无损伤，损坏应更换。

（5）更换熔丝时应压接牢固，接触良好，防止造成机械损伤。

（6）送电操作时，先用绝缘杆金属端钩穿入操作环，令其绕轴向上转到接近静触头的地方，稍加停顿，看到上动触头确已对准上静触头，迅速向上推，使上动触头与上静触头良好接触，并被锁紧机构锁在这一位置，然后轻轻退下绝缘杆。

【任务实施及考核】

变配电站高压设备的运行与维护

1. 项目描述

（1）网上调研并查阅本项目相关资料，查阅出"五防"开关柜的相关内容及实物图片。

（2）在供配电系统实训室中，现场认识高低压开关柜中的高低压设备、母线、互感器、避雷器等设备，并说出其作用。

（3）能够认识高低压器件符号，熟知高压一次设备运行与检修规程。

（4）具备自学、组织与语言表达能力。

（5）具有专业知识的理论与实践运用能力；具有项目的计划、实施与评价能力。

2. 教学目标

（1）具备查阅高压一次设备实物图片、运行与检修规程的能力。

（2）明确"五防"开关柜含义，现场能够认识高压开关柜中的高低压器件、母线、绝缘子、互感器、避雷器等，并说出各自作用。

（3）能够认识高压器件符号，熟知高压一次设备运行与检修规程。

（4）具备自学、组织与语言表达能力。

（5）具有专业知识的理论与实践运用能力；具有项目的计划、实施与评价能力。

3. 学时与教学实施

2学时；教学采用现场认识方式，学生分小组展开实践教学过程。

4. 训练设备

如图3-29所示，某变电室两路电源进线（Ⅰ段进线、Ⅱ段进线），分别由2号进线柜、5号进线柜进入，熟知设备情况并请思考如下问题：

（1）图中的2号进线柜、5号进线柜中有哪些高压器件？有何作用？

（2）上述高压线路为架空线进线（或电缆线进线），相与相之间的短路故障是由何原因造成的？

（3）前面我们学习的高压电流互感器的二次侧接的是什么？

（4）高压进线柜过流继电保护的二次电路有哪些器件？

通过思考，我们知道固定式开关柜的2号进线柜、5号进线柜中有上隔离开关、下隔离开关、高压断路器、电流互感器、带电显示器、检修接地开关。手车式开关柜的2号进线柜、5号进线柜中有高压断路器、电流互感器、带电显示器、检修接地开关。

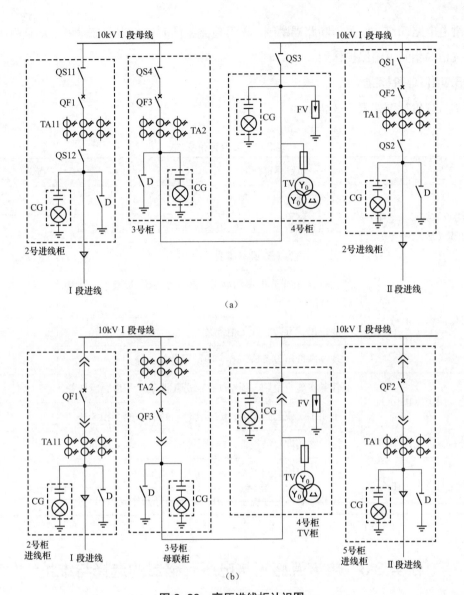

图 3-29　高压进线柜认识图

（a）固定式开关柜；（b）手车式开关柜

QF1、QF2、QF3—高压断路器；TA11、TA1、TA2—电流互感器；D—检修接地开关；CG—带电显示器；
FV—避雷器（过电压保护）；QS1、QS2、QS3、QS4、QS11、QS12—高压隔离开关

高压电流互感器的一个二次侧线圈接电流表，检测高压侧电流；另一个二次侧线圈接过流继电器线圈，当高压线路发生相间短路时，过流继电器动作，使高压断路器跳闸。

高压断路器、高压隔离开关、电流互感器等组成高压进线柜过流继电保护的一次设备。

当高压进线如电缆线或架空线路发生相与相之间的短路故障时，高压进线柜中的过流

保护继电电路动作，使高压断路器跳闸，断开电路，同时发出报警信号。这就是高压进线柜开关柜的相间短路保护作用。

5. 项目评价标准

项目评价标准如表 3-3 所示。

表 3-3　项目评价标准

项目评价标准		配分	得分
查阅资料完整与运用知识灵活（30分）	查阅资料完整，熟知运行规程		
	按照要求查出高压一次设备的所有内容，并说出作用		
	有一项内容未查或不清楚，扣10分		
训练内容（40分）	正确认识开关柜现场高低压设备、母线及颜色、互感器、避雷器、绝缘子		
	能说出"五防"开关柜含义		
	现场高低压设备认识有一项错误者扣5分		
协作组织（10分）	任务实施，全勤，团结协作，分工明确，积极完成任务		
	不动手，或迟到早退，或不协作，每有一处，扣5分		
分析报告（10分）	按时交实训总结报告，内容书写完整、认真、正确		
安全文明意识（10分）	任务结束后清扫工作现场，工具摆放整齐		
	任务结束不清理现场扣10分；不遵守操作规程扣5分		

任务 3.3　电流互感器与电压互感器的选择与维护

【任务描述】

在供配电系统中，一方面，几乎所有的二次设备可用低电压、小电流的电缆连接，这有利于提高二次设备的绝缘水平，便于集中管理，实现远程控制和测量；另一方面，为了保证二次回路不受一次回路的限制，使二次侧的设备与高压部分隔离。鉴于以上两个方面，我们需要将一次回路的高电压和大电流变为二次回路标准值，这就需要使用互感器，互感器分为电流互感器和电压互感器。

要合理地选择互感器，并使其能够正常运行，这就需要我们首先了解互感器的结构组成、工作原理、型号和规格，掌握其在供配电系统中的功能和安装使用方法。

【相关知识】

一、互感器的作用

运行的输变电设备往往电压很高、电流很大，且电压、电流的变化范围大，无法用电气仪表直接进行测量，这时必须采用互感器。互感器能按一定的比例降低高电压和大电流，以便用一般电气仪表直接进行测量。这样既可以统一电气仪表的品种和规格，提高准确度，又可以使仪表和工作人员避免接触高压回路，保证安全。

互感器除了用于测量外，还可被应用于各种继电保护装置。互感器分为电压互感器和电流互感器两种。

电流互感器能将电力系统中的大电流变换成标准小电流（5A 或 1A）。电压互感器能将电力系统的高电压变换成标准的低电压（100V 或 $100\mathrm{V}/\sqrt{3}$），供测量仪表和继电器使用。

互感器的主要作用如下：

（1）将测量仪表和继电器同高压线路隔离，以保证操作人员和设备的安全。

（2）用来扩大仪表和继电器的使用范围，与测量仪表配合，可对电压、电流、电能进行测量；与继电保护装置配合，可对电力系统和设备进行各种继电保护。

（3）能使测量仪表和继电器的电流和电压规格统一，以利于仪表和继电器的标准化。

二、电流互感器

1. 电流互感器的功能

电流互感器（文字符号为 TA）是一种把大电流变为标准 5A 小电流，并在相位上与原来保持一定关系的仪器。其主要作用有：

（1）与测量仪表配合，对线路的电流等进行测量。

（2）与继电保护装置配合，对电力系统和设备进行过负荷和过电流等保护。

（3）使测量仪表、继电保护装置与线路的高压电网隔离，以保证人身和设备的安全。

2. 电流互感器工作原理

电力系统中广泛采用的是电磁式电流互感器。它的工作原理和变压器相似，如图 3-30 所示。电流互感器的一次绕组匝数很少，截面积较大，应串联于被测量电路内；电流互感器的二次绕组匝数多，截面积小，应与二次侧的测量仪表或继电器的电流线圈串联。

电流互感器一、二次电流之比称为电流互感器的额定互感比，简称变比或者倍率。

$$K_i = \frac{I_1}{I_2} = \frac{N_2}{N_1} \tag{3-9}$$

式中：I_1 为一次线圈的额定电流，A；I_2 为二次线圈的额定电流，A；N_1、N_2 为一、二次

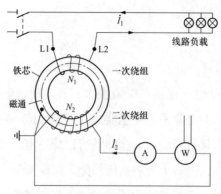

图 3-30　电流互感器工作原理图

绕组匝数。

从式（3-1）可见，电流互感器二次电流 I_2，近似与一次电流 I_1 成正比，测出二次电流 I_2，按照变比放大，即可得到一次电流 I_1 的大小。只要适当配置互感器一、二次绕组的额定匝数比就可以将不同的一次额定电流变换成标准的二次电流。

3. 电流互感器的分类及型号

电流互感器均为单相，如按一次绕组匝数分，可分为单匝式和多匝式；按用途分类，可分为测量用和保护用；按绝缘介质分类，可分为油浸式（户外）和干式（户内）；按准确度等级分类，测量用有 0.1、0.2、0.5、1、3、5 级，保护用有 5P 和 10P 等。

电流互感器全型号含义：

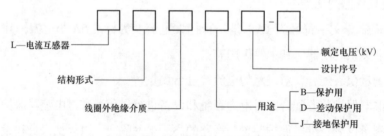

注：1. 结构形式的字母含义：R—套管式；Z—支柱式；Q—线圈式；F—贯穿式（复匝）；D—贯穿式（单匝）；M—母线式；K—开合式；V—倒立式；A—链式。

2. 线圈外绝缘介质的字母含义：J—变压器油不表示；G—空气（干式）；C—瓷（主绝缘）；Q—气体；Z—浇注成型固体；K—绝缘壳。

例如 LQJ-10 表示线圈式树脂浇注电流互感器，额定电压为 10kV。LFCD-10/400 表示瓷绝缘多匝穿墙式电流互感器，用于差动保护，额定电压为 10kV，变流比为 400/5。LMZJ-0.5 表示母线式低压电流互感器，额定电压为 0.5kV。

4. 电流互感器结构

高压电流互感器多制成不同准确度级的两个铁芯和两个二次绕组，分别接测量仪表和继电器，以满足测量和保护的不同要求。电气测量对电流互感器的准确度要求较高，且要求在短路时仪表受的冲击小，因此测量用电流互感器的铁芯在一次电路短路时应易于饱和，以限制二次电流的增长倍数。而继电保护用电流互感器的铁芯则在一次电流短路时不应饱和，使二次电流能与一次短路电流成比例地增长，以适应保护灵敏度的要求。

图 3-31 是户内高压 LQJ-10 型电流互感器的外形图。它有两个铁芯和两个二次绕组，分别为 0.5 级和 3 级，0.5 级用于测量，3 级用于继电保护。

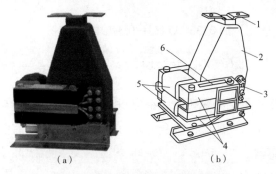

（a）　　　　　　　　　　　　（b）

图 3-31　LQJ-10 型电流互感器

（a）实物图；（b）结构图

1—一次接线端子；2—一次绕组；3—二次接线端子；4—铁芯；5—二次绕组；6—警告牌

图 3-32 所示为 LFZB-10 型环氧树脂浇注绝缘有保护级复匝式电流互感器为半封闭浇注绝缘结构，铁芯采用硅钢叠片呈二芯式，在铁芯柱上套有二次绕组，一、二次绕组用环氧树脂浇注整体，铁芯外露。一次为 P1、P2，二次分两组，甲组为 1S1、1S2 供测使用，乙组为 2S1、2S2 供保护使用。

图 3-32　LFZB-10 型环氧树脂浇注绝缘有保护级复匝式电流互感器

图 3-33 是户内低压 LMZJ1-0.5 型（50～800/5A）的外形图。它不含一次绕组，穿过其铁芯的一次电路作为一次绕组（相当于一匝），广泛用于 500V 及以下的低压配电系统中。

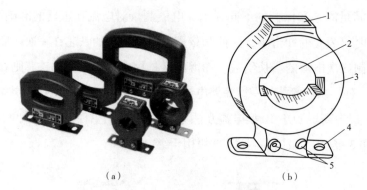

图 3-33　LMZJ1-0.5 型电流互感器

（a）实物图；（b）结构图

1—铭牌；2——一次母线穿孔；3—铁芯树脂浇注；4—安装板；5—二次接线端子

以上两种电流互感器都是环氧树脂或不饱和树脂浇注绝缘的，与老式的油浸式和干式电流互感器相比，尺寸小，性能好，安全可靠，因此现在生产的高低压成套配电装置中都采用这类新型电流互感器。

5. 电流互感器的接线方式

（1）图 3-34（a）为单相接线方式，用于测量三相对称电路中的一相电流。

（2）图 3-34（b）为两相不完全星形联结，电流互感器通常接在 A、C 相中，这种接线也称为两相 V 形联结。广泛用于三相三线制的电路中（如 6～10kV 的高压线路中）测量三相电流、电能及作过电流继电保护之用。两相 V 形联结的公共线上电流为 $\dot{I}_a+\dot{I}_c=-\dot{I}_b$，反映的是未接电流互感器的 B 相电流。

（3）图 3-34（c）为两相电流差接线。电流互感器通常接在 A、C 相，二次侧公共线上的电流为 $\dot{I}_a-\dot{I}_c$，其量值为相电流的 $\sqrt{3}$ 倍。适用于中性点不接地的三相三线制电路中，作过电流继电保护之用。

（4）图 3-34（d）为三相完全星形联结，可测量三相负载电流，监视各相负载不对称情况。广泛用在三相四线制以及负荷可能不平衡的三线制系统中，作测量三相电流及过电流保护之用。

6. 电流互感器使用注意事项

（1）根据用电设备的实际选择电流互感器的额定电流比、容量、准确度等级以及型号，应使电流互感器一次绕组中的电流在电流互感器额定电流的 1/3～2/3。电流互感器经常运行在其额定电流的 30%～120%，否则电流互感器误差增大等。电流互感器可以在 1.1 倍额定电流下长期工作。如发现电流互感器经常过负荷运行，则应更换，一般允许超过 TA 额定电流的 10%。

（2）电流互感器在接入电路时，必须注意它的端子符号和其极性。通常用字母 P1 和 P2

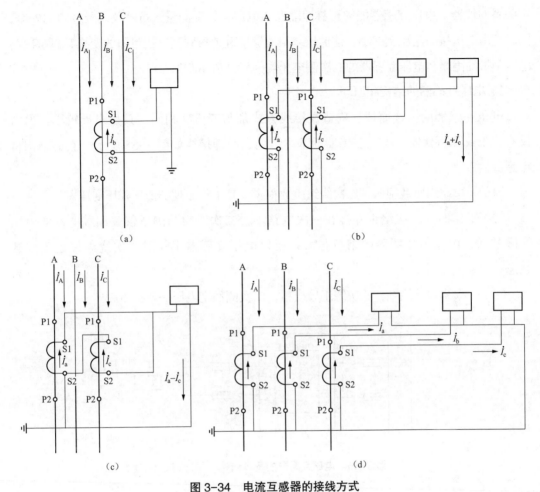

图 3-34　电流互感器的接线方式

（a）单相式接线；（b）不完全星形联结；（c）两相电流差接线；（d）三相星形联结

表示一次绕组的端子，二次绕组的端子用 S1 和 S2 表示。一般一次电流从 P1 流入、P2 流出时，二次电流从 S1 流出经测量仪表流向 S2（此时为正极性），即 P1 与 S1、P2 与 S2 同极性。

（3）电流互感器二次侧必须有一端接地，目的是防止其一、二次绕组绝缘击穿时，一次侧的高压电串入二次侧，危及人身和设备安全。

（4）电流互感器二次侧在工作时不得开路。当电流互感器二次侧开路时，一次电流全部被用于励磁。二次绕组感应出危险的脉冲尖峰电压，其值可达几千伏甚至更高，严重地威胁人身和设备的安全。所以，运行中电流互感器的二次回路绝对不许开路，并注意接线牢靠，不许装接熔断器。

三、电压互感器

1. 电压互感器的功能

电压互感器（文字符号为 TV）是一种把高电压变为低电压并在相位上与原来保持一

定关系的仪器。电压互感器能够可靠地隔离高电压，保证测量人员、仪表及装置的安全，同时把高电压按一定比例缩小，使低压绕组能够准确地反映高电压量值的变换，以解决高电压测量的困难。电压互感器的二次侧电压均为标准值 100V。

2. 电压互感器的结构和原理

电压互感器的工作原理、构造及接线方式都与变压器相同，只是容量较小，通常仅有几十或几百伏安。电压互感器的基本结构、原理接线如图 3-35 所示，它的结构特点是：

（1）一次绕组匝数很多，二次绕组匝数很少，其工作原理类似于降压变压器。

（2）工作时，一次绕组并接在一次电路中，二次绕组与测量仪表和继电器的电压线圈并联，由于电压线圈的阻抗很大，所以电压互感器工作时二次绕组接近于空载状态。

（3）一次绕组导线细，二次绕组导线粗，二次侧额定电压一般为 100V。

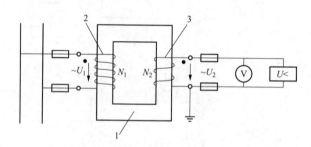

图 3-35　电压互感器的基本结构、原理接线

1—铁芯；2——次绕组；3—二次绕组

电压互感器的一次电压 U_1 与其二次电压 U_2 之间有下列关系

$$K_u = \frac{U_{1N}}{U_{2N}} \approx \frac{N_1}{N_2} \tag{3-10}$$

式中：N_1、N_2 为电压互感器一次和二次绕组匝数；K_u 为电压互感器的变压比，一般表示为其额定一、二次电压比，即 $K_u = U_{1N}/U_{2N}$，例如 10000/100V。

3. 电压互感器的分类及型号

电压互感器按相数分，有单相和三相两类。按绝缘及其冷却方式分，有干式（含环氧树脂浇注式）和油浸式两类。电压互感器全型号含义：

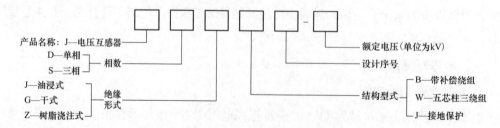

4. 电压互感器的接线方案

电压互感器的接线方案有四种常见的形式，如图 3-36 所示。

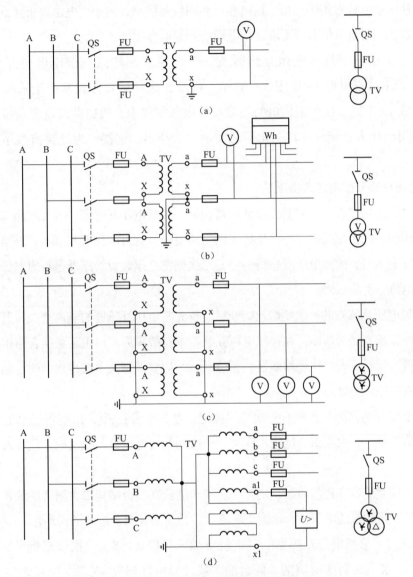

图 3-36　电压互感器的接线方案

（a）一个单相电压互感器；（b）两个单相电压互感器接成 Vv 形；
（c）三个单相电压互感器或一个三相双绕组电压互感器接成 YNyn 形；
（d）三个单相三绕组电压互感器或一个三相五芯柱式三绕组电压互感器接成 YNynd 形

（1）一个单相电压互感器的接线。如图 3-36（a）所示，这种接线方式常用于供仪表、继电器接于三相电路的一个线电压。

（2）两个单相电压互感器接成 Vv 形。如图 3-36（b）所示，这种接线方式常用于供仪表、继电器接于三相三线制电路的各个线电压，广泛应用于工厂变配电站 10kV 高压配电装置中。

（3）三个单相电压互感器或一个三相双绕组电压互感器接成 YNyn 形。如图 3-36（c）所示，这种接线方式常用于三相三线制和三相四线制线路，用于供电给要求接线电压的仪表、继电器，同时也可供电给要求接相电压的绝缘监察用电压表。

（4）三个单相三绕组电压互感器或一个三相五芯柱式三绕组电压互感器接成 YNynd 形（开口三角形）。如图 3-36（d）所示，这种接线方式常用于三相三线制线路。其接成 yn 形的二次绕组供电给要求接线电压的仪表、继电器以及要求接相电压的绝缘监察用电压表；接成开口三角形的辅助二次绕组，连接作为绝缘监察用的电压继电器。

5. 电压互感器使用注意事项

（1）电压互感器在工作时其二次侧不得短路。由于电压互感器一、二次侧都是在并联状态下工作的，发生短路时，将产生很大的短路电流，有可能烧毁互感器，甚至影响一次侧电路的安全运行，因此电压互感器的一、二次侧都必须装设熔断器进行短路保护，熔断器的额定电流一般为 0.5A。

当发现电压互感器的一次侧熔丝熔断后，首先将电压互感器的隔离开关拉开，并取下二次侧熔丝，检查是否熔断。在排除电压互感器本身故障后，可重新更换合格熔丝后将电压互感器投入运行。若二次侧熔断器一相熔断时，应立即更换。若再次熔断，则不应再次更换，待查明原因后处理。

（2）电压互感器的二次侧有一端必须接地。这与电流互感器二次侧接地的目的相同，也是为了防止一、二次绕组的绝缘击穿时，一次侧的高电压窜入二次侧，危及人身和设备的安全。

（3）电压互感器在连接时，一定要注意端子的极性，否则其二次侧所接仪表、继电器中的电压就不是预想的电压，会影响正确测量，乃至引起保护装置的误动作。

我国规定，单相电压互感器的一次绕组端子标以 A、X，二次绕组端子标以 a、x，端子 A 与 a、X 与 x 各为对应的"同名端"或"同极性端"。三相电压互感器，按照相序，一次绕组端子分别标以 A、X，B、Y，C、Z，二次绕组端子分别标以 a、x，b、y，c、z，端子 A 与 a、B 与 b、C 与 c、X 与 x、Y 与 y、Z 与 z 各为对应的"同名端"或"同极性端"。

【任务实施及考核】

分组讨论新建机械厂电压互感器和电流互感器的选型及使用注意事项。

姓名		专业班级		学号	
任务内容及名称					
1.任务实施目的				2.任务完成时间：1学时	
3.任务实施内容及方法步骤					
4.分析结论					
指导教师评语（成绩）				年　月　日	

【任务总结】

本任务学习互感器的功能、结构特点、基本原理、选择及使用注意事项；完成某机械厂新建变电站的电压互感器、电流互感器的选择及使用注意事项。

任务 3.4　低压配电设备的选择与维护

【任务描述】

供配电系统不仅包括高压设备，还包括低压设备。本任务通过低压熔断器、刀开关、负荷开关及断路器的功能结构和工作原理，参数、选择、检验及使用注意事项的学习，完成供配电系统一次侧低压设备的选择。

通过熟悉低压熔断器、刀开关、负荷开关及断路器的功能结构、工作原理、型号规格，掌握其在供配电系统中的功能并能正确选择、检测、安装、使用。

【相关知识】

低压一次设备，指供电系统中 1000V 及以下的电气设备。

一、低压熔断器

低压熔断器（文字符号 FU）主要用于电压配电系统的短路保护，有的也能实现过载保护。低压熔断器全型号含义：

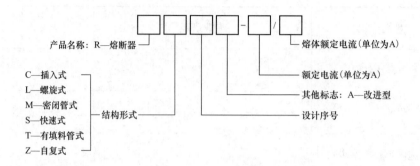

产品名称：R—熔断器

C—插入式
L—螺旋式
M—密闭管式　结构形式
S—快速式
T—有填料管式
Z—自复式

熔体额定电流（单位为A）

额定电流（单位为A）

其他标志：A—改进型

设计序号

低压熔断器的类型很多，下面主要介绍供电系统中常用的国产低压 RTO、RL1、RZ1 型熔断器的结构和原理。

1. RTO 型低压有填料密闭管式熔断器

RTO 型熔断器是我国统一设计的一种有"限流"作用的低压熔断器，保护性能好、断流能力大，广泛应用于低压配电装置中，但其熔体不可拆卸，因此熔体熔断后整个熔断器报废，不够经济。RTO 型熔断器主要由瓷熔管、栅状铜熔体、触头、底座等几部分组成，如图 3-37 所示。其栅状铜熔体具有引燃栅。由于引燃栅的等电位作用，可使熔体在短路电流通过时形成多根并行电弧。同时熔体又具有变截面小孔，可使熔体在短路电流通过时又将每根长弧分割为多段短弧。加之所有电弧都在石英砂中燃烧，可使电弧中正负离子强烈复合。这种有石英砂填料的熔断器灭弧能力极强，具有"限流"作用。此外，其栅状铜熔体的中段弯曲处点有焊锡（称为锡桥），可利用其"冶金效应"来实现其对较小短路电流和过负荷电流的保护。熔体熔断后，有红色熔断指示器立即弹出，以便于运行人员的检查。

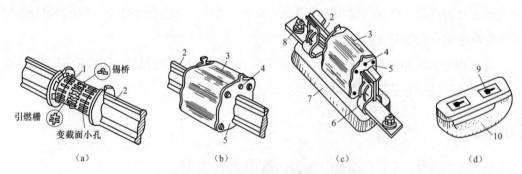

（a）　　　　　　　　　（b）　　　　　　　　　（c）　　　　　　　　　（d）

图 3-37　RTO 型低压熔断器结构

（a）熔体；（b）熔管；（c）熔断器；（d）操作手柄

1—栅状铜熔体；2—触头；3—瓷熔管；4—盖板；5—熔断指示器；6—弹性触座；

7—瓷质底座；8—接线端子；9—扣眼；10—绝缘拉手手柄

2. RL1 型螺旋管式熔断器

RL1 型螺旋管式熔断器实物如图 3-38（a）所示，它由瓷质螺母、熔管和底座组成，其结构如图 3-38（b）所示。上接线端与下接线端通过螺钉固定在底座上，熔管由瓷质外套管、熔体和石英砂填料密封构成，一端有熔断指示器（多为红色）；瓷质螺母上有玻璃窗口，放入熔管旋入底座后即将熔管串接在电路中。由于熔断器的各个部分可拆卸，更换熔管十分方便，这种熔断器广泛用于低压供电系统，特别是在中小型电动机的过载与短路保护中。

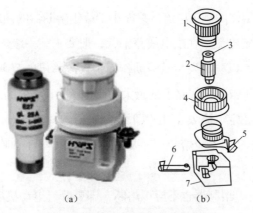

图 3-38　RL1 型螺旋管式熔断器

（a）实物图；（b）结构图

1—瓷帽；2—熔体管；3—熔断指示器；4—瓷套；5—上接线端；6—下接线触头；7—底座

3. NT 系列有填料封闭管式刀型触头熔断器

NT 系列（国内型号为 RT16 系列）熔断器是我国引进德国 AEG 公司制造技术生产的一种高分断能力熔断器。适用于 660V 及以下的电力网和配电装置作过载和短路保护之用。

（1）NT 系列熔断器结构：本系列熔断器由熔管、熔体和底座三部分组成。熔管为高强度陶瓷，内装优质石英砂。熔体采用优质材料，功耗小，特性稳定，两端装有刀型触头。结构如图 3-39 所示。更换熔体时应用操作手柄进行操作。

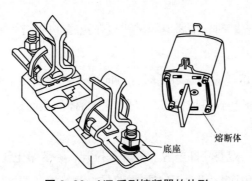

图 3-39　NT 系列熔断器的外形

（2）NT系列熔断器型号含义：

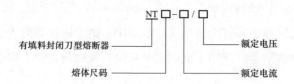

4. 熔断器的安装与使用

（1）熔断器内所装熔体的额定电流，只能小于等于熔断器的额定电流，而不能大于熔断器的额定电流；在配电线路中，一般要求前一级熔体比后一级熔体的额定电流大，以防止发生越级动作而扩大故障停电范围；熔断器的最大分断能力应大于被保护线路上的最大短路电流。

（2）熔断器熔体的额定电流 $I_{N \cdot FE}$ 按以下原则进行选择。

1）正常工作时，熔断器不应熔断，即要躲过线路正常运行时的计算电流 I_{30}。

$$I_{N \cdot FE} \geq I_{30} \tag{3-11}$$

2）在电动机启动时，熔断器也不应该熔断，即要躲过电动机启动时的短时尖峰电流。

$$I_{N \cdot FE} \geq k I_{pk} \tag{3-12}$$

式中：k 为计算系数，一般按电动机的启动时间取值。如轻负载启动，启动时间在 3s 以下，k 取 0.25~0.4；如重负载启动，启动时间为 3~8s，k 取 0.35~0.5；如频繁启动、反接制动，启动时间在 8s 以上的重负荷启动，k 取 0.5~0.6；I_{pk} 为电动机起动时产生的尖峰电流。

3）用于保护电力变压器的熔断器，其熔体电流可按下式选定，即

$$I_{N \cdot FE} = （1.2 \sim 1.4）I_{1N \cdot T} \tag{3-13}$$

式中：$I_{1N \cdot T}$ 为变压器的额定一次电流，熔断器装设在哪一侧，就选用哪一侧的额定值。用于保护电压互感器的熔断器，其熔体额定电流可选用 0.5A，熔管可选用 RN2 型。

（3）安装时应保证熔体和触刀以及触刀和刀座接触良好，以免因熔体温度升高发生动作。

（4）螺栓式熔断器安装时，应将电源进线接在瓷底座的下接线端上，出线应接在螺纹壳的上接线端上。

（5）安装熔丝时，熔丝应沿螺钉顺时针方向弯过来，压在垫圈下，以保证接触良好；同时必须注意不能使熔丝受到机械损伤，以免减少熔体的截面积，产生局部发热而造成误动作。

（6）更换熔丝时，一定要切断电源，将开关拉开，不要带电工作，以免触电；在一般情况下，不应带电插、拔熔断器。如因工作需要带电调换熔断器熔体时，必须先断开负荷，

因为熔断器的触刀和夹座不能用来切断电流，可能在拔出时，电弧不能熄灭会引起事故。

二、低压刀开关和低压负荷开关

1. 低压刀开关

低压刀开关（文字符号为 QK）按操作方式分，有单投和双投两种。按极数分，有单极、双极和三极三种。按灭弧结构分，有不带灭弧罩和带灭弧罩两种。低压刀开关全型号含义：

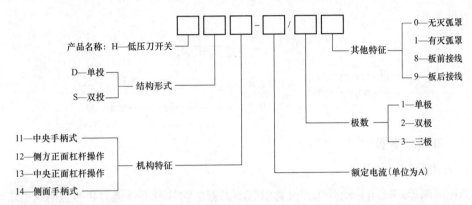

不带灭弧罩的刀开关只能在无负荷下操作。由于刀开关断开后有明显可见的断开间隙，因此可作为隔离开关使用。因此这种刀开关也称为低压隔离开关。

带有灭弧罩的刀开关如图 3-40 所示，能通断一定的负荷电流，能使负荷电流产生的电弧有效地熄灭。

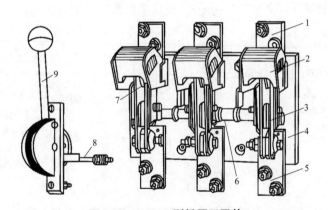

图 3-40　HD13 型低压刀开关

1—上接线端子；2—灭弧罩；3—闸刀；4—底座；5—下接线端子；
6—主轴；7—静触头；8—连杆；9—操作手柄

刀开关的额定电流一般应大于所控制支路负荷额定电流的总和。一般取电路中最大负荷电流的 1.5 倍比较合适。

2. 低压负荷开关

将低压刀开关与低压熔断器串联，装在金属盒内，就构成低压负荷开关（HH 型），文字符号为 QL，具有带灭弧罩的刀开关和熔断器的双重功能，既可以带负荷操作，又能进行短路保护，但短路熔断后，需要更换熔体才能恢复使用。

常用的低压负荷开关有 HH 和 HK 两种系列，HH 系列为封闭式负荷开关，将刀开关与熔断器串联，安装在铁壳内构成，俗称铁壳开关；HK 系列为开启式负荷开关，外装瓷质胶盖，俗称胶壳开关。低压负荷开关的图形及文字符号与高压负荷开关相同。低压负荷开关型号含义：

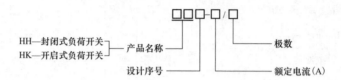

三、低压断路器

1. 作用及型号含义

低压断路器即低压自动开关，又称空气断路器。它具有灭弧能力相当强的灭弧罩，还带有多种脱扣器，能够起到过电流、过负荷、欠电压保护等作用。它既能带负荷接通和切断电路，又能在短路、过负荷和欠电压（失电压）时自动跳闸，保护电力线路和电气设备免受破坏。它被广泛用于发电厂和变电站，以及配电线路的交、直流低压电气装置中，适用于正常情况下不频繁操作的电路。

低压断路器的符号：文字符号为 QF。低压断路器产品型号含义：

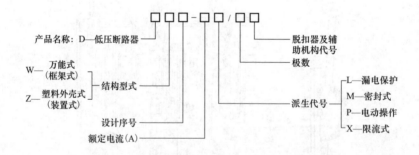

配电用低压断路器按结构形式分，有塑型外壳式和万能式两大类。

2. 塑型外壳式低压断路器

塑型外壳式低压断路器，简称塑壳式低压断路器，原称装置式自动空气断路器，国产型号"DZ"系列，有些型号都是生产企业自己制定的。DZ 系列低压断路器为封闭式结构，目前该系列使用较多的有 DZ10、DZ15、CM1，推广应用的有 DZ20、DZX10 及 DZ40 等。

新型塑壳式低压断路器的品种规格齐全，保护性能完善，技术先进，体积小，安装、使用方便，广泛应用于低压配电系统中。DZ10-250 型塑壳式低压断路器的外形和结构图如图 3-41 所示。

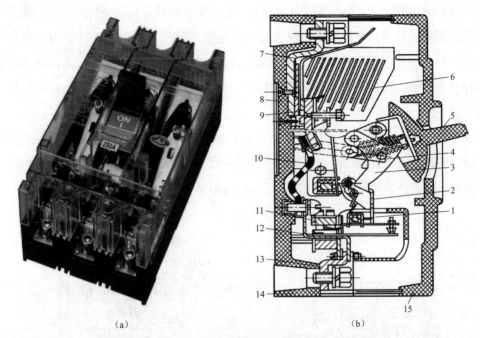

（a）　　　　　　　　　　　　　　（b）

图 3-41　DZ10-250 型塑壳式低压断路器的外形和结构图

（a）实物图；（b）结构图

1—牵引杆；2—锁扣；3—跳钩；4—连杆；5—操作手柄；6—灭弧室；7—引入线和接线端子；

8—静触头；9—动触头；10—可绕连接条；11—电磁脱扣器；12—热脱扣器；

13—引出线和接线端子；14—塑料底座；15—塑壳盖

塑料外壳式低压断路器的操动机构按操作方式分，有手动和电动两种。手动操作是利用操作手柄或杠杆操作；电动操作是利用专门的电磁线圈或控制电动机操作。

塑料外壳式低压断路器的操作手柄有三个位置：

（1）合闸位置：手柄扳向上边，跳钩被锁扣扣住，触头维持在闭合状态。

（2）自由脱扣位置：跳钩被释放（脱扣），手柄移至中间位置，触头断开。

（3）分闸和再扣位置：手柄扳向下边，跳钩又被锁扣扣住，从而完成再扣操作，为下次合闸做好准备。如果断路器自动跳闸后，不将手柄扳向再扣位置（即分闸位置），想直接合闸是合不上的。不只是塑料外壳式低压断路器如此，万能式低压断路器也是这样。

塑料外壳式低压断路器可根据工作要求装设以下脱扣器：复式脱扣器，可同时实现过负荷保护和短路保护；电磁脱扣器，只作短路保护；热脱扣器，为双金属片，只作过负荷保护。

目前推广应用的塑料外壳式低压断路器有 DZX10 型、DZ15 型、DZ20 型等及引进技术生产的 C45N 型、3VE 型等，此外还生产有智能型塑料外壳式低压断路器，如 DZ40 型等。

3. 万能式低压断路器

万能式低压断路器又称框架式自动开关。它是敞开地装设在金属框架上的，而其保护方案和操作方式较多，装设地点也较灵活，故称"万能式"或"框架式"。万能式有一般型、高性能型和智能型三种结构形式，又有固定式、抽屉式两种安装方式，有手动和电动两种操作方式，一般具有多段式保护特性，主要在低压配电系统中作为总开关和保护电器。

比较典型的一般万能式低压断路器有 DW16 型。它由底座、触头系统（含灭弧罩）、短路保护的瞬时过电流脱扣器、过负荷保护长延时（反时限）过电流脱扣器、单相接地保护脱扣器及辅助触头等部分组成，其外形结构如图 3-42 所示。

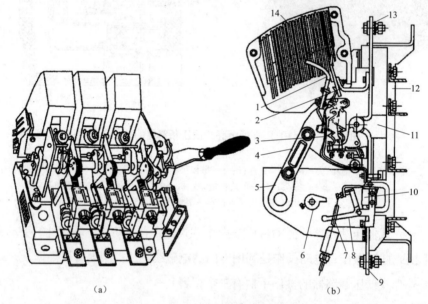

图 3-42　DW16 型万能式低压断路器

（a）外形图；（b）结构图

1—灭弧触头；2—辅助触头；3—软连接线；4—连板；5—驱动板；6—脱扣用凸轮；
7—整定过电流脱扣器用弹簧；8—过电流脱扣器打击杆；9—下导电板；10—过电流脱扣器铁芯；
11—主触头；12—框架；13—上导电板；14—灭弧室

DW 型断路器的合闸操作方式较多，除手柄操作外，还有杠杆操作、电磁操作和电动机操作等方式。

图 3-43 所示为 DW 型低压断路器的继电器交直流电磁合闸操作电路。当利用电磁合闸线圈 YO 进行远距离合闸时，按下合闸按钮 SB，使合闸接触器线圈 KO 通电，于是低压断路器 QF 合闸。但是电磁合闸线圈 YO 是按短时大功率设计的，允许通电时间不得超过1s，因此低压断路器合闸后，应立即使 YO 断电。这一要求靠时间继电器 KT 来实现，在按下按钮 SB 时，不仅使接触器 KO 通电，而且同时使时间继电器 KT 通电。这时与按钮

SB 并联的接触器动合触点（白锁触点）KO1-2 瞬时闭合，保持接触器 KO 线圈通电，即使按钮 SB 松开也能保持 KO 和 KT 通电，直至低压断路器 QF 合闸为止。而时间继电器触点 KT1-2 在 KO 通电时间达 1s 时自动断开，使 KO 断电，从而保证电磁合闸线圈 YO 通电时间不致超过 1s。

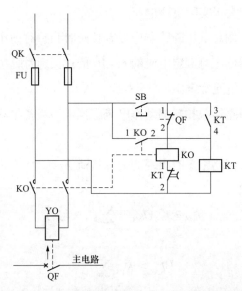

图 3-43　DW 型低压断路器的继电器交直流电磁合闸操作电路
QF—低压断路器；SB—合闸按钮；KT—时间继电器；KO—合闸接触器；
YO—电磁合闸线圈；QK—刀开关；FU—熔断器

时间继电器的动合触点 KT3-4 是用来"防跳"用的。当按钮 SB 按下不返回或被粘住，而断路器 QF 又闭合在永久性短路上时，QF 的过电流脱扣器（图 3-43 上未示出）瞬时动作，使 QF 跳闸。这时断路器的联锁触头 QF1-2 返回闭合。如果没有接入时间继电器 KT 及其动断触点 KT1-2 和动合触点 KT3-4，则合闸接触器 KO 将再次通电动作，使合闸线圈 YO 再次通电，使断路器 QF 再次合闸。但 QF 的过电流脱扣器又要使之跳闸，而其联锁触头 QF1-2 返回时又将使 QF 又一次合闸，断路器 QF 如此反复地在短路状态下跳闸、合闸，称之为"跳动"现象，这将使断路器触头烧毁，并将危及整个一次电路，使故障扩大。为此增加时间继电器 KT，如图 3-43 所示。当 QF 因短路故障自动跳闸时，其联锁触头 QF1-2 返回闭合，但由于在 SB 按下不返回时，时间继电器 KT 一直处于动作状态，其动合触点 KT3-4 一直闭合，其动断触点 KT1-2 一直断开，因此合闸接触器 KO 不会通电，断路器 QF 也不可能再次合闸，从而达到"防跳"的目的。低压断路器的联锁触头 QF1-2 用来保证电磁合闸线圈在 QF 合闸后不致再次误通电。

目前推广应用的万能式断路器有 DW15 型、DW15X 型、DW16 型等及引进 ME 型、AH 型等，此外还生产有智能型万能式断路器如 DW48 型等。其中 DW16 型保留了 DW10

型结构简单、使用维修方便和价廉的优点，但保护性能大有改善，是取代 DW10 型的新产品。

4. 低压断路器的选择

（1）根据负荷用途及性质，再对照产品主要技术数据，选择一定型式和极数的低压断路器。开关的额定电流应大于实际负荷电流。

（2）配电变压器低压侧总低压断路器应具有长延时和瞬时动作的性能。瞬时脱扣器的动作电流，一般为变压器低压侧额定电流的 6 ~ 10 倍；长延时脱扣器的动作电流可根据变压器低压侧允许的过负荷电流确定。

（3）出线回路低压断路器脱扣器的动作电流应比上一级脱扣器的动作电流至少应低一个级差。

瞬时脱扣器，应躲过回路中短时出现的尖峰负荷。

对于综合性负载回路

$$I_{DZ} \geq K_Z(I_{MQ} + \sum I_M - I_{MH}) \tag{3-14}$$

对于照明回路

$$I_{DZ} \geq K_{ZM}\sum I_M \tag{3-15}$$

式中：I_{DZ} 为瞬时脱扣器动作电流，A；K_Z 为可靠系数，取 1.2；I_{MQ} 为回路中最大一台电动机的启动电流，A；$\sum I_M$ 为回路正常最大负荷电流，A；I_{MH} 为回路中最大一台电动机的额定电流，A；K_{ZM} 为照明计算系数，一般取 6。

长延时脱扣器的动作电流，可按回路的最大负荷电流的 1.1 倍确定。

四、低压成套配电装置

低压成套配电装置包括电压等级 1kV 以下的开关柜、动力配电柜、照明箱、控制屏（台）、直流配电屏及补偿成套装置。这些设备作为动力、照明配电及补偿之用。

1. 分类

根据结构型式：开启式、固定面板式、柜式、柜组式、台式、箱式等。

根据部件安装方式：固定式、抽出式、混装式。

2. 主要开关柜类型

目前我国市场常见的低压成套开关设备类型主要包括：低压开关柜 GGD、GCK、GCS、MNS，低压配电箱 XLL2 和低压照明 XGM 箱。

主要区别：GGD 是固定柜，GCK、GCS、MNS 是抽屉柜。GCK 柜和 GCS、MNS 柜抽屉推进机构不同；GCS 和 MNS 柜最主要的区别是 GCS 柜只能做单面操作柜，柜深 800mm，MNS 柜可以做双面操作柜，柜深 1000mm。

各类低压开关柜的优缺点：总体而言，抽出式柜较省地方，维护方便，出线回路多，但造价贵；而固定式的相对出线回路少，占地较大。如果客户提供的地方小，做不了固定式的要改为做抽出式。

3.MNS 抽屉式低压开关柜结构和使用知识

下面以常用的 MNS 抽屉式低压开关柜介绍其结构和使用知识。

MNS 型低压开关柜适用于交流 50Hz、额定工作电压为 660V 及以下的系统，用于发电、输电、配电、电能转换和电能消耗设备的控制。

（1）结构：MNS 型低压抽出式开关柜是由模块化组件组装而成的组合型抽出式低压开关柜（以下简称为装置）。该设备的基本框架为组合装配式结构，由基本柜架，再按方案变化需要，加上相应的门、封板、隔板、安装支架以及母线、功能单元等零部件组装成一台完整的装置。可组合成受电柜、母联柜、动力配电中心（PC）、抽出式电动机控制中心和小电流的动力配电中心（抽出式 MCC）、可移动式电动机控制中心和小电流动力配电中心（可移动式 MCC）。

动力配电中心（PC）柜内割分成 4 个隔室：母线隔室、功能单元隔室、电缆隔室、控制回路隔室。隔室之间用钢板分隔。

抽出式电动机控制中心和小电流的动力配电中心（MCC）柜内分成 3 个隔室，即柜体上部或后部的母线隔室、柜体前部的功能单元隔室、柜体后部或柜前右部的电缆隔室。母线隔室与功能单元隔室之间用阻燃型发泡塑料制成的功能板分隔。

抽屉单元有可靠的机械联锁装置，通过操作手柄控制，具有明显的准确合闸、试验、抽出和隔离等位置，如图 3-44 所示。8*E*/4 为在 8*E*（200mm）高度空间组装 4 个抽屉单元。8*E*/2 为在 8*E* 高度空间组装 2 个抽屉单元。*E*=25mm。

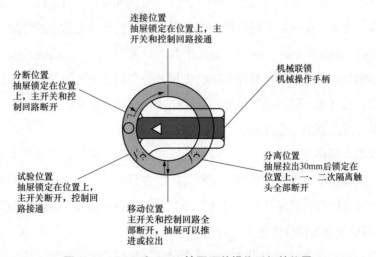

图 3-44　8*E*/4 和 8*E*/2 抽屉开关操作手柄的位置

（2）低压开关柜的主要电器元件：

1）电源及馈线单元断路器主选 AH 系列。也可选用其他性能更先进的或进口 M 系列、F 系列。AH 型断路器具有性能好、结构紧凑、重量较轻、系列性强的特点。价格相对较低，维护使用方便，各项性能指标能满足本装置的要求。

2）抽屉单元（电动机控制单元、部分馈电单元）断路器主选 CM1、TG、TM30 系列塑壳断路器，部分选用 NZM-100A 系列。这些开关均有性能好、结构紧凑、短飞弧或无飞弧、技术经济指标高的特点，能满足本装置的要求。

3）隔离开关及熔断器式隔离开关选 Q 系列。该系列可靠性高、分断能力强，并可以实现机械联锁。

4）熔断器主选 NT 系列。

5）交流接触器选用 B 系列、LC1-D 系列。

五、低压成套配电装置的操作要求

1. 低压配电屏操作要求

配电屏的各电器、仪表、端子排等均应标明编号、名称、路别、用途及操作位置。配电屏内安装的低压电器应排列整齐。控制开关应垂直安装，上端接电源，下端接负荷。开关的操作手柄中心距地面一般为 1.2～1.5m。控制两个独立电源开关应装有可靠的机械和电气闭锁装置。配电屏母线应按规定涂相色漆，A 相为黄色，B 相为绿色，C 相为红色，中性线为淡蓝色，保护中性线为黄和绿双色相间。为防止操作人员在操作过程中，误触裸露带电部位而触电，配电屏前、后应放置绝缘垫。

2. 低压进出线路操作要求

（1）低压电气设备分路停电操作顺序：先拉开出线开关，检查出线开关确已拉开，再拉开低压出线刀开关，最后取下低压熔断器。低压电气设备分路送电操作顺序：检查开关确已拉开，先装上低压熔断器，再合上低压出线刀开关，最后合上出线开关。

（2）低压电气设备总路停电操作顺序：先拉开各分路开关，再拉开各分路刀开关或熔断器，最后拉开总开关。低压电气设备总路送电操作顺序：先合上总开关，再合上各分刀开关或熔断器，最后合上分路开关。

（3）检查低压线路保护运行，主要检查低压熔断器确已装好，检查剩余电流保护器电源指示灯亮，只有剩余电流保护器带电运行，才能进行合开关（交流接触器）的操作。低压进线与出线应装设有明显断开点的刀开关（低压熔断器）和自动断路器（交流接触器）。

3. 低压自动断路器操作要求

（1）低压自动断路器是用于当电路中发生过载、短路和欠电压等不正常情况时，能自动分断电路的电器，因此低压自动断路器允许合上、拉开额定电流以内的负荷电流，低压自动断路器还允许切断额定遮断容量以内的故障电流。低压自动断路器合闸后，应检查三相接触良好。拉闸后，应检查三相动、静触头确已断开，动触头与静触头之间的空气距离是否合格。

（2）拉开低压自动断路器时，必须将手柄拉向"分"字处。合上低压自动断路器时，必须将手柄推向"合"字处。若要合上已经自动脱扣的限流断路器，应先将手柄拉向"分"字处，使断路器再扣，然后将手柄再推向"合"字处。为避免弧光烧伤操作人员面部，操作时，操作人员的面部应避开低压自动断路器正面。

（3）低压自动断路器的机构出现故障或异常可能造成断路器拒动（误动）的未经处理不能投入运行状态，也不能投入备用状态进行操作。正常情况下应定期对低压自动断路器的机械传动部分进行维护，若机构不灵活或润滑油已干时，应加润滑油。低压自动断路器在保护短路故障后，应立即检查触头接触情况是否良好、绝缘部分是否清洁，若有不清洁之处或留有金属粒子残渣时，应清除干净。应定期检查低压自动断路器动作的分励脱扣器、欠电压脱扣器是否动作正常。

4. 刀开关操作要求

（1）禁止用刀开关拉开、合上故障电流。禁止用刀开关拉开、合上带负荷的电气设备或带负荷的电气线路。合刀开关时，当刀开关动触头接近静触头时，应快速将刀开关合入，但当刀开关触头接近合闸终点时，不得有冲击。拉刀开关时，当动触头快要离开静触头时，应快速断开，然后操作至终点。刀开关合闸后，应检查三相接触是否良好，连动操作手柄是否制动良好。拉闸后，应检查三相动、静触头是否断开，动触头与静触头之间的空气距离是否合格，连动操作手柄是否制动良好。

（2）刀开关应垂直安装在开关板或条架上，使夹座位于上方，以避免在分段位置由于刀架松动或闸刀脱落而造成误合闸。合闸时要保证三相同步，各相接触良好，如果有一相接触不良，就可能造成电动机缺相运行而损坏。没有灭弧罩的刀开关严禁分断带电流的负载，而只能作隔离开关用。刀开关不能切断故障电流，在电路中只能起到隔离电源的作用。

5. 低压随器补偿电容器操作要求

（1）低压随器补偿电容器停电接地前，必须待补偿电容器放电完毕后再进行验电接地。正常情况下，补偿电容器如果停电后，需要再次投入运行，必须待补偿电容器放电完毕后，方可将补偿电容器投入运行。

（2）当随器补偿电容器与低压线路都停电操作时，必须先停电容器组，再停低压线路。当随器补偿电容器与低压线路都进行送电操作时，必须先给低压线路送电，待低压线路带上负荷后再给电容器组送电。

【技能训练】

一、低压抽屉式开关操作实训

下面以常用 MNS 系列抽屉式开关柜介绍其操作，其他型号开关柜类同。

MNS 以 $8E$ 为基本单元（$E=25mm$），功能单元有 $8E/4$、$8E/2$、$6E$、$8E$、$12E$、$16E$、$24E$、$32E$、$72E$，一台 MCC 柜最多时可布置 36 个功能单元。

1. $8E/4$ 和 $8E/2$ 抽屉单元的操作（小抽屉开关）

$8E/4$ 和 $8E/2$ 抽屉单元的操作由装在仪表板上的手柄开关来实现，该手柄具有五个位置，各个位置设计有电气联锁和机械联锁。转动该手柄，即可对抽屉单元进行相应的操作。操作手柄上可加挂锁（最多加三把），以避免抽屉被误抽插或误合开关。

各个位置的功能说明如下（见表 3-4）：

（1）主开关合闸。确认操作手柄在分闸位置后，即可对功能单元进行合闸操作。操作手柄上在分闸向合闸位置转换时，标有一个箭头，合闸时，参照此箭头应先将操作手柄向里推，再将手柄从"O"位置向"I"位置旋转，旋转到位后放开手柄，即可将主开关合闸。

（2）主开关分闸。分闸时不须将操作手柄向内推动，直接将手柄从"I"位置旋向"O"位置，旋转到位后放开手柄，即可将主开关分闸。此时手柄自动弹出。

（3）抽出抽屉。需要抽出抽屉时，先将操作手柄转到抽插位置，拉抽屉手柄，抽屉即可抽出。当要将抽屉的大部分或全部抽出时，应用手托住抽屉下部，以免发生跌落危险或造成抽屉的损坏。

（4）插入抽屉。需要插入抽屉时，先确认操作手柄在抽插位置，然后将抽屉正确无误的插入柜体上的导轨，即可推入柜体。抽屉插入时应注意，推入时应用力平稳适当，并保证插入导轨完全无误方可推动，以免损坏抽屉单元或造成故障。

（5）试验和隔离。操作手柄旋转到试验位置时，主开关分闸，控制回路接通，此时对回路的接触器等进行合闸试验等操作，可避免负载带电；操作手柄旋转到隔离位置时，主开关和二次回路均断开并隔离 30mm。

表 3-4 $8E/4$ 和 $8E/2$ 抽屉单元各个位置的功能

手柄	符号	位置	功能
	I	合闸位置	主开关合闸，控制回路接通，抽屉锁定
	O	分闸位置	主开关断开，控制回路断开，抽屉锁定

续表

手柄	符号	位置	功能
		试验位置	主开关分闸，控制回路接通，抽屉锁定
		抽插位置	主回路和控制回路均断开，抽屉可插拔
		隔离位置	抽出 30mm 距离，主回路和控制回路均断开，完成隔离，抽屉锁定

2. 8*E*、16*E*、24*E* 抽屉单元的操作（大抽屉）

8*E*、16*E*、24*E* 抽屉单元与 8*E*/4、8*E*/2 抽屉单元不同，抽屉的操作手柄和主开关手柄分开，操作手柄具有四个位置，各个位置设计有电气和机械联锁。转动该手柄，即可对抽屉单元进行相应的操作。操作手柄上可加挂锁（最多加三把），以避免抽屉被误抽插或误合开关。

抽屉单元操作手柄各个位置的功能说明见表 3-5。

表 3-5 8*E*、16*E*、24*E* 抽屉单元操作手柄各个位置的功能

手柄	符号	位置	功能
		连接位置	主开关可合分，抽屉锁定
		试验位置	主开关分闸，控制回路接通，抽屉锁定
		抽插位置	主回路和控制回路均断开，抽屉可插拔
		隔离位置	抽出 45mm 距离，主回路和控制回路均断开，完成隔离，抽屉锁定

主开关操作手柄各个位置的功能说明见表 3-6。

表 3-6 主开关操作手柄各个位置的功能说明

手柄	符号	位置	功能
	丨	合闸位置	主开关合闸，抽屉手柄锁定
	〇	分闸位置	主开关分闸，抽屉手柄可操作

注 TRIP—跳闸；RESET—复位。

抽屉单元操作手柄和主开关手柄间具有机械联锁，当抽屉操作手柄处于连接位置时，主开关手柄可进行分合闸操作，处于其他位置时，主开关不可操作；反之，当主开关处于合闸位置时，抽屉操作手柄不可操作，处于锁定状态。

（1）主开关合闸。确认抽屉操作手柄在连接位置后，即可对主开关手柄进行合闸操作。合闸时，将主开关手柄从"O"位置向"I"位置旋转，旋转到位后放开手柄，即可将主开关合闸。如图 3-45 所示。

图 3-45　主开关合分闸

（2）主开关分闸。分闸时主开关手柄从"I"位置旋向"O"位置，旋转到位后放开手柄，即可将主开关分闸。

（3）抽出抽屉。需要抽出抽屉时，先确认主开关在分闸位置，将抽屉操作手柄转到抽插位置，用力拉抽屉手柄，抽屉将先被拉出到达试验位置（隔离 45mm），再稍微向上并向外拉，即可抽出。当要将抽屉的大部分或全部抽出时，应用手托住抽屉下部，以免发生跌落危险或造成抽屉的损坏。参见图 3-46 和图 3-47。

图 3-46　抽屉操作手柄的操作

图 3-47　插入和抽出抽屉

（4）插入抽屉。需要插入抽屉时，先确认抽屉操作手柄在抽插位置，对准柜体上的导轨，前端稍向下倾，即可推入柜体。一插入导轨后，即可抬起抽屉，平稳地将抽屉推入。抽屉插入时应注意，推入时应用力平稳适当，并保证插入导轨完全无误方可推动，以免损坏抽屉单元或造成故障。

（5）试验和隔离。当主开关在分闸位置时，将抽屉操作手柄旋转到试验位置时，主开关分闸，控制回路接通，此时对回路的接触器等进行合闸试验等操作，可避免负载带电；操作手柄旋转到隔离位置时，主开关和二次回路均断开并隔离 45mm。

（6）主开关跳闸后的再合闸。当主开关跳闸后，主开关手柄将自动跳到"TRIP"位置（跳开）。检查维修后开关再合闸时，必须将主开关手柄逆时针转动到"RESET"位置（复位），此时主开关完成"RESET"操作，放开手柄后主开关恢复到分闸位置，即可进行开关的再合闸或其他操作。

（7）抽屉单元的紧急解锁。在抽屉单元的门板右下方有一个用塑料小盖盖住的紧急解锁孔（见图 3-48），由于操作不当或发生意外故障时，如果遇到门打不开，可以先将塑料小盖拔出，用一个 $\phi 3$ 的小铁棒或小螺丝刀伸入解锁孔，然后向下压一个机械锁扣板，门即可打开，再用扳手将联锁机构恢复到抽插位置将抽屉抽出，即可检查或维修。检修并关好门以后，务必将塑料小盖盖上，否则将破坏原有防护等级。

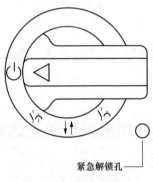

紧急解锁孔

图 3-48　紧急解锁孔

【任务实施及考核】

分组讨论新建机械厂供配电系统低压熔断器、低压刀开关、低压断路器的选型及使用注意事项。

姓名		专业班级		学号	
任务内容及名称					
1.任务实施目的				2.任务完成时间：1学时	
3.任务实施内容及方法步骤					
4.分析结论					
指导教师评语（成绩）					

【任务总结】

本任务学习低压熔断器、刀开关、断路器的功能及原理；通过学习掌握低压一次设备的选择、安装及检测方法，确定机械厂供配电系统一次侧低压设备的型号，掌握后期运行维护的注意事项。

任务 3.5　功率因数和无功功率补偿

【任务描述】

本任务介绍电力用户功率因数的要求，功率因数对电力系统的影响。介绍电力电容器的基本知识。通过原理讲解、图例分析、归纳总结，了解电力电容器的作用及种类、工作原理、技术参数、补偿容量的确定、电力电容器的运行与维护。

【相关知识】

一、电力用户功率因数要求

1. 功率因数概述

在交流电路中，电压与电流之间的相位差（φ）的余弦称为功率因数，用 $\cos\varphi$ 表示，在数值上，功率因数是有功功率和视在功率的比值，即 $\cos\varphi = P/S$。

功率因数的大小与电路的负荷性质有关，是电力系统的一个重要的技术数据，也是衡量电气设备效率高低的一个系数。功率因数低，说明电路用于交变磁场转换的无功功率大，从而降低了设备的利用率，增加了线路供电损失。所以，供电部门对用电单位的功率因数有一定的标准要求。

一台用电设备（如电动机），其铭牌上标出的功率因数是指额定负载下的功率因数值。一个车间或一个企业用电负荷的功率因数是随着负荷性质的变化及电压的波动而变动的，为此应采取措施改善企业的功率因数。

2. 瞬时功率因数

瞬时功率因数的数值可由功率因数表（又称为相位计）随时直接读出，或者根据电流表、电压表及有功功率表在同一个时间的读数 I、U、P 代入下式求得

$$\cos\varphi = \frac{P}{\sqrt{3}UI} \tag{3-16}$$

观察瞬时功率因数的变化情况可借以分析及判断企业或者车间在生产过程中无功功率的变化规律，以便采取相应的补偿措施。

3. 月平均功率因数

根据有功电能表和无功电能表记载每月用电量，可计算月平均功率因数，即

$$\cos\varphi = \frac{W_a}{\sqrt{W_a^2 + W_r^2}} \tag{3-17}$$

式中：W_a、W_r 为有功电能表和无功电能表的月积累值，kW、kvar。

月平均功率因数是电业部门每月征收电费时，作为调整收费标准的依据。

4. 自然功率因数

凡未装设任何补偿装置时的功率因数称为自然功率因数。自然功率因数分瞬时功率因数和月平均功率因数两种。

二、功率因数对供配电系统的影响

在供电系统中，绝大多数电气设备如变压器、电动机、感应电炉等均属于感性负荷。这些电气设备在运行中不仅消耗有功功率 P，而且消耗相当数量的无功功率 Q。如果无功功率过大会使供电系统的功率因数过低，从而给电力系统带来下列不良影响：

（1）增大线路和变压器的功率和电能损耗。如果功率因数小，在 P 一定时，则线路（或变压器）的功率损耗和电能损耗也随之增大。

（2）使网络中的电压损失增大，造成供电质量降低。在 P 一定时，无功功率增大（即功率因数降低），必然引起电网电压损失随之增加，供电电压质量下降。

（3）使供电设备的供电能力降低。供电设备的供电能力（容量）是一定的，由于有功

功率 $P=S\cos\varphi$，功率因数越低，一定容量的供电设备所能供给的有功功率就越小，于是使供电设备的供电能力有所降低。

从上面的分析得知，电感设备耗用的无功功率越大，功率因数就越低，引起的后果也越严重。不论是从节约的电能、提高供电质量，还是从提高供电设备的供电能力出发，都必须采取补偿无功功率的措施来改善功率因数。

GB/T 3485—1998《评价企业合理用电技术导则》规定：企业应在提高自然功率因数的基础上，合理装置无功补偿设备，企业的功率因数应达到 0.9 以上。

三、电力电容器基本知识

1. 电力电容器的用途

任意两块金属导体，中间用绝缘介质隔开，就可以构成一个电容器。电容器电容的大小，由其几何尺寸和两极板间绝缘介质的特性来决定。当电容器在交流电压下使用时，常以其无功功率表示电容器的容量，单位为乏或千乏（var 或 kvar）。

电力电容器主要分为串联电容器和并联电容器，它们都可用于改善电力系统的电压质量和提高输电线路的输电能力，是电力系统的重要设备。

串联电容器串接在线路中，其主要作用是利用其容抗补偿线路的感抗，使线路电压降减少，从而提高线路末端电压，同时，可以提高线路输送能力，降低受电端电压波动、改善系统潮流分布、提高系统的稳定性等。

并联电容器并联在系统的母线上，类似于一个容性负荷，向系统提供感性无功功率，改善系统运行的功率因数，提高母线电压水平。同时，并联电容器减少了线路上感性无功的输送，因而减少了电压和功率损失，提高了线路的输电能力。

由于并联电容器是电力系统应用最为广泛、数量最为众多的电力电容器，同时也是了解其他种类电容器的基础，因此，以下重点介绍并联电容器按其电压可分为高压电容器和低压电容器，以下分别介绍。

2. 高压电容器

高压电容器一般都做成单相，内部元件并联。其主要由电容元件、浸渍剂、紧固件、引线、外壳和套管组成。外形及内部结构如图 3-49 所示。

（1）电容元件。它是用一定厚度和层数的固体介质与铝箔电极卷制而成。若干个电容元件并联和串联起来，组成电容器芯子。电容元件用铝箔作电极，用复合绝缘薄膜绝缘。电容器内部绝缘油作浸渍介质。在电压为 10kV 及以下的高压电容器内，每个电容元件上都串有一熔丝，作为电容器的内部短路保护。当某个元件击穿时，其他完好元件即对其放电，使熔丝在毫秒级的时间内迅速熔断，切除故障元件，从而使电容器能继续正常工作。图 3-50 所示为高压并联电容器内部电气连接示意图。

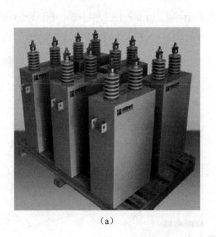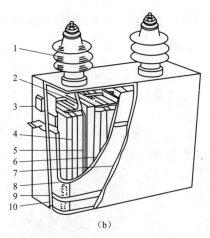

（a）　　　　　　　　　　　　（b）

图 3-49　电容器外形及内部结构

（a）外形图；（b）内部构造图

1—出线套管；2—出线连接；3—连接片；4—扁形元件；5—固定板；
6—绝缘件；7—包封件；8—连接夹板；9—紧箍；10—外壳

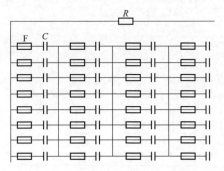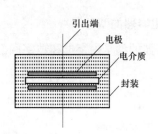

图 3-50　高压并联电容器内部电气连接示意图

R—放电电阻；F—熔丝；C—元件电容

（2）浸渍剂。电容器芯子一般放于浸渍剂中，以提高电容元件的介质耐压强度，改善局部放电特性和散热条件。浸渍剂一般有矿物油、氯化联苯、SF_6 气体等。

（3）外壳、套管。外壳一般采用薄钢板焊接而成，表面涂阻燃漆，壳盖上焊有出线套管，箱壁侧面焊有吊环、接地螺栓等。大容量集合式电容器的箱盖上还装有储油柜或金属膨胀器及压力释放阀，箱壁侧面装有片状散热器、压力式温控装置等。接线端子从出线瓷套管中引出。

3. 低压电容器

目前在我国低压系统中采用自愈式电容器。它具有优良的自愈性能、介质损耗小、温升低、寿命长、体积小、重量轻的特点。结构采用聚丙烯薄膜作为固体介质，表面蒸镀了一层很薄的金属作为导电电极。当作为介质的聚丙烯薄膜被击穿时，击穿电流将穿过击穿点。由于导电的金属化镀层电流密度急剧增大，并使金属镀层产生高热，使击穿点周围的金属导体迅速蒸发逸散，形成金属镀层空白区，击穿点自动恢复绝缘。图 3-51 所示为低压自愈式电容器结构。

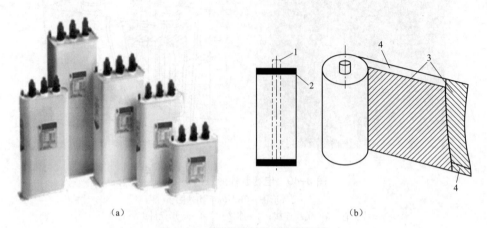

（a）　　　　　　　　　　　　（b）

图 3-51　低压自愈式电容器结构

（a）外形图；（b）结构图
1—心轴；2—喷合金层；3—金属化层；4—薄膜

4. 电容器的型号

电容器的型号由字母和数字两部分组成：

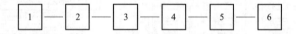

（1）字母部分。

1 共有四位字母组成：

第一位字母是系列代号，表示电容器的用途特征：A—交流滤波电容器；B—并联电容器；C—串联电容器；D—直流滤波电容器；E—交流电动机电容器；F—防护电容器；J—断路器电容器；M—脉冲电容器；O—耦合电容器；R—电热电容器；X—谐振电容器；Y—标准电容器（移相，旧型号）；Z—直流电容器。

第二位字母是介质代号，表示液体介质材料种类：Y—矿物油浸纸介质；W—烷基苯浸纸介质；G—硅油浸纸介质；T—偏苯浸纸介质；F—二芳基乙烷浸介质；B—异丙基联苯浸介质；Z—植物油浸渍介质；C—蓖麻油浸渍介质。

第三位字母也是介质代号，表示固体介质材料种类：F—纸、薄膜复合介质；M—全聚丙烯薄膜；无标记—全电容器纸。

第四位字母表示极板特性：J—金属化极板。

（2）数字部分。

2 额定电压（kV）。

3	额定容量（kvar）。
4	相数：1—单相；3—三相。
5	使用场所：W—户外式；不标记—户内式。
6	尾注号，表示补充特性：B—可调式；G—高原地区用；TH—湿热地区用；H—

污秽地区用；R—内有熔丝。

例如，BFM 12-200-1W。B 表示并联电容器；F 表示浸渍剂为二芳基乙烷；M 表示全膜介质；12 表示额定电压（kV）；200 表示额定容量（kvar）；1 表示相数（单相）；W 表示使用场所（户外使用）。

BCMJ 0.4-15-3。B 表示并联电容器；C 表示浸渍剂为蓖麻油；M 表示全膜介质；J 表示金属化产品；0.4 表示额定电压（kV）；15 表示额定容量（kvar）；3 表示三相。

5. 电容器的接线方式

电容器按接线方式分为三角形接线和星形接线。当电容器额定电压按电网的线电压选择时，应采用三角形接线。当电容器额定电压低于电网的线电压时，应采用星形接线。

相同的电容器，接成三角形接线，因电容器上所加电压为线电压，所补偿的无功容量则是星形接线的 2 倍。若是补偿容量相同，采用三角形接线比星形接线可节约电容值 2/3，因此在实际工作中，电容器组大多接成三角形接线。

若某一电容器内部击穿，当电容器采用三角形接线时，就形成了相间短路故障，有可能引起电容器膨胀、爆炸，使事故扩大。当采用星形接线且某一电容器击穿时，不形成相间短路故障。

四、电力电容器无功补偿

1. 无功补偿的基本原理

无论是工业负荷还是民用负荷，大多数均为感性。所有电感负载均需要补偿大量的无功功率，提供这些无功功率有两条途径：一是输电系统提供；二是补偿电容器提供。如果由输电系统提供，则设计输电系统时，既要考虑有功功率，也要考虑无功功率。由输电系统传输无功功率，将造成输电线路及变压器损耗的增加，降低系统的经济效益。而由补偿电容器就地提供无功功率，就可以避免由输电系统传输无功功率，从而降低无功损耗，提高系统的传输功率。

无功功率是一种既不能作有功，但又会在电网中引起损耗，而且又是感性负载不能缺少的一种功率。在实际电力系统中，异步电动机作为传统的主要负荷使电网产生感性无功电流；电力电子装置大多数功率因数都很低，导致电网中出现大量的无功电流。无功电流产生无功功率，给电网带来额外负担且影响供电质量。因此，无功功率补偿（以下简称无功补偿）就成为保持电网高质量运行的一种主要手段之一。

电容补偿的原理，如图 3-52 所示。

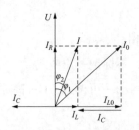

图 3-52 电容补偿的原理

I_R—实际做功的有功电流；I_{L0}—补偿前感性电流；I_0—线路总电流；I_C—并联电容器后容性电流；
I_L—补偿后线路感性电流；I—补偿后线路总电流

如要将功率因数从 $\cos\varphi_1$ 提高到 $\cos\varphi_2$，需要的电容电流为

$$I_C = I_{L0} - I_L = I_R(\tan\varphi_1 - \tan\varphi_2) \quad\quad (3\text{-}18)$$

或
$$Q_C = P(\tan\varphi_1 - \tan\varphi_2) \quad\quad (3\text{-}19)$$

式中：P 为最大负荷月的平均有功功率，kW；Q_C 为电容补偿容量，kvar；$\tan\varphi_1$、$\tan\varphi_2$ 为补偿前后功率因数角的正切值。

2. 电力电容器无功补偿的方式

无功补偿容量的配置应按"全面规划、合理布局、分级补偿、就地平衡"的原则进行。在电力系统中，除了在供电负荷中心集中装设大、中型电容器组以稳定电压质量之外，还应在用户的无功负荷附近装设中、小型电容器组进行就地补偿。

补偿方式按安装地点不同可分为集中补偿和分散补偿（包括分组补偿和个别补偿）；按投切方式不同分为固定补偿和自动补偿。

（1）集中补偿。集中补偿是把电容器组集中安装在变电站的一次侧或二次侧母线上，并装设自动控制设备（即无功补偿自动控制器），使之能随负荷的变化而自动投切。图 3-53 所示为电容器集中补偿接线。

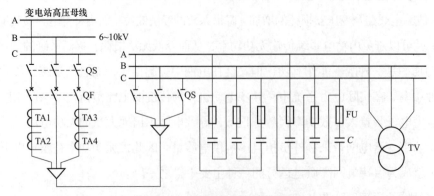

图 3-53 电容器集中补偿接线图

电容器接在变压器一次侧时，可使线路损耗降低，一次母线电压升高，但对变压器及其二次侧没有补偿作用，而且安装费用高；电容器安装在变压器二次侧时，能使变压器增加出力，并使二次侧电压升高，补偿范围扩大，安装、运行、维护费用低。

集中补偿的优点：电容器的利用率较高，管理方便，能够减少电源线路和变电站主变压器的无功负荷。

集中补偿的缺点：不能减少低压网络和高压配出线的无功负荷，需另外建造专门电容柜配电间。工矿企业目前多采用集中补偿方式。

（2）分组补偿。将全部电容器分别安装于功率因数较低的各配电用户的高压侧母线上，可与部分负荷的变动同时投入或切除。

采用分组补偿时，补偿的无功不再通过主干线以上线路输送，从而降低配电变压器和主干线路上的无功损耗，因此分组补偿比集中补偿降损节电效益显著。这种补偿方式补偿范围更大，效果比较好，但设备投资较大，利用率不高，一般适用于补偿容量小、用电设备多而分散和部分补偿容量相当大的场所。

分组补偿的优点：电容器的利用率比单独就地补偿方式高，能减少高压电源线路和变压器中的无功负荷。

分组补偿的缺点：不能减少干线和分支线的无功负荷，操作不够方便，初期投资较大。

（3）个别补偿。它指对个别功率因数特别不好的大容量电气设备及所需无功补偿容量较大的负荷，或由较长线路供电的电气设备进行单独补偿。把电容器直接装设在用电设备的同一电气回路中，与用电设备同时投切。图 3-54 所示为电容器个别补偿接线，图中电动机同时又是电容器的放电装置。用电设备消耗的无功能就地补偿，能就地平衡无功电流，补偿效果最好，但电容器利用率较低。一般适用于容量较大的高、低压电动机等用电设备的补偿。

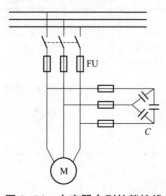

图 3-54　电容器个别补偿接线

个别补偿的优点：补偿效果最好。

个别补偿的缺点：电容器将随着用电设备一同工作和停止，所以利用率较低，投资大，管理不方便。

3. 电容器补偿容量的确定

（1）电容器补偿应达到的标准（见表3-7）。鉴于电力生产的特点，用户用电功率因数的高低对发、供、用电设备的充分利用、节约电能和改善电压质量有着重要影响。为了提高用户的功率因数并保持其均衡，以提高供用电双方和社会的经济效益，国家现行电价制度中的《力率调整电费办法》对相关用户制定了功率因数标准，收取电费时视其功率因数高低对收取电费予以加收或减收。

表 3-7　功率因数应达到的标准

序号	用户类别	功率因数标准
1	高压供电的工业用户和装有带负荷整电压装置的用户	0.9 及以上
2	设备容量为 100kVA 及以上的电力用户和大、中型电力排灌站	0.85 及以上
3	趸售和农业用户	0.8 及以上

（2）负荷的自然功率因数。电力用户一般有多种用电设备，在未进行无功补偿前，其设备自身的功率因数称为自然功率因数，在通常情况下，用电负荷的功率因数 $\cos\varphi$ 都是滞后的，即小于1。

电力用户自然功率因数的高低，主要与设备的特征和负载系数有关，为便于分析和估算，现将一部电动机、配电变压器和其他用电设备组（或生产车间）的自然功率因数列入表3-8～表3-10，供参考。

表 3-8　异步电动机的功率因数

负载情况	空载	25%	50%	75%	满载
$\cos\varphi$	0.2 以下	0.5～0.55	0.7～0.75	0.8～0.85	0.85～0.90

表 3-9　配电变压器的功率因数

负载情况	空载	25%	50%	75%	满载
$\cos\varphi$	0.15 以下	0.67	0.73	0.75	0.80

表 3-10　用电设备组或车间的功率因数

名称	自然功率因数	名称	自然功率因数
焊接	0.45~0.50	农副产品加工	0.50~0.70
木工	0.60	家用电热设备	0.90~1.00
风机	0.80	家用电器	0.50~0.80
电焊机	0.35~0.40	照明电器	0.30~0.70
电力排灌	0.60~0.80	白炽灯类	1.00

（3）功率因数的测算方法。

1）计算法。若电力用户在其配电室装有功率因数表，可直接由表盘上读取瞬时的功率因数。若未装设表或该表损坏，可用常用的有关表计进行计算。

当用户配电室装有功电能表（或有功功率表）、电流表和电压表时，可读取某一时段（如 1，2，…，nh）的有功电能值（用电量）及该时段的平均电流值和平均电压值，有下列公式计算出该时段的平均功率因数。

$$P = \frac{W_P}{t} \tag{3-20}$$

$$\cos\varphi = \frac{P}{\sqrt{3}UI} \tag{3-21}$$

式中：W_P 为有功电能值，kWh；P 为有功功率值，kW；U 为某时段的平均电压值，kV；I 为某时段的平均电流值，A。

2）查表法。当已知无功电能和有功电能的比值时，可由功率因数速算表（见表 3-11）查出相对应的功率因数。

表 3-11　$\dfrac{无功电能}{有功电能}$ 的值与功率因数对照表

$\dfrac{无功电能}{有功电能}$	功率因数	$\dfrac{无功电能}{有功电能}$	功率因数	$\dfrac{无功电能}{有功电能}$	功率因数	$\dfrac{无功电能}{有功电能}$	功率因数
2.27~2.32	0.40	1.47~1.50	0.56	0.96~0.97	0.72	0.53~0.55	0.88
2.20~2.26	0.41	1.43~1.46	0.57	0.93~0.95	0.73	0.51~0.52	0.89
2.10~2.19	0.42	1.39~1.42	0.58	0.90~0.92	0.74	0.48~0.50	0.90
2.0~2.13	0.43	1.36~1.38	0.59	0.87~0.89	0.75	0.45~0.47	0.91
2.00~2.07	0.44	1.32~1.35	0.60	0.85~0.86	0.76	0.42~0.44	0.92
1.90~2.01	0.45	1.29~1.31	0.61	0.82~0.84	0.77	0.39~0.41	0.93
1.91~1.95	0.46	1.26~1.28	0.62	0.80~0.81	0.78	0.35~0.38	0.94
1.86~1.90	0.47	1.22~1.25	0.63	0.77~0.79	0.79	0.32~0.34	0.95

无功电能/有功电能	功率因数	无功电能/有功电能	功率因数	无功电能/有功电能	功率因数	无功电能/有功电能	功率因数
1.81 ~ 1.85	0.48	1.19 ~ 1.21	0.64	0.74 ~ 0.76	0.80	0.28 ~ 0.31	0.96
1.76 ~ 1.80	0.49	1.16 ~ 1.18	0.65	0.72 ~ 0.73	0.81	0.24 ~ 0.27	0.97
1.71 ~ 1.75	0.50	1.13 ~ 1.15	0.66	0.69 ~ 0.71	0.82	0.18 ~ 0.23	0.98
1.67 ~ 1.70	0.51	1.10 ~ 1.12	0.67	0.66 ~ 0.68	0.83	0.11 ~ 0.17	0.99
1.63 ~ 1.66	0.52	1.07 ~ 1.09	0.68	0.64 ~ 0.65	0.84	0.00 ~ 0.1	1.00
1.59 ~ 1.62	0.53	1.04 ~ 1.06	0.69	0.61 ~ 0.63	0.85		
1.55 ~ 1.58	0.54	1.01 ~ 1.03	0.70	0.59 ~ 0.60	0.86		
1.51 ~ 1.54	0.55	0.98 ~ 1.00	0.71	0.56 ~ 0.58	0.87		

例如，某单位某日用电量为，有功电能 9700kWh，无功电能为 3492kvarh，则：

$$\frac{无功电能}{有功电能} = \frac{3492}{9700} = 0.36（比值）$$

以比值 0.36 查表 3-11 查出功率因数为 0.94。

4. 单台电动机补偿容量的确定

单台电动机的补偿容量，应根据电动机的运行工况确定。

（1）机械负荷惯性较小时（如风机等）。此时，补偿容量约为 0.9 电动机空载无功功率。

电动机的空载电流，可由厂家提供；如无，可参照下式确定

$$I_0 = 2I_H(1 - \cos\varphi_H) \tag{3-22}$$

式中：I_0 为电动机空载电流，A；I_H 为电动机额定电流，A；$\cos\varphi_H$ 为电动机额定负载时功率因数。

（2）机械负荷惯性较大时（如水泵等），补偿容量为

$$Q_C = (1.3 \sim 1.5)Q_0 \tag{3-23}$$

式中：Q_C 为补偿容量，kvar；Q_0 为电动机空载无功功率，kvar。

由于一般感应电动机的空载电流 I_0 约占额定电流的 25% ~ 40%，因此，电动机的单台无功补偿容量也可相应按其容量的 25% ~ 40% 选择。

单台电动机无功补偿容量也可按表 3-12 查出。

机械负载惯性是泛指物体（或机械器具）从静止状态转变为运动状态时所需力或力矩的大小程度。

表 3-12　单台电动机无功补偿容量　　　　　　　kvar

电动机转速（r/min） 电动机容量（kW）	3000	1500	1000	750	600	500
7.5	2.5	3.0	3.5	4.5	5.0	7.0
11	3.5	3.0	4.5	6.5	7.5	9.0
15	5.0	4.0	6.0	7.5	8.5	11.5
18.5	6.0	5.0	6.5	8.5	10.0	14.5
22	7.0	7.0	8.5	10.0	12.5	15.5
30	8.5	8.5	10.0	12.5	15.0	18.5
37	11.0	11.0	12.5	15.0	18.0	23.0
45	13.0	13.0	15.0	18.0	22.0	26.0
55	17.0	17.0	18.0	22.0	27.0	33.5
75	21.5	22.0	25.0	29.0	33.0	38.0
90	25.0	26.0	29.0	33.0	40	45.0

单台电动机的补偿容量，应根据电动机的运行工况确定。既不能全补偿以防发生并联谐振，又不能过补偿发生自励过电压，只能是欠补偿。

所谓全补偿，既补偿的电容恰好等于感性负荷形成并联谐振电路，电路里仅为阻性电流 I_R，它与电压同相位，功率因数角等于零。电容器与电感间相互交换无功功率，并联谐振时，在电感和电容元件，会流过很大的电流，在此情况下，如不及时切除电源，则很快会烧毁电动机，因此应避免出现功率因数角为零的并联补偿状态。

所谓过补偿，既补偿的电容大于感性负荷，但电路里的合成总电流超前电压一相位角。超前功率角的害处是：

（1）电容器与电源仍有无功功率交换，同样减少电源的有功输出。

（2）网络因传输容性无功功率，仍会造成有功损耗。

（3）白白耗费了电容器的设备投资。

（4）当补偿电容大于电动机感性负荷的过补偿情况下，在断开电动机电源的瞬间，此时电容器向定子绕组放电形成励磁电流，产生磁场，由于在惯性的作用下电动机尚在高速运转，运动中的转子切割磁力线产生感应电势，在不利条件的组合下，比如放电电流大、惯性小的轻载电动机，就可能产生高于额定电压数倍的感应电势，此即自励过电压。显然自励过电压可能造成绕组绝缘击穿事故。

5. 集中补偿容量的确定

（1）计算法。车间、工厂集中补偿容量，可按下式确定

$$Q_C = P_m\left(\tan\varphi_1 - \tan\varphi_2\right) \tag{3-24}$$

式中：Q_C 为所需补偿的电容器容量，kvar；P_m 为用户最高负荷月平均有功功率，kW；$\tan\varphi_1$ 为补偿前功率因数角的正切值；$\tan\varphi_2$ 为补偿到规定的功率因数角的正切值。

（2）查表法求补偿容量。表 3-13 列出每 1kW 有功功率所需补偿容量（kvar/kW）。由补偿前的功率因数 $\cos\varphi_1$ 和补偿后的功率因数 $\cos\varphi_2$ 查出相应的数值，然后乘以平均有功功率的千瓦数，即得所需的补偿容量。

表 3-13　每 1kW 有功功率所需的补偿容量　　　　kvar/kW

补偿前 $\cos\varphi_1$	为得到所需 $\cos\varphi_2$ 每千瓦负荷所需电容器的千乏数												
	0.70	0.75	0.80	0.82	0.84	0.86	0.88	0.90	0.92	0.94	0.96	0.98	1.00
0.40	1.27	1.41	1.54	1.60	1.65	1.70	1.76	1.81	1.87	1.93	2.00	2.09	2.29
0.45	0.97	1.11	1.24	1.29	1.34	1.40	1.45	1.50	1.56	1.62	1.69	1.78	1.99
0.50	0.71	0.85	0.98	1.04	1.09	1.14	1.20	1.25	1.31	1.37	1.44	1.53	1.73
0.52	0.62	0.76	0.89	0.95	1.00	1.05	1.11	1.16	1.22	1.28	1.35	1.44	1.64
0.54	0.54	0.68	0.81	0.86	0.92	0.97	1.02	1.08	1.14	1.20	1.27	1.36	1.56
0.56	0.46	0.60	0.73	0.78	0.84	0.89	0.94	1.00	1.05	1.12	1.19	1.28	1.48
0.58	0.39	0.52	0.66	0.71	0.76	0.81	0.87	0.92	0.98	1.04	1.11	1.20	1.41
0.60	0.31	0.45	0.58	0.64	0.69	0.74	0.80	0.85	0.91	0.97	1.04	1.13	1.33
0.62	0.25	0.39	0.52	0.57	0.62	0.67	0.73	0.78	0.84	0.90	0.97	1.06	1.27
0.64	0.18	0.32	0.45	0.51	0.56	0.61	0.67	0.72	0.78	0.84	0.91	1.00	1.20
0.66	0.12	0.26	0.39	0.45	0.49	0.55	0.60	0.66	0.71	0.78	0.85	0.94	1.14
0.68	0.06	0.20	0.33	0.38	0.43	0.49	0.54	0.6	0.65	0.72	0.79	0.88	1.08
0.70		0.14	0.27	0.33	0.38	0.43	0.49	0.54	0.6	0.66	0.73	0.82	1.02
0.72		0.08	0.22	0.27	0.32	0.37	0.43	0.48	0.54	0.60	0.67	0.76	0.97
0.74		0.03	0.16	0.21	0.26	0.32	0.37	0.43	0.48	0.55	0.62	0.71	0.91
0.76			0.11	0.16	0.21	0.26	0.32	0.37	0.43	0.50	0.56	0.65	0.86
0.78			0.05	0.11	0.16	0.21	0.27	0.32	0.38	0.44	0.51	0.60	0.80
0.80				0.05	0.10	0.16	0.21	0.27	0.33	0.39	0.46	0.55	0.75
0.82					0.05	0.10	0.16	0.22	0.27	0.33	0.40	0.49	0.70
0.84						0.05	0.11	0.16	0.22	0.28	0.35	0.44	0.65
0.86							0.06	0.11	0.17	0.23	0.30	0.39	0.59
0.88								0.06	0.11	0.17	0.25	0.33	0.54
0.90									0.06	0.12	0.19	0.28	0.48

例 3-1　某乡镇企业昼夜平均有功功率为 120kW，欲将功率因数由 0.72 提高到 0.90 相交处，查得为 0.48kvar，则所需电容器组的总容量为

$$Q_C = 0.48 \times 120 = 57.6 \text{（kvar）}$$

五、电力电容器的运行维护

1. 电力电容器的安装

（1）电容器一般应安装在室内，安装地点应不受阳光直射，不被雨雪淋湿，通风良好。配电线路上户外安装的电容器对夏季室外环境气温不超过 40℃ 的地区，电容器组可以露天安装，但应注意将侧面向阳，以减少太阳直晒的面积。我国南方有的地区在电容器组上方加装一水泥石棉板制作遮阳装置也是一种方法。应该特别注意不要把电容器装于密闭的铁箱中再置于电杆上，这种安装方式的电容器事故率很高。

（2）电容器（组）的连接电线应用软线，截面应根据允许载流量选择。

（3）电容器配用开关的额定电流一般可按电容器额定电流的 1.3 ~ 1.5 倍选取。

（4）10kV 电容器组的总容量不超过 150kvar 时，可采用跌开式熔断器作短路保护和分闸用，以减少设备投资。对大于 150kvar 的 10kV 电容器组，可采用柱上断路器或负荷开关进行操作。

（5）电容器（组）应装设熔断器，熔断器的额定电流一般可按电容器额定电流的 1.5 ~ 2.5 倍选取。

（6）集中补偿的电容器组，宜安装在电容器柜内分层布置，下层电容器的底部对地距离不应小于 300mm，上层电容器连线对柜顶不应小于 200mm，电容器外壳之间的净距不宜小于 100mm。并应考虑有效的通风散热措施。

（7）电容器（组）应装设放电电阻，但不经开断器直接与电动机绕组相连接的电容器，可不必装设放电电阻。

（8）任何额定电压的电容器组，禁止带电荷合闸。电容器组每次重新合闸，必须在电容器断路 3min 后进行。在停电的电容器（组）上工作，必须经放电并接地后进行。

（9）当采用中性点绝缘的星形连接组时，相间电容器的电容差不应超过三相平均电容值的 5%。

（10）电容器的额定电压与低压电力网的额定电压相同时，应将电容器的外壳和支架接地。当电容器的额定电压低于电力网的额定电压时，应将每相电容器的支架绝缘，但绝缘等级应和电力网的额定电压相匹配。

2. 电力电容器的检查和维护

（1）新装电容器。交接试验、布置、接线、电压符合；控制、保护和监视回路均应完

善，温度计齐全，并试验合格，整定值正确；与电容器组连接的电缆、断路器、熔断器等试验合格；三相平衡，误差值不超过一相总容量的 5%；外观良好，无渗漏油。

（2）运行电容器。电容器外壳有无膨胀、漏油痕迹；有无异常声响和火花；熔断器是否正常；放电指示灯是否熄灭；记录有关电压表、电流表、温度表的读数。如箱壳明显膨胀、外壳渗油严重必须更换。

电容器应在额定电压下运行。如暂时不可能，可允许在超过额定电压 5% 的范围内运行；当超过额定电压 1.1 倍时，只允许短期运行。但长时间出现过电压情况时，应设法消除。

电容器应维持在三相平衡的额定电流下进行工作。如暂不可能，不允许在超过 1.3 倍额定电流下长期工作，以确保电容器的使用寿命。

（3）必要时可以短时停电并检查。螺钉松紧和接触；放电回路是否完好；风道有无积尘；外壳的保护接地线是否完好；继电保护、熔断器等保护装置是否完整可靠，断路器、馈电线等是否良好。

（4）装置电容器组地点的环境温度不得超过 40℃，24h 内平均温度不得超过 30℃，一年内平均温度不得超过 20℃。电容器外壳温度不宜超过 60℃。如发现超过上述要求时，应采用人工冷却，必要时将电容器组与网路断开。

（5）当供电系统功率因数 $\cos\varphi$ 低于 0.9、电压偏低时电容器应投入；但当功率因数 $\cos\varphi$ 趋近于 1 且有超前趋势、电压偏高时应退出部分电容。

发生下列故障之一时，应紧急退出：①连接点严重过热甚至熔化；②瓷套管闪络放电；③外壳膨胀变形；④电容器组或放电装置声音异常；⑤电容器冒烟、起火或爆炸。

3. 电容器的操作

（1）在正常情况下，全所停电操作时，应先断开电容器组断路器后，再拉开各路出线断路器。恢复送电时应与此顺序相反。

（2）事故情况下，全所无电后，必须将电容器组的断路器断开。

（3）电容器组断路器跳闸后不准强送电。保护熔丝熔断后，未经查明原因之前，不准更换熔丝送电。

（4）电容器组禁止带电荷合闸。必须在断路器断开 3min 之后才可进行再次合闸。

（5）当汇流排（母线）上的电压超过 1.1 倍额定电压最大允许值时，禁止电容器接入电网。

（6）在接通和断开电容器组时，要选用不能产生危险过电压的断路器，并且断路器的额定电流不应低于 1.3 倍电容器组的额定电流。

【技能训练】

NWK-G 系列智能型无功功率自动补偿控制器的使用：

NWK-G 系列智能型无功功率自动补偿控制器是低压配电系统补偿无功功率专用仪器，如图 3-55 所示，可与各型号低压静电电容屏配套使用。

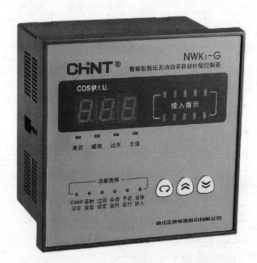

图 3-55　智能型无功功率自动补偿控制器

1. 功能特点

（1）采用国外先进芯片，增加了断电记忆功能。即在系统断电及控制器复位时，参数及程序自动记忆，不丢失；供电恢复后控制器仍按断电前所设定的参数进入自动运行状态，实现无人操作化。

（2）LED 数字显示电网功率因数，显示范围：滞后（0.00 ~ 0.99），超前（0.00 ~ 0.99）。

（3）通过面板三个功能键能完成数字显示 $\cos\varphi$ 设定值、延时设定值、过压设定值的设定。简明的人机对话，使操作极为方便。

（4）当电网电压超过本机过压设定值时，$\cos\varphi$ 表自动转换显示为电网当前的电压值，同时自动快速逐级切除已投入的电容组。

（5）判别取样电流极性（自动识别极性），并自动转换。给安装调试使用带来极大方便。

（6）当取样信号线开路或无输入取样电流信号时，本机数字 $\cos\varphi$ 自动显示 O.cc。

（7）输出动作程序为先接通先分断，先分断先接通的循环工作方式及适应于就地补偿装置动作程序要求的 1、2、2、2、2、1 编码工作方式。

（8）具有手动 / 自动转换，置自动时，本机自动跟踪电网功率因数及无功电流，控制电容器自动投入或切除，置手动时在本机上能实现手投或手切。

（9）有超前、滞后、过电压、欠电流 LED 指示灯指示。LED 提示编程输入。

2. 接线方法

智能型无功功率自动补偿控制器的接线如图 3-56 所示。

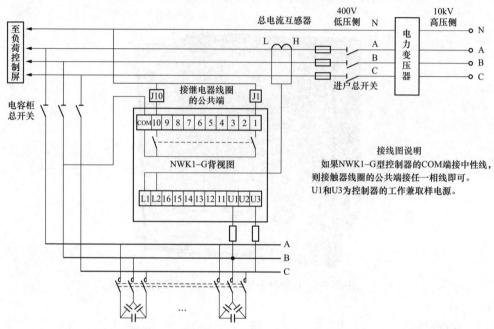

图 3-56　智能型无功功率自动补偿控制器接线

（1）控制器电压 U。U 接 B 相、C 相。

（2）取样电流端 I。I 必须取自总负荷（总柜）A 相电流互感器二次侧，不得取自电容屏。

（3）COM 为控制器输出端 1～10 组内部继电器的公共源，交流接触器 J 线圈电压 220V。（如果接触器线圈电压为 380V，公共端接相线。）

3. 面板功能键

面板功能键说明见表 3-14。

表 3-14　面板功能键说明

名称		内容
功能键	⟳	功能选择键
	⌃	数值增加键
	⌄	数值减少键

4. 调试

首先确认补偿器型号，按接线图要求对应接线，取样电压、电流相序是否正确，取样电流应大于 150mA，然后整机接通电源，智能控制器即置于自动运行状态，并按出厂预置参数（$\cos\varphi$，延时，过电压）来控制电容器组的投切。当需要改变以上参数时，可利用面板三个轻触按键完成参数的设定，具体步骤如下：

举例：如要求 $\cos\varphi$ 设定为 0.92，每路投切延时时间为 18s，过压切除电容器的过电压保护值为 420V。

▱ 操作：

（1）首先按设定键，使 $\cos\varphi$ 设定指示灯亮，此时面板数字 $\cos\varphi$ 表显示原设定值，根据需要按 △ 键或 ▽ 键，使设定值显示为 0.92。

（2）按 ▱ 键，使延时设定指示灯亮，此时数字 $\cos\varphi$ 表显示原延时设定值，根据需要按 △ 键或 ▽ 键，使设定值显示为 18s 为止。

（3）按 ▱ 键，使过电压设定指示灯亮，此时数字 $\cos\varphi$ 表显示原过电压设定值，根据需要按 △ 键或 ▽ 键，使设定值显示为 420V 为止。

以上三个参数设定后，按 ▱ 键使自动运行指示灯亮，本机进入自动运行，并按以上设定的参数控制电容器组的投切，如若三个参数设定完成后，忘记按 ▱ 键至自动运行状态，本智能控制器能经过 20s 后自动置于自动运行状态，大大地提高操作可靠性。

手动运行：通过按 ▱ 键使手动运行指示灯亮，按 △ 键能逐级投入电容器组，按 ▽ 键，能逐级切除电容器组，实现手动运行。

消除投入：按 ▱ 键，使消除投入指示灯亮，这时按下 △ 键或 ▽ 键，智能控制器能立即切除已投入各路电容器组，该功能主要用于电容屏退出电网时，保证刀开关不会产生飞弧，避免烧坏刀开关。

如若置于消除投入功能后，在 20s 内仍不按 △ 键或 ▽ 键，电容屏仍不退出电网，智能控制器又将自动置于自动运行状态。

5. 维护说明

（1）如交流接触器线包工作电压为 380V 时，可将 COM（公共端）接 N（零相）改接 C 相。

（2）信号取样原则：当补偿器工作电压取 BC 相时，信号互感套于 A 相；当工作电压取 AB 相时，信号互感套于 C 相；当工作电压取 AC 相时，信号互感套于 B 相；总之，取样互感器所在相，不要与补偿器工作电压同相，并且信号互感器必须套于总进线柜母线段。

（3）当电网电压超过过压设定值时，补偿器过压指示灯亮，数字 $\cos\varphi$ 自动转换显示为当前电网的电压值，同时逐级每 3s 切除一路投入的电容器组。

（4）当互感开路或信号电流小于150mA时，欠流灯亮，补偿器能逐级按原设定的延时值切除已投入的电容器组。当信号互感开路，信号电流为零，或置于消除投入功能时，数字 $\cos\varphi$ 表均显示。

（5）$\cos\varphi$ 整定值只设定"投入门限"，其切除门限值随"投入门限"值的变化自动做相应调整。

6. 系统故障的排除

（1）显示"O.cc"，应做以下判断：总电流表显示负载电流小于取样电流互感器一次侧值的3%时是正确的。如大于3%，可能是取样电流回路连通，或并联了其他仪表，应改为串联。

（2）随着补偿电容的投入，控制器显示 $\cos\varphi$ 值变化不正常，这时应检查取样电流信号 I_1、I_2 和取样电压信号 U_1、U_3 的相位。用万用表交流500V挡，将一支表笔接触取样电流互感器所在的母排，另一支笔接触控制器的 U_1 或 U_3 端，如两点间电压为零即同相，判断清楚相位后，按要求连接。

（3）随着补偿电容的投入，控制器上 $\cos\varphi$ 指示几乎不变化，出现这种现象，应移取样电流互感器，使取样电流=负载电流+电容电流（见图3-56）。

（4）在负荷没有变化的情况下，投入了一组电容器后，马上又切除了一组，投入后过补偿，切除后又欠补偿，一直在投、切，说明出现投切振荡现象。原因是投入的电容量与负荷的无功值不匹配。另外，也可适当地调低 $\cos\varphi$ 的设定值，使稳定状态范围加宽。

（5）不便判断问题出在控制器还是出在外接线路时，可换一台控制器。如出现相同的故障现象，请您务必按以上提示检查外接线路。

【任务实施及考核】

1. 实施思路与方案

通过查阅资料、观看微课视频及动画等方式认识电容器装置。分组讨论新建机械厂供配电系统低压熔断器、低压刀开关、低压断路器的选型及使用注意事项。

2. 搜集案例

搜集企业案例，全面了解电容器装置的组成及其安装。

姓名		专业班级		学号	
任务内容及名称					
1.任务实施目的			2.任务完成时间：1学时		

续表

3.任务实施内容及方法步骤
4.分析结论
指导教师评语（成绩）

【任务总结】

本任务学习并联电容器的功能及原理；通过学习掌握高压、低压电容补偿设备的选择、安装及检测方法，确定某厂供配电系统高压、低压电容器设备的型号，掌握后期运行维护的注意事项。

【思考与练习】

1.变压器应如何分类?

2.变压器的主要组成部分有哪些? 各有何作用?

3.我国 6～10kV 变电站采用的电力变压器有哪两种常用的联结组别?

4.什么是变压器的额定容量和实际容量? 其负荷能力（出力）与哪些因素有关?

5.变压器正常过负荷有何规定?

6.什么是变压器的经济运行?

7.测量变压器的绝缘电阻阻值为零，判断是什么原因并分析。

8.变压器的并联运行有哪些要求? 联结组别不同的变压器并列时有何危险?

9.高压断路器有哪些功能? 其常见类型有哪些?

10.真空断路器和 SF_6 断路器各有什么特点?

11.常见的操动机构按储能方式分有哪几种形式?

12.简述弹簧操动机构的工作原理。

13.高压负荷开关有哪些功能? 它可装设什么保护装置?

14.负荷开关与断路器有什么区别?

15. 高压隔离开关有哪些功能？有何特点？

16. 操作跌落式熔断器时，应注意什么？

17. 高压开关柜的"五防"指的是什么？

18. 电压互感器与电流互感器各有何作用？运行时有何特点？为什么工作时，电磁型电流互感器二次侧不能开路，而电压互感器不能短路？

19. 如何防止运行中的电流互感器二次侧开路？

20. 电流互感器在运行中应注意什么？

21. 分别画图说明电压互感器和电流互感器的接线方式。

22. 常用的低压开关电器有哪些？它们分别具有什么功能？

23. 低压断路器有哪些功能？按结构型式可分为哪两大类型？

24. 低压断路器有哪些功能？

25. 熔断器的基本结构是什么？简述熔断器的熔断过程。

26. 低压配电屏有哪几种？各有什么特点？

27. 在电力系统中电容器的作用是什么？电容器端电压的变化对电容器有何影响？

28. 电容器为何要加装放电电阻？对放电装置有何要求？

29. 电容器组的操作应注意哪些问题？

30. 提高功率因数的方法有几种？提高功率因数的补偿方法有几种？

项目 ④　变配电站电气主接线

【项目描述】

本项目包含两个任务。在工厂车间变电站中，我们不仅能够认识开关柜中的一次电气设备，重点还能识读变电站供配系统的主接线图。通过主接线图的学习，能够确定供电系统的负荷级别、装设的保护及监测仪表。然后通过讲、演示、实操练习等教学模式，完成某变电站倒闸操作票的填写、停送电操作等教学内容。通过本项目的学习，能为学生今后从事相关的电力设计、运行、维护、检修等专业岗位工作打下坚实的基础。

【知识目标】

1. 了解一次主接线的概念。

2. 懂得变配电站一次主接线的基本形式。

3. 能够识读简单的一次主接线图。

4. 能够识别变电站主电路图所有的电气符号、供电负荷的级别、装设必要的保护及测量仪表。

5. 倒闸操作的基本概念、操作原则和注意事项。

6. 熟悉倒闸操作的步骤与方法。

【技能目标】

1. 能初步绘制变配电站一次主接线。

2. 能初步对变配电站一次主接线进行阅读。

3. 掌握一般典型操作程序，掌握倒闸操作的基本方法。

4. 能熟练填写倒闸操作票，并能够对高压开关柜进行停送电操作。

任务 4.1 变配电站电气主接线

【任务描述】

电气主接线也是电气运行人员进行各种操作和事故处理的重要依据，只有了解、熟悉和掌握变配电站的电气主接线，才能进一步了解线路中各种设备的用途、性能及维护检查项目和运行操作的步骤等。本次任务是在熟悉变配电站几种典型电气主接线方案的基础上，分析电气主接线的运行方式及其优缺点；熟悉各种电气一次设备在电气主接线中的作用和正常运行时的状态；学会编制电气一次系统的运行方案。初步具备阅读变配电站一次主接线图的能力。

【相关知识】

一、变配电站的分类与主接线的定义

变配电站是供配电系统的枢纽，具有非常重要的作用。

变电站根据变压等级和规模大小的不同可分为：①工厂变电站，用于将 35～110kV 的电压降为 6/10kV 电压；②车间变电站，用于将 6～10kV 的电压降为 220/380V 电压。

配电站根据配电电压的不同可分为高压配电站和低压配电站。

在工厂变配电站中，把各种电气设备按一定的接线方案连接起来，即组成一个完整的供配电系统。

工厂变配电站的电气主接线，是指按照一定的工作顺序和规程要求连接变配电一次设备的一种电路形式，称为主电路图，又称为一次电路图、主接线图、一次接线图。虽然电力系统是三相系统，但电气主接线图通常采用单线来表示三相系统，使之更简单、清楚和直观。

主接线图常用电气设备的图形符号和文字符号如表 4-1 所示。

表 4-1 常用电气设备的图形符号和文字符号

电气设备名称	文字符号	图形符号	电气设备名称	文字符号	图形符号
刀开关	QK		母线（汇流排）	W 或 WB	
熔断器或刀开关	QKF		导线、线路	W 或 WL	
断路器（自动开关）	QF		电缆及其终端头		

电气设备名称	文字符号	图形符号	电气设备名称	文字符号	图形符号
隔离开关	QS		交流发电机	G	
负荷开关	QL		交流电动机	M	
熔断器	FU		单相变压器	T	
熔断器式隔离开关	FD		电压互感器	TV	
熔断器式负荷开关	FDL		三绕组变压器	T	
阀式避雷器	F		三绕组电压互感器	TV	
三相变压器	T		电抗器	L	
电流互感器（具有一个二次绕组）	T		电容器	C	
电流互感器（具有两个铁芯和两个二次绕组）	TA		三相导线		
插头	XP	优选型 / 其他型	插座	XS	优选型 / 其他型
插头和插座	X				

二、电气主接线的基本要求

工厂变配电站主接线方案的确定必须综合考虑安全性、可靠性、灵活性、经济性等多方面的要求。

（1）安全性：符合国家标准和有关技术规范的要求，能充分保证人身和设备的安全。

（2）可靠性：根据负荷的等级，满足负荷在各种运行方式下对其供电可靠性的要求。

（3）灵活性和方便性：能适应系统所需要的各种运行方式，操作维护简便，在系统故障或设备检修时，应能保证非故障和非检修回路继续供电；能适应负荷的发展，要考虑最终接线的实现以及在场地和施工等方面的可行性。

（4）经济性：在满足以上要求的前提下，尽量使主接线简单，投资少，运行费用低。

此外，对主接线的选择，还应考虑受电容量和受电地点短路容量的大小、用电负荷的重要程度、对电能计量（如高压侧还是低压侧计量、动力及照明分别计费等）及运行操作技术的需要等因素。如需要高压侧计量电能的，应配置高压侧电压互感器和电流互感器（或计量柜）；受电容量大、用电负荷重要的或要求运行操作快速的用户，则应配置断路器及相应的电气操作系统装置；受电容量虽小，但受电地点短路容量大的，则应考虑保护设备开、断短路电流的能力，如采用真空断路器等；一般受电容量小且不重要的用电负荷，可以配置跌落式熔断器控制和保护。

三、电气主接线的形式

根据主接线图作用的不同，主接线有以下两种形式。

1. 原理（系统）式主接线

按照电能输送和分配的顺序用规定的符号和文字来表示设备相互连接关系的主接线图为原理（系统）式主接线图，相应的主接线形式为原理（系统）式主接线，如图 4-1 所

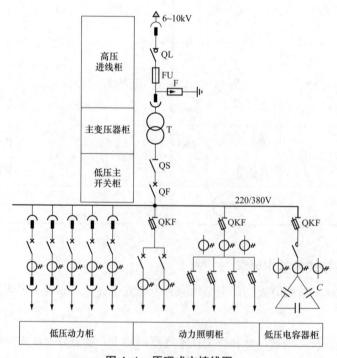

图 4-1　原理式主接线图

QL—负荷开关；FU—熔断器；F—避雷器；T—主变压器；
QS—隔离开关；QF—断路器；QKF—刀熔开关

示，表示某户外成套变电站的原理式主接线图。原理（系统）式主接线图能全面系统地反映主接线中电力电能的传输过程，但不能反映电路中各电气设备和成套设备之间的相互排列位置即实际位置。这种图主要在设计过程中，进行分析、计算和选择电气设备时使用；在运行中的变电站值班室中，作为模拟演示供配电系统运行状况用。

2. 配电装置式主接线

按高压或低压配电装置之间的相互连接和排列位置而画出的主接线图，称为配电装置式主接线图，相应的主接线形式为配电装置式主接线。配电装置式主接线图多用作施工图，便于配电装置的采购和安装施工。图 4-2 表示某户外成套变电站的配电装置式主接线图。

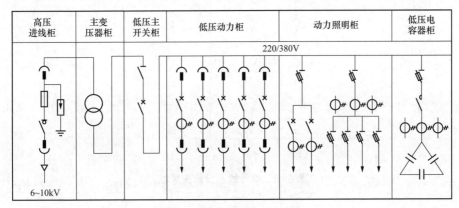

图 4-2　配电装置式主接线图

四、原理式主接线的基本方式

工厂变配电站常用的原理式主接线，可分为单母线主接线和桥式主接线。

1. 单母线不分段主接线

母线也称汇流排，即汇集和分配电能的硬导线。设置母线可以方便地把电源进线和多路引出线通过开关电器连接在一起，以保证供电的可靠性和灵活性。

母线的色标：A 相—黄色；B 相—绿色；C 相—红色。

母线的排列规律：从上到下 ABC；对着来电方向，从左到右 ABC。

单母线不分段主接线如图 4-3 所示，每路进线和出线中都配置有一组开关电器。断路器用于切断和接通正常的负荷电流，并能切断短路电流。隔离开关有两种作用：靠近母线侧的称为母线隔离开关，用于隔离母线电源和检修断路器；靠近线路侧的称为线路侧隔离开关，用于防止检修断路器时从用户端反送电，防止雷击过电压沿线路侵入，保护维修人员安全。

单母线不分段主接线线路简单，使用设备少，配电装置投资少，但可靠性、灵活性较差。当母线或母线隔离开关故障或检修时，必须断开所有回路，造成全部用户停电。

这种接线适用于单电源进线的一般中、小型容量三级负荷的用户，两路电源进线的单母线可供二级负荷，电压为 0.4 ~ 10kV 级。

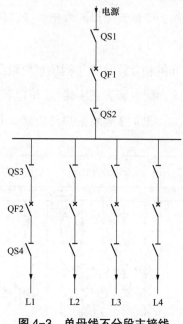

图 4-3　单母线不分段主接线

2. 单母线分段主接线

单母线分段主接线如图 4-4 所示。这种接线方式引入线有两条回路，母线分成两段：即 I 段和 II 段。每一回路连到一段母线段，并把引出线均分到每段母线上。两段母线用断

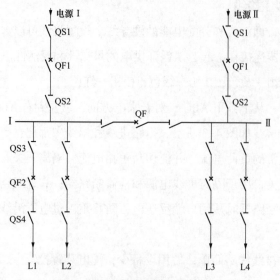

图 4-4　单母线分段主接线

路器、隔离开关等开关电器连接成单母线分段接线。单母线分段便于分段检修母线，减小母线故障影响范围，提高了供电的可靠性和灵活性。母线可分段运行，也可不分段运行。这种接线适用于双电源进线的比较重要的负荷，电压为 0.4～35kV。

3. 桥式主接线

如图 4-5 所示，桥形接线适用于仅有两台变压器和两条出线的装置中。桥形接线仅用三台断路器，根据桥回路（QF3）的位置不同，可分为内桥和外桥两种接线方式。桥形接线正常运行时，三台断路器均闭合工作。

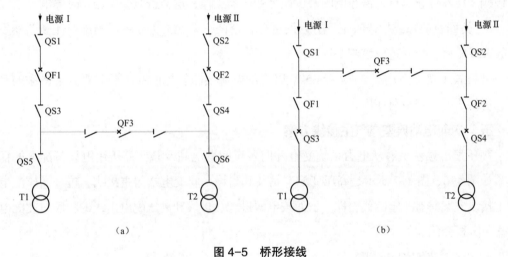

图 4-5　桥形接线

（a）内桥式；（b）外桥式

（1）内桥式接线。内桥式接线如图 4-5（a）所示，桥回路置于线路断路器内侧（靠变压器侧），此时线路经断路器和隔离开关接至桥接点，构成独立单元。而变压器支路只经隔离开关与桥接点相连，是非独立单元。

内桥式接线的特点如下：

1）线路操作方便。如线路发生故障，仅故障线路的断路器跳闸，其余三回路可继续工作，并保持相互联系。

2）正常运行时变压器操作复杂。如变压器 T1 检修或发生故障，则需断开断路器 QF1、QF3，使无故障线路供电受到影响，需经倒闸操作，拉开隔离开关 QS5 后，再闭合 QF1、QF3，才能恢复非故障线路工作，这将造成该侧线路的短时停电。

3）桥回路故障或检修时全厂分列两部分，使两个单元失去联系。当出线侧断路器发生故障或检修时，会造成该回路停电。

内桥式主接线适用于 35kV 及 35kV 以上的电源线路较长和变压器不需要经常操作的系统，可供一、二级负荷使用。

（2）外桥式接线。外桥式接线见图3-70（b），桥回路置于线路断路器外侧（远离变压器侧），此时变压器经断路器和隔离开关接至桥接点，构成独立单元，而线路只经隔离开关与桥接点相连，是非独立单元。

外桥式接线的特点如下：

1）变压器操作方便。当变压器发生故障时，仅故障变压器回路的断路器自动跳闸，其余三回路可继续工作，并保持相互联系。

2）线路投入和切除时操作复杂。当线路检修或发生故障时，需断开两台断路器，并使该侧变压器停止运行，需经倒闸操作恢复变压器工作，这会造成变压器短时停电。

3）桥回路故障或检修时全厂分列两部分，使两个单元失去联系。当出线侧断路器发生故障或检修时，会造成该侧变压器停电。

外桥式主接线适用于35kV及35kV以上的电源线路较短而变压器需要经常操作的系统，可供一、二级负荷使用。

五、变配电站典型电气主接线方案

高压配电站担负着从电力系统受电并向各车间变电站及某些高压用电设备配电的任务。如图4-6、图4-7所示是高压变配电站及其附设车间变电站的主接线。这一高压配电站主接线方案具有一定的代表性。下面按电源进线、母线和高压配电出线的顺序对此配电站作一分析介绍。

1. 电气主接线分析步骤

变配电站电气主接线是变配电站的主要图纸，看懂它一般遵循以下步骤：

（1）了解变配电站的基本情况，变配电站在系统中的地位和作用，变配电站的类型。

（2）了解变压器的主要技术参数，包括额定容量、额定电流、额定电压、额定频率和连接组别等。

（3）检查开关设备的配置情况。一般从控制、保护、隔离的作用出发，检查各路进线和出线是否配置了开关设备，配置是否合理，不配置能否保证系统的运行和检修。

（4）检查互感器的配置情况，从保护和测量的要求出发，检查在应该装互感器的地方是否都安装了互感器；配置的电流互感器个数和安装变比是否合理；配置的电流互感器的二次侧绕组及铁芯数是否满足需求。

（5）检查避雷器的配置是否齐全。如果有些电气主接线没有绘出避雷器的配置，则不必检查。

2. 110/10kV电气主接线的方式及特点

某110kV变电站，高压侧为内桥接线方式，10kV侧单母线分段接线方式，高压侧采用 GIS 设备，低压侧采用高压开关柜。如图 4-6 所示。正常运行方式为：黄桥线带 1号主变压器；东桥线带 2 号主变压器，桥 100 断路器热备用，10kV 分段 000 断路器热备用。

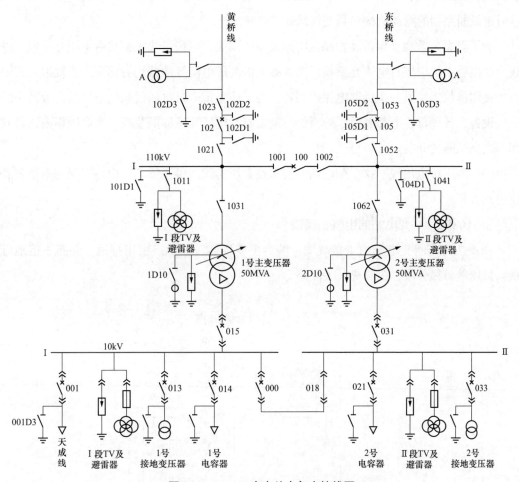

图 4-6　110kV 变电站电气主接线图

（1）电源进线。图 4-6 所示变配电站有两路 110kV 电源进线，一路是架空线路 WL1，另一路是电缆线路 WL2。最常见的进线方案是一路电源来自电力系统变电站，作为正常工作电源，而另一路电源则来自不同变电站的高压联络线，作为备用电源。

考虑到进线断路器在检修时有可能两端来电，因此为保证断路器检修时的人身安全，断路器两侧都必须装设高压隔离开关。

（2）母线。高压配电站的母线，通常采用单母线制。如果是两路或多于两路的电源进线时，则采用以高压隔离开关或高压断路器（其两侧装隔离开关）分段的单母线制。母线采用隔离开关分段时，可采用专门的分段柜亦称联络柜，如 KYN-28 型。

图 4-6 所示高压配电站通常采用一路电源工作、另一路电源备用的运行方式，因此母线分段开关通常是闭合的，高压并联电容器对整个配电站的无功功率都进行补偿。如果工作电源进线发生故障或进行检修时，在切除该进线后，投入备用电源即可使整个配电站恢复供电。如果采用备用电源自动投入装置（简称 APD），则供电可靠性可进一步提高，但这时进线断路器的操动机构必须是气动式或弹簧式。

为了测量、监视、保护和控制主电路设备的需要，每段母线上都接有电压互感器，进线上和出线上均串接有电流互感器。图 4-6 上的高压电流互感器均有两个二次绕组，其中一个接测量仪表，另一个接继电保护装置。为了防止雷电过电压侵入配电站时击毁其中的电气设备，各段母线上都装设了避雷器。避雷器与电压互感器同装在一个高压柜内，且共用一组高压隔离开关。

（3）高压配电出线。这个配电站共有多路高压出线。可供给工厂内各车间变电站或高压电动机等。

3. 10/0.4kV 变电站的电气主接线

图 4-7 为车间变电站的主接线图。两台主变压器，中性点引出接地，并有一接地母线。低压单母线分段，由隔离开关联络。

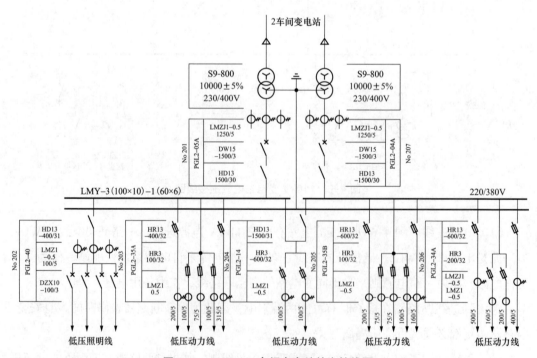

图 4-7 10/0.4kV 车间变电站的主接线图

【任务实施及考核】

任务实施及考核

任务内容	变配电站配电装置图的识读	学时	2
计划方式	阅读、学生讲解		
任务目的	认识变配电的任务、选址及总体布置，初步具备阅读变配电站装置图的能力		
电路图	 变电站配电装置图		

实施步骤	实施内容	
1	了解变配电站的基本情况	了解变配电站的作用、类型和地理位置，当地气象条件，变配电站位置的土壤电阻率和土质等
2	熟悉变配电站的电气主接线和设备配置情况	在了解变配电站各个电压等级的主接线方式的前提下，熟悉和掌握电源进线、变压器母线、各路出线的开关电器、互感器、避雷器等设备的配置情况
3	了解变配电站配电装置的总体布置情况	先阅读配电装置的主接线图，再仔细阅读配电装置的平面图，把两种图对照阅读，就能弄清楚配电装置的总体布置情况

4	明确配电装置的类型	阅读配电装置中的断面图，明确该配电装置是屋内的、屋外的还是成套的。如果是成套配电装置，要明确是高压开关柜、低压开关柜，还是其他组合电器。如果是屋内配电装置，要明确是单层、双层，还是三层，有几条走廊，各条走廊的用途是什么；如果是屋外配电装置，要明确是中型、半高型
5	查看所有电气设备	在断面图上查看电气设备，认出变压器、母线、隔离开关、断路器、电流互感器、电压互感器、电容器、避雷器和接地开关等，进而还要判断出各种电器的类型；掌握各个电气设备的安装方法，所用构架和支架都用什么材料；如果有母线，要弄清楚单母线还是双母线，是不分段还是分段的
6	查看电气设备之间的连接	根据断面图、配电装置的主接线图、平面图，查看各个电气设备之间的连接情况。查看时，按电能输送的方向顺序进行
7	查核有关的安全距离	配电装置的断面图上都标有水平距离和垂直高度，有些地方还标有弧形距离。要根据这些距离和标高，参照有关设计手册，查核安全距离是否符合要求。核查的重点有带电部分与接地部分之间、不同相的带电部分之间、平行的不同时检修的无遮拦导体之间、设备运输时其外廊无遮拦带电部分之间
8	综合评价	对配电装置图的综合评价包括以下几个方面：①安全性——安全距离是否足够，安全方式是否合理，防火措施是否齐全；②可靠性——主接线方式是否合理，电气设备安装质量是否达标；③经济性——满足安全、可靠的基础上，投资要少；④方便性——操作是否方便，维护是否方便
考核内容	1. 制作 PPT 进行演示讲解	
	2. 写出实训报告	

任务 4.2　变配电站的倒闸操作

【任务描述】

变配电站运行是否正常，直接影响到企业生产单位的生产过程及效益，同时，也与人们的生活息息相关。在进行故障变电站（站）或输配电线路停电检修操作、故障恢复后的送电操作时，为了确保工作及运行安全，防止误操作，国家对各种操作颁发了严格的要求和规定，并规定在全部停电或部分停电的电气设备上工作，必须执行操作票制度，建立了保证安全的组织措施。本任务针对变电站（站）的操作、规程、安全保障组织措施等内容，展开理论知识和实践技能学习，熟练掌握倒闸操作步骤和方法，为学生今后从事变电站（站）及相关工作打下坚实的基础。

【相关知识】

一、倒闸操作的主要工作内容

电力系统中运行的电气设备，常常遇到检修、调试及消除缺陷等工作，这就需要改变电气设备的运行状态或改变电力系统的运行方式。

当电气设备由一种状态转换到另一种状态或改变电力系统的运行方式时，需要进行一系列的操作，这种操作称为电气设备的倒闸操作。

变电运行中的倒闸操作，一般可归纳为三大类：线路倒闸操作（如断路器、线路停电与检修等）、变压器（如主变压器、互感器等）倒闸操作和母线倒闸操作。

倒闸操作的主要工作内容包括：

（1）电力线路的停、送电。

（2）电力变压器的停、送电。

（3）发电机的启动、并列和解列。

（4）电网的合环与解环。

（5）母线接线方式的改变（倒母线操作）。

（6）中性点接地方式的改变。

（7）继电保护和自动装置使用状态的改变。

（8）接地线的安装与拆除等。

上述绝大多数操作任务是靠拉、合某些断路器和隔离开关来完成的。此外，为了保证操作任务的完成和检修人员的安全，需取下或放上某些断路器的操作熔断器和合闸熔断器，这两种设备被称为保护电器的设备，在操作过程中也像开关电器一样被频繁操作。

电气设备的倒闸操作是一项十分严谨的工作，它涉及电力系统一次设备的运行方式改变。能否正确进行倒闸操作将直接影响电网的安全，因此要求运行值班人员必须以高度的负责精神，严格按要求执行倒闸操作，以严肃认真的态度对待每一步操作，万无一失，确保安全。

二、倒闸操作的必备条件

各级运行值班人员必须严格贯彻 GB 26860—2011《电力安全工作规程　发电厂和变电站电气部分》和 GB 26859—2011《电力安全工作规程　电力线路部分》规定，履行技术措施和组织措施，熟练地掌握倒闸操作技术。

（1）要有考试合格并经主管部门领导批准的操作人和监护人。

1）值班人员必须经过安全教育、技术培训，并且熟悉业务和有关规程制度，考试合格，经有关主管领导批准后方能担任本站的一般操作、复杂操作、接受调度命令和监护工作。

2）新进值班人员必须经过安全教育、技术培训，由站长组织考试合格，担任实习，一般操作可在监护人和操作人双重监护下进行。

（2）现场一、二次设备要有明显标志，包括命名、编号、铭牌、转动方向、切换位置指示以及区别电气相别的颜色。

（3）要有与现场设备和运行方式相符合的一次系统模拟图和二次回路原理展开图。

（4）除事故处理外的正常操作要有确切的调度命令、工作任务和合格的操作票。

（5）要有统一、确切的操作术语。

（6）要有合格的安全工具、安全用具和设施。

三、开关电器操作要求

要熟练地掌握倒闸操作技术，就必须学会操作开关电器。断路器和隔离开关称为开关电器。

1. 操作隔离开关

（1）隔离开关的作用。在高压电网中，隔离开关的主要功能是当断路器断开电路后，由于隔离开关的断开，使有电与无电部分造成明显的断开点，起辅助断路器的作用。由于断路器触头位置的外部指示器既不直观，又不能绝对保证它的指示与触头的实际位置相一致，所以用隔离开关把有电与无电部分明显隔离是非常必要的。此外，隔离开关具有一定的自然灭弧能力，常用在电压互感器和避雷器等电流很小的设备投入和断开上，以及一个断路器与几个设备的连接处，使断路器经过隔离开关的倒换更为灵活方便。

（2）操作隔离开关的基本要领。在手动合上隔离开关时，应迅速而果断。但在合闸行程终了时，不能用力过猛，以防损坏支持绝缘子或合闸过头。在合闸过程中，如果产生电弧，则要毫不犹豫地将隔离开关继续合上，禁止再将隔离开关拉开。

在手动拉开隔离开关时，特别是刀片刚离开固定触头时，应缓慢而谨慎。此时，若产生电弧，则应立即反向合上隔离开关，并停止操作。

当使用隔离开关进行以下操作，如切断小容量变压器的空载电流、一定长度的架空线路、电缆线路的充电电流及解环等时，均会产生一定长度的电弧。此时应迅速将隔离开关拉开，以便尽快灭弧。

（3）允许用隔离开关进行的操作。各变电站的现场运行规程中，一般均明确规定本站允许用隔离开关进行操作的设备（回路）。这些设备（回路）用隔离开关拉、合时所产生的电弧可以自行熄灭。

一般允许用隔离开关进行的操作如下：

1）拉、合无故障的电压互感器和避雷器。

2）拉、合无接地故障的系统变压器的中性点。

3）拉、合电流小于 2A 的空载变压器和充电电流不超过 5A 的空载线路。但当电压在 20kV 以上时，应使用户外垂直分合式三联隔离开关。

2. 操作高压断路器

高压断路器具有灭弧能力，能切断负荷电流和故障电流，是进行倒闸操作的主要设备。高压断路器的正确动作可以保证系统的安全运行和操作的顺利进行。在使用高压断路器进行操作时，一般应注意以下几个问题：

（1）用高压断路器拉、合时，运行值班人员应从各方面检查判断高压断路器触头的实际位置与外部指示是否相符合。一般来说，其自身的机械指示位置比电气控制回路的"红、绿灯"指示更为可靠。当然，值班人员还应根据高压断路器所在回路的指示仪表（如电流、功率及电压表等）的指示及系统内的其他象征来帮助判断高压断路器触头的实际位置。

判断时，至少应有两个非同样原理或非同源的指示发生对应变化，且所有这些确定的指示均已同时发生对应变化，方可确认该设备已操作到位。

（2）电力系统运行方式改变时，应认真核对相关高压断路器安装处的开断容量是否满足要求，还要检查安装处的高压断路器重合闸容量是否符合要求。

（3）在高压断路器合闸前，还要检查该高压断路器是否超过允许故障开断次数。一般情况下，禁止将超过允许故障开断次数的高压断路器继续投入运行。

（4）检修后的高压断路器，在投运前应检查各项指标是否符合规定要求，禁止将不合格的高压断路器投入运行。

3. 意外事件的处理

在实际操作中有时也会遇到意想不到的问题，这就要求运行值班人员沉着冷静、谨慎处理，不要因疏忽而错拉不应停的设备。比如错拉隔离开关时触头刚刚分离便发现错拉，则要当机立断迅速合闸！前面讲过拉隔离开关开始时应缓慢而谨慎，所以在这时如果发现拉错还可以纠正，不过如果隔离开关已经拉开，则不允许将误拉的隔离开关再重新合上，

如果误合隔离开关时发生电弧，也要迅速合上不许再拉开，否则电弧不仅不会熄灭，反而会因电弧拉长而造成三相弧光短路。

当合隔离开关出现三相不同期时，监护人可做辅助操作，用合格的绝缘杆使触点就位。当遇到重大缺陷如触头接触不良或触头烧损油漆严重变色时，要报告调度等待命令后

方可进行送电操作。因为这样运行会使触头接触电阻增大，通过负荷电流时将烧坏触头引起停电。

操作中有时还会发现隔离开关把手上的锁生锈打不开，这时切不可鲁莽行事，应再次核对设备编号与操作票项目是否相符，复查高压断路器是否确已断开，闭锁装置是否起作用等。

四、电气设备的工作状态

变电站电气设备分为运行状态、热备用状态、冷备用状态和检修状态四种状态。

1. 设备的运行状态

设备的运行状态，是指设备的隔离开关及断路器都在合上位置，将电源至受电端的电路接通（包括辅助设备，如电压互感器、避雷器等），如图 4-8 所示。

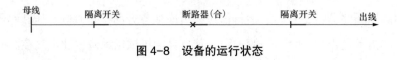

图 4-8　设备的运行状态

2. 设备的热备用状态

设备的热备用状态，是指设备只靠断路器断开而隔离开关仍在合上位置，如图 4-9 所示。

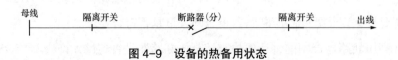

图 4-9　设备的热备用状态

3. 设备的冷备用状态

设备的冷备用状态，是指设备的断路器及隔离开关（如接线方式中有的话）都在断开位置，如图 4-10 所示。

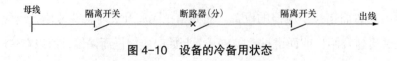

图 4-10　设备的冷备用状态

（1）开关冷备用时，接在断路器上的电压互感器及高、低压熔断器一律取下，高压隔离开关拉开（线路上的电压互感器、高压隔离开关和低压熔断器一律不取下）。

（2）线路冷备用时，接在线路上的电压互感器及高、低压熔断器一律取下，高压隔离开关拉开。

（3）母线冷备用时，接在该母线上的电压互感器及高、低压熔断器取下，高压隔离开关拉开。

（4）电压互感器和避雷器的冷备用当与隔离开关及低压断路器隔离后即处于冷备用状态，无高压隔离开关的电压互感器取下低压熔断器后，即处于冷备用状态。

4. 设备的检修状态

当电气间隔的所有断路器、隔离开关均断开，验电并装设接地线，悬挂指示牌，装好临时遮栏时，该设备即处于检修状态。

设备检修应根据工作性质分为断路器检修、线路检修和母线检修等。

（1）断路器检修是指该断路器与两侧隔离开关拉开后，若断路器与两侧隔离开关间有电压互感器，则该电压互感器的隔离开关应拉开，并将其高、低压熔断器和断路器操作回路熔断器一并取下，在断路器两侧挂上接地线（或合上接地开关）并做好安全措施。母差电流互感器回路应拆开并短路接地（二次回路应做相应调整），如图 4-11所示。

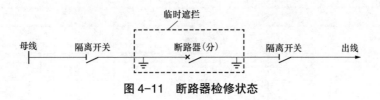

图 4-11　断路器检修状态

（2）线路检修是指线路的断路器、母线及线路侧隔离开关均拉开，若有线路电压互感器，应将其隔离开关拉开，高、低压熔断器取下，并在线路出线侧挂好接地线（或合上接地开关），如图 4-12 所示。主变压器检修亦可分为断路器检修和主变压器检修，其挂上接地线或合上接地开关的地点应分别在断路器两侧或变压器各侧。

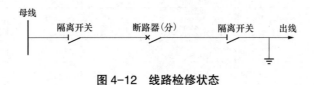

图 4-12　线路检修状态

（3）母线检修是指该母线从冷备用转为检修，即在冷备用母线上挂好接地线（或合上接地开关）。

"××母线从检修转为冷备用"是指拆除该母线接地线（或拉开接地隔离开关）。

"××母线从冷备用转为热备用"是指有任一路电源断路器处于热备用状态，一经合闸该母线即可带电，包括母线电压互感器转为运行状态。

五、倒闸操作的基本原则和要求

为了确保运行安全，防止误操作，电气设备运行人员必须严格执行倒闸操作票制度和监护制度。

按国家标准 GB 26860—2011《电力安全工作规程　发电厂和变电站电气部分》和 GB 26859—2011《电力安全工作规程　电力线路部分》规定：倒闸操作必须根据值班调度员或值班负责人命令，受令人复诵无误后执行。倒闸操作由操作人填写操作票（其格式如表 4-2 所示）。

表 4-2　倒闸操作票格式

配电倒闸操作票（式样）

单位＿＿＿＿＿＿　　　　　　　　　　　　　　　　　　编号＿＿＿＿＿＿

发令人：		受令人：	发令时间： 年　月　日　时　分	
操作开始时间：　　　年　月　日　时　分			操作结束时间： 年　月　日　时　分	
操作任务：				
备注：				
操作人：			监护人：	

1. 倒闸操作的一般要求

（1）单人值班时，操作票由发令人用电话向值班员传达，值班员应根据传达，填写操作票，复诵无误，并在"监护人"签名处填入发令人的姓名。

（2）操作票内应填入下列项目：应拉合的断路器和隔离开关，检查断路器和隔离开关的位置，检查接地线是否拆除，检查负荷分配，装拆接地线，安装或拆除控制回路或电压互感器回路的熔断器，切换保护回路以及检验是否确无电压等。

（3）操作票应填写设备的双重名称，即设备名称和编号。

（4）操作票应该用钢笔或圆珠笔填写，票面应清楚整洁，不得任意涂改。操作人和监护人应根据模拟图板或接线图核对所填写的操作项目，并分别签名，然后经值班负责人审核签名。特别重要和复杂的操作还应由值长审核签名。

（5）开始操作前，应先在模拟图板上进行核对性模拟预演，无误后，再实地进行设备操作。操作前应核对设备名称、编号和位置。操作中应认真执行监护复诵制；发布操作命令和复诵操作命令都应严肃认真，声音应洪亮清晰。必须按操作票填写的顺序逐项操作。每操作完一项，应检查无误后在操作票该项前画一"√"记号。全部操作完毕后进行复查。

（6）倒闸操作一般应由两人执行，其中对设备较为熟悉的一个人做监护。单人值班的变配电站，倒闸操作可由一人执行。特别重要和复杂的倒闸操作，由熟练的值班员操作，值班负责人或值长监护。

（7）操作中产生疑问时，应立即停止操作，并向值班调度员或值班负责人报告，弄清问题后，再进行操作。不准擅自更改操作票。

2. 倒闸操作的基本原则及顺序

为了保证倒闸操作的正确性，操作时必须按照一定的顺序进行。正确的操作顺序有一定的客观规律。如要将图 4-13 所示的断路器由运行状态转为检修状态，操作过程中必然要经历三个阶段：先是拉开断路器，即为设备由运行状态转为热备用状态阶段；然后拉开断路器两侧隔离开关，即为设备由热备用状态转为冷备用状态阶段；最后布置必要的安全措施，即设备由冷备用状态转为检修状态阶段。如任一顺序颠倒都可能导致操作事故。如图 4-13 所示，将断路器由运行状态转为冷备用状态，若先拉开隔离开关，后拉开断路器，那就违背了规定的顺序，由于这样操作的第一步没有使设备先经过热备用状态这个阶段，其结果必然导致带负荷拉隔离开关的误操作事故。

图 4-13　带负荷拉隔离开关的误操作

隔离开关操作时应先拉负荷（非母线）侧隔离开关，然后拉母线侧隔离开关。

实际上整个倒闸操作的技术原则是围绕着"不能带负荷拉隔离开关"及保证人身设备安全、缩小事故范围而制定的。

倒闸操作的技术原则：在实际工作中，由于操作任务种类繁多，因此需要对各种操作制订相应的操作顺序。

技术原则是根据不同设备的特点总结的各种技术要求和操作规定。当然，为了更好地完成操作任务，在不违背操作原则的前提下，安排操作顺序时还应考虑正确合理的操作途径。

（1）倒闸操作的基本原则：断路器和隔离开关是进行倒闸操作的主要电气设备。倒闸操作的基本原则是不可以带负荷拉合隔离开关。

（2）倒闸操作顺序。

1）送电操作顺序。在送电合闸时，应先从电源侧进行，依次到负荷侧。具体顺序如下：

a. 合电源侧隔离开关或刀开关。

b. 合负荷侧隔离开关或刀开关。

c. 合高压或低压断路器。

如图 4-14 所示，在检查断路器 QF 确在断开位置后，先合上母线（电源）侧隔离开关 QS1，再合上线路（负荷）侧隔离开关 QS2，最后合上断路器 QF。

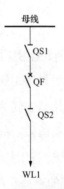

图 4-14　倒闸操作图示之一

这是因为在线路 WL1 合闸送电时，断路器 QF 有可能在合闸位置而未查出，若先合线路侧隔离开关 QS2，后合母线侧隔离开关 QS1，则造成带负荷合隔离开关，可能引起母线短路事故，影响其他设备的安全运行。如先合 QS1，后合 QS2。虽是同样带负荷合隔离开关，但由于线路断路器 QF 的继电保护动作，使其自动跳闸，隔离故障点，不致影响其他设备的安全运行。同时，线路侧隔离开关检修较简单，且只需停一条线路，而检修母线侧隔离开关时必须停用母线，影响面扩大。

对两侧均装有断路器的双绕组变压器，在送电时，当电源侧隔离开关和负荷侧隔离开关均合上后。应先合上电源侧断路器 QF1 或 QF3，后合负荷侧断路器 QF2 或 QF4，如图 4-15 所示。T1 及 T2 两台变压器中，变压器 T2 在运行，若将变压器 T1 投入并列运行，而 T1 负荷侧恰好存在短路点 k 未被发现，这时若先合负荷侧断路器 QF2 时，则变压器 T2 可能被跳闸，造成大面积停电事故；而若先合电源侧断路器 QF1，则因继电保护动作而自动跳闸，立即切除故障点，不会影响其他设备的安全运行。

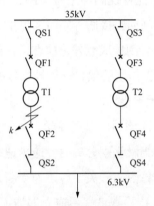

图 4-15　倒闸操作图示之二

2）停电操作顺序。在停电拉闸时，应先从负荷侧进行，依次到电源侧。具体顺序如下：

a. 拉高压或低压断路器。

b. 拉负荷侧隔离开关或刀开关。

c. 拉电源侧隔离开关或刀开关。

图 4-14 的供电线路进行停电操作时，应先断开断路器 QF，检查其确在断开位置后，先拉负荷侧隔离开关 QS2，后拉电源侧隔离开关 QS1，此时若断路器 QF 在合闸位置未检查出来，造成带负荷拉隔离开关，则使故障发生在线路上，因线路继电保护动作，使断路器自动跳闸，隔离故障点，不致影响其他设备的安全运行。若先拉开电源侧隔离开关，虽然同样是带负荷拉隔离开关，但故障发生在母线上，扩大了故障范围，影响其他设备运行，甚至影响全厂供电。

同样，对图 4-15 两侧装有断路器的变压器而言，在停电时，应先从负荷侧进行，先断开负荷侧断路器，切断负荷电流，后断开电源侧断路器，只切断变压器空载电流。

六、倒闸操作的技术要领

正确的倒闸操作流程是保证倒闸操作安全的前提，掌握倒闸操作技术是保证倒闸操作安全的条件，因此在倒闸操作过程中，应注意掌握以下技术要领：

（1）操作机械传动断路器（开关）或隔离开关（刀闸）时应戴绝缘手套，雨天室外高压操作，应使用有防雨罩的绝缘棒，并穿绝缘靴、戴绝缘手套。使用前应检查装备是否在合格期内，手套还应检查有无破损和漏气。

（2）雷雨天气不得进行室外操作。在雨天操作室外高压设备时，绝缘棒应有防雨罩。

（3）取、放低压熔断器时，应戴绝缘手套，以防发生触电事故。

（4）拉开断路器的操作应在控制室进行。当操作人将断路器把手沿逆时针方向旋转至预分位置时，操作人及监护人应注视控制屏上有关的测量表针，以核对操作前后的状态；当断路器把手再旋转 45° 后，跳闸回路接通，同时绿色指示灯亮，表示该断路器处在分闸状态。拉闸完毕后，为防止有人合闸造成意外，应在操作把手上悬挂"禁止合闸，有人工作！"的标示牌。同时还要根据操作票的项目，到被操作的断路器现场检查是否确已断开（户外式断路器可根据分合闸指示器指针的指向判定）。

（5）拉、合隔离开关是倒闸操作中较为关键的一项操作，拉、合时必须掌握操作要领。拉闸开始时应缓慢而谨慎。当触头刚分离时，应迅速拉出，特别是切断变压器的空载电流和架空线路的电容电流时，拉隔离开关更应迅速果断，以便迅速熄弧；拉开后的隔离开关要检查三相是否全部拉开，待检查良好后应立即加锁。操作前的检查工作更为重要，要严格按照操作票的项目，在拉、合隔离开关前检查该回路的断路器确在断开位置，以防发生带负荷拉、合隔离开关的误操作事故。操作中发现疑问时，应立即停止操作并向值班调度员或值班负责人报告，弄清问题后，再进行操作，不准擅自更改操作票，不准随意解除闭锁装置。特别说明：为了防止误操作，高压电气设备都应加装防误操作的闭锁装置，闭锁装置的解锁用具应妥善保管，按规定使用，不许乱用，所有投运的闭锁装置不经值班调度员或值班长同意不得退出或解锁。

（6）布置安全措施。布置安全措施包括装设临时接地线、悬挂标示牌及装设围栏。装设接地线时，要格外谨慎。为证明设备已经停电，装设前应先在指定的装设接地线位置处验电，以防走错间隔或装设位置错误而发生带电挂接地线的事故。

验电时必须戴绝缘手套，并使用电压等级相符的合格验电器，为确认验电器良好，应先在带电设备上进行试验，再分别在待检修设备两侧各相上验电，称为验电两步骤。对设备各相验电，可防止在某些意外情况下出现某一相带电而未被发现的意外事故。

当验明设备确无电压后，应立即在指定的位置装设接地线。装设接地线必须由两人进行。挂、拆装接地线必须戴安全帽，以防接地线与导体连接处夹具脱落伤人。接地线应采用多股软裸铜线，其截面不得小于 25mm²。接地线在每次装设前应经过详细检查，装接地线时先装接地端，后装导体端。接地时要选择固定专用的接地点，连接要固定、闭锁、可靠，保证接触良好，严禁用缠绕的方法进行接地和短路。连接导体端时需使用专用的线夹使之能固定在导体上，以保证良好的接触，并使用三相短路接地。

对可能来电的设备各侧装设接地线，能有效地防止突然来电，也可使设备断开部分的剩余电荷因接地而放尽。地线接好后要进行一次检查，并检验所装地线与周围带电部分之间的距离是否符合安全距离的规定。

对检修现场布置其他安全措施应按照工作票的要求进行。

在室外高压设备上工作，应在工作地点四周用标志醒目的绳子布置围栏，围栏上悬挂适当数量的"止步，高压危险！"标示牌。标示牌字面朝向围栏里面——朝向检修人员（双面印字的标示牌无须选择），这样可提醒检修人员。围栏以外是高压带电设备。

在邻近其他可能误登的架构上，应悬挂"禁止攀登，高压危险！"的标示牌。

在工作地点悬挂"在此工作！"的标示牌。隔离开关检修时"在此工作！"的标示牌应挂在该隔离开关操作把手上，此时被检修的隔离开关则不挂"禁止合闸，有人工作！"的标示牌，以便与邻近隔离开关有明显区别，防止在试验、拉合隔离开关时发生错拉其他隔离开关的误操作。

七、操作票的填写方法

操作票由操作人根据值班调度员下达的操作任务、值班负责人下达的命令或工作票的工作要求填写。填写前操作人应了解本站设备的运行方式和运行状态，对照模拟图安排操作项目，填写操作票应遵循 GB 26860—2011《电力安全工作规程　发电厂和变电站电气部分》和 GB 26859—2011《电力安全工作规程　电力线路部分》的要求，并符合以下规定：

（1）每张操作票只能填写一个操作任务，操作票中任务栏内应写双重名称，操作项目栏中只要填写设备编号即可，每个变电站不允许有相同的设备编号。

（2）操作票应统一编号，连号使用，不得丢失。操作票用钢笔或圆珠笔填写，字迹清楚。操作票中的设备双重编号、有关参数、操作动词不许涂改；其他如有个别错漏字需要改动时，应做到被改的字和改后的字都清楚。并要求在操作票上写明调度任务票号码，以备核对。

（3）操作票应由当班操作人填写，正值或值班负责人审核，但对接班 1h 内所进行的操作，操作票可由上一班值班人填写和审核。操作票的填写以调度命令和现场当时的运行方式为准，填写人与审核人应对操作票的正确性负责，需分别在操作票备注栏内签名并做好交接。接班人员在操作之前，应对操作票进行审核并分别签名，对所需进行的操作正确性负责。

（4）下列各项应填入操作票内：

1）应拉合的断路器和隔离开关。

2）检查断路器、隔离开关位置。

3）检查接地线是否拆除。

4）检查负荷分配。

5）装拆接地线。

6）放上或取下控制回路或电压互感器回路熔断器。

7）切换保护回路和检验是否确无电压等。

8）继电保护定值的更改等。

（5）操作票中投入或退出保护，要写明连接片号。

（6）下列各项工作可以不用操作票：

1）事故处理。

2）拉合断路器的单一操作。

3）拉开接地开关或拆除全站仅有的一组接地线。

上述操作应记入操作记录簿内。

八、倒闸操作的步骤与方法

1. 接受调度预发指令

（1）值班人员接受调度预发指令时，要记录齐全，清楚调度员所发任务的操作目的。然后根据记录逐项向调度员复诵，核对无误。

（2）值班人员接受工作任务票后，应认真审核工作票所列安全措施是否正确完备，是否符合现场条件，对工作票中所列内容要清楚明了。

2. 操作人填写操作票

（1）接令人根据调度员（或工作票）所发任务的要求，先核对模拟图和现场设备运行实际情况后，向操作人交代清楚，操作人要弄清目的；再核对模拟图及有关图纸资料。由操作人填写操作票。

（2）操作人填写的操作票应按顺序使用，操作票填写的操作顺序不可颠倒，字迹应清楚，如有写错应注明"作废"字样。

（3）操作人填好操作票后，先自己审票，再交监护人审票。

3. 正值（监护人）审票

（1）监护人根据调度所发的操作任务或工作票的任务对模拟图逐项审核。对上一班预开的操作票，即使不在本班操作也必须认真审核。

（2）审票时如发现错误，必要时可与有关调度员或工作票签发人联系核对。核对确认错误后，该票需注明"作废"，并写明作废原因，由操作人签名后留存再由操作人重新开票。

4. 调度员（或值班负责人）发布正式操作令

调度员（或值班负责人）发布操作任务和操作命令，正值（监护人）接令，并按填写好的操作票中的任务向发令调度员复诵，经双方确认无误后，在操作票上记录调度发出的发令时间和发令人。没有接到操作命令，不得进行操作。

5. 监护人和操作人相互考问和事故预想

监护人与操作人相互考问和事故预想的内容有：操作目的和要求、操作中可能发生哪些现象、应注意的安全事项等。

6. 模拟操作，核对操作的正确性

操作前，操作人、监护人应先在模拟图上按照操作票所列操作项目顺序唱票、预演；并逐项翻转模拟图，模拟时切记要注意操作中是否有带负荷拉隔离开关等情况，决不能流于形式。

7. 对工具的准备和核查

操作人准备必要的安全用具、工具、钥匙，并检查绝缘手套、绝缘靴、绝缘棒、验电器等应合格。监护人应进行核查。

8. 进入操作现场

操作人在前，监护人在后，到达操作现场后，站正核对设备名称、编号和设备的实际状态；检查正确后，操作人站在操作位置上，监护人核对操作人所站位置与设备名称、编号正确无误，必要的安全用具确已用上；监护人填写操作开始时间。

9. 监护人唱票，操作人操作

（1）监护人按照操作票上所列操作顺序高声唱票，每次只准唱一项。

（2）操作人手指操作设备，核对设备名称、编号和运行状态正确，逐项高声复诵，复诵完毕；监护人听、看到操作人复诵无误后，发出"对！执行"的命令，操作人便可进行操作。

（3）每操作一项后，均应在现场检查操作的正确性，然后由监护人勾票。操作人亦需看清勾票步骤和内容；勾票时不得勾出格或先勾后操作；监护人勾票后，并同操作人看下一项操作内容；最后一项操作完毕后，操作人、监护人应在现场复查操作票上全部操作项目完成的正确性。

10. 完成操作，全面检查和记录时间

完成操作后，操作人与监护人对设备全面检查，监护人记录操作结束时间，操作人放置好操作用具等。

11. 汇报调度（或值班负责人），盖"已执行"印章，填写记录

监护人向发令调度员（或值班负责人）汇报，并在操作票上加盖"已执行"印章，操作人填写好有关记录。

12. 总结

总结操作全过程的正确性，并做出相互评价以防止意外，在操作过程中不得进行与操作任务无关的工作。

【技能训练】

一、倒闸操作票填写实例及危险点分析

1. 线路停、送电操作危险点分析案例

某 110kV 变电站，10kV 侧单母线分段接线，中置式小车断路器柜，如图 4-16 所示。线路配备有过流 I、II 段保护，监控机操作断路器。

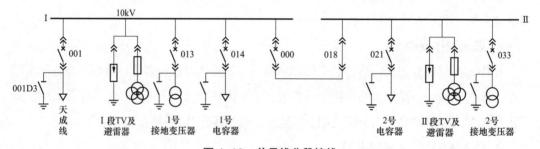

图 4-16　单母线分段接线

例 4-1　天成线停电线路及断路器转检修的操作危险点分析见表 4-3。

表 4-3　天成线停电线路及断路器转检修的操作危险点分析

操作步骤	危险点	防范措施
（1）拉开天成线 001 断路器 （2）检查天成线表计读数正确 （3）检查天成线 001 断路器确已拉开 （4）将天成线 001 小车断路器拉至试验位置 （5）检查天成线 001 小车断路器确已拉至试验位置 （6）取下天成线 001 小车断路器二次插头 （7）将天成线 001 小车断路器拉至检修位置 （8）检查天成线 001 小车断路器确已拉至检修位置	误拉断路器	认真核对设备名称及编号，严格执行监护唱票复诵制度，检查到位

续表

操作步骤	危险点	防范措施
（9）检查天成线 001 间隔线路侧带电显示灯灭 （10）合上天成线 001D3 接地开关 （11）检查天成线 001D3 接地开关确已合好 （12）拉开天成线 001 断路器的操作和信号二次开关	误合带电线路接地开关	应认真核对设备名称和编号及带电显示装置，禁止不经有关人员批准，随意解除闭锁

例 4-2　天成线及断路器由检修转运行线路送电操作的危险点分析见表 4-4。

表 4-4　天成线及断路器由检修转运行线路送电操作的危险点分析

操作步骤	危险点	防范措施
（1）合上天成线 001 断路器的操作和信号二次开关 （2）检查天成线 001 断路器保护投入正确 （3）拉开天成线 001D3 接地开关 （4）检查天成线 001D3 接地开关确已拉开	带接地开关送电	认清设备位置，防止走错间隔，检查送电范围内的接地开关已全部拉开
（5）检查天成线 001 断路器确在拉开位置 （6）将天成线 001 小车断路器推至试验位置 （7）检查天成线 001 小车断路器确已推至试验位置 （8）压上天成线 001 小车断路器二次插头 （9）将天成线 001 小车断路器推至运行位置 （10）检查天成线 001 小车断路器确已推至运行位置 （11）合上天成线 001 断路器 （12）检查天成线表计指示正确 （13）检查天成线 001 断路器确已合好	误合断路器	认真核对设备名称及编号，严格执行监护唱票复诵制度，检查到位

2. 变压器一般操作案例

某 110kV 变电站主接线如图 4-17 所示。正常运行时运行方式为：黄桥线与东桥线并列运行，两台主变压器中性点接地开关在断开位置，2 号主变压器带 10kV Ⅰ、Ⅱ 段母线运行，1 号主变压器充电备用，10kV 侧断路器 015 热备用，装设备用电源自动投入装置。

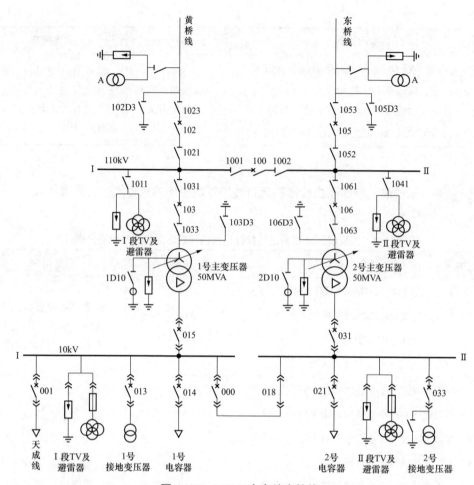

图 4-17　110kV 变电站主接线

例 4-3　1 号主变压器由充电备用转为检修的操作步骤见表 4-5。

表 4-5　1 号主变压器由充电备用转为检修

操作目的	操作步骤	操作注意事项
主变压器停电前合中性点接地开关	（1）检查 1 号主变压器 10kV 侧 015 断路器确在拉开位置 （2）合上 1 号主变压器 110kV 侧中性点 1D10 接地开关 （3）检查 1 号主变压器 110kV 侧中性点 1D10 接地开关已合好	防止操作过电压
主变压器充电备用转热备用	（4）将 10kV 备投切换把手由投入切至停用 （5）拉开 1 号主变压器 110kV 侧 103 断路器 （6）检查表计指示正确 （7）检查 1 号主变压器 110kV 侧 103 断路器确已拉开	正确选择断路器位置

续表

操作目的	操作步骤	操作注意事项
热备用转冷备用	（8）检查 1 号主变压器 10kV 侧 015 断路器确在拉开位置 （9）将 1 号主变压器 10kV 侧 015 小车断路器拉至试验位置 （10）检查 1 号主变压器 10kV 侧 015 小车断路器确已拉至试验位置 （11）取下 1 号主变压器 10kV 侧 015 小车断路器二次插件 （12）检查 1 号主变压器 110kV 侧 103 断路器确在拉开位置 （13）拉开 1 号主变压器 110kV 侧 1033 隔离开关 （14）检查 1 号主变压器 110kV 侧 1033 隔离开关确已拉开 （15）检查 1 号主变压器 110kV 侧 1033 隔离开关确已拉开 （16）检查 1 号主变压器 110kV 侧 1031 隔离开关确已拉开	检查确认断路器及隔离开关位置
停用保护连接片	（17）停用 1 号主变压器低后备保护跳 10kV Ⅰ、Ⅱ 母线分段 000 断路器连接片	防止误跳其他设备
冷备用转检修	（18）将 1 号主变压器 10kV 侧 015 手车式断路器拉至检修位置 （19）取下 1 号主变压器 10kV 侧 015 断路器储能熔断器 （20）在 1 号主变压器 110kV 侧 1033 隔离开关与变压器间验明确无电压 （21）合上 1 号主变压器 110kV 侧 103D3 接地开关 （22）检查 1 号主变压器 110kV 侧 103D3 接地开关确已合好 （23）拉开 1 号主变压器 110kV 侧 103 断路器打压电源隔离开关 （24）在 1 号主变压器 10kV 侧与 015 小车断路器柜间验明确无电压 （25）在 1 号主变压器 10kV 侧与 015 小车断路器柜间装设 X 号接地线 （26）拉开 1 号主变压器 110kV 侧 103 断路器控制电源开关 （27）拉开 1 号主变压器 10kV 侧 015 断路器控制电源开关 （28）拉开 1 号主变压器有载调压电源开关 （29）拉开 1 号主变压器风冷电源开关	正确验电和做安全措施

二、验电、挂接地线操作

1. 训练目的

（1）掌握常用安全用具的检查方法。

（2）学会正确使用高压验电器进行验电并对设备封挂接地线。

2. 训练内容

（1）准备工作。

1）穿戴好劳保服装。

2）检查绝缘手套有效期、外观和气密性。

3）检查绝缘靴有效期、外观和磨损程度。

4）选择符合该系统电压等级的验电器，检查有效期、外观并做试验。

5）检查接地线。

（2）验电。使用高压验电器时，应二人进行，一人监护、一人操作，操作人必须戴符合耐压等级的绝缘手套，必须握在绝缘棒护环以下的握手部分，绝不能超过护环。

验电前应先在有电设备上验电，确认验电器有效后方可使用。

验电时，操作人的身体各部位应与带电体保持足够的安全距离。当验电器的金属接触电极逐渐靠近被测设备，一旦验电器发出声光信号，即说明该设备有电。此时应立即将金属接触电极离开被测设备，以保证验电器的使用寿命。

在停电设备上验电时，必须在设备进出线两侧（如断路器的两侧、变压器的高低压侧等），以及需要短路接地的部位，各相分别验电，以防可能出现一侧或其中一相带电而未被发现。

（3）挂地线。当验明设备无电后，应立即三相短路并接地。操作时，先接接地端，接触必须牢固，然后在检修设备所规定的位置接地。在设备上接地时，应先接靠近人体那相，然后再接其他两相，接地线不要触及人身。拆除接地线时顺序相反。所挂接地线应与带电设备保持安全距离。

【任务实施及考核】

项目名称	变配电站的倒闸操作		
任务内容	10kV 变电站送电倒闸操作	学时	2
计划方式	实操		
任务目的	1. 能正确填写停电倒闸操作票。 2. 能正确进行倒闸操作。 3. 在全部操作中能严格执行操作五制（即操作票制，核对命令制，图板演习制，监护、唱票复诵制和检查汇报制）。 4. 操作中能正确使用安全用具		
任务准备	变压器、验电器、长把地线一组、绝缘手套、绝缘靴、安全帽、工作服、扳手、"禁止合闸、有人工作"标示牌		
实施步骤	实施内容		
1	接受停电倒闸操作命令	（1）我是×××站、主值×××（或主值班员主动去电话）	
		（2）边听边记	
		（3）照记录复诵	

项目名称		变配电站的倒闸操作
2	填写倒闸操作票	（1）主值根据操作任务向操作人下达填写操作票的命令（要求双方站起）交代安全注意事项
		（2）操作人复诵
		（3）操作人填写操作票
3	审查与核对操作票	（1）操作人自查
		（2）主值审查（监护人），复杂操作由站长、技术员审查
		（3）模拟预演： 1）监护人唱票。 2）操作人手指模拟图复诵。 3）监护人检查无误发令"对""执行"（指隔离开关、地线接地开关），模拟图不能演示的操作步骤，也应按操作顺序进行，监护人下令，操作人复诵。 4）操作人模拟图指示位置
		（4）模拟预演全面正确后，由监护人在最后一项操作项目下盖"以下空白章"
		（5）操作人签名
		（6）监护人签名
4	操作执行命令的接受	（1）（向调度汇报）我是 ××× 站主值 ×××，××× 操作票已准备好
		（2）边听边记，记入运行记录簿（地调 ×××、× 时 × 分下达操作命令——执行命令）
		（3）照记录复诵名利
		（4）将发令时间填入操作票"命令时间"栏内（即操作开始时间）
		（5）将发令人姓名填写在"发令人处"
5	倒闸操作	（1）检查进线开关均在断开位置、接地开关位于分状态后，依次合上进线断路器 QF
		（2）合上 TV 柜的断路器 QF，查看接于 10kV 进线柜上的母线电压表是否正常
		（3）合上所有 10kV 母线高压出线柜的断路器，对模拟变压器送电
		（4）合上 0.4kV 低压进线柜万能断路器、电容柜上的刀开关、合抽屉柜的旋转开关
		（5）查看接于各柜上电压表显示是否正常
		（6）启动有功、无功负载，送电成功

续表

项目名称	变配电站的倒闸操作	
6	汇报盖章记录	（1）我是×××站主值×××，×××操作已结束，×时×分开始操作，×时×分操作结束，汇报完毕
		（2）主值（监护人）在操作票上填写"汇报时间"
		（3）主值（监护人）在操作票左上角盖"已执行"章
		（4）主值（监护人）在运行记录簿上做好记录
考核内容	1. 填写倒闸操作票	
	2. 制作 PPT 进行演示	
	3. 写出实训报告	

【思考与练习】

1. 什么称为主接线？对主接线有哪些基本要求？

2. 工厂供配电系统中常用的主接线基本形式有哪几种？

3. 单母线分段接线有何特点？

4. 内桥式接线和外桥式接线各适用于哪些电压等级及场合？

5. 什么是电气设备倒闸操作？

6. 电力系统倒闸操作的主要工作内容有哪些？

7. 倒闸操作应遵守什么顺序？

8. 倒闸操作的技术原则是什么？

9. 在采用高压隔离开关—断路器的电路中，送电时应如何操作？停电时又应如何操作？

10. 断路器停电操作后应检查哪些项目？

11. 在操作过程中发生带负荷拉、合隔离开关怎么办？

12. 操作票一般由何人填写？为什么？

13. 何为设备双重名称？在操作票中如何填写？

14. 为什么一张操作票只能填写一个操作任务？

15. 哪些项目应填入操作票内？

16. 在倒闸操作中对监护人有何要求？

项目 5　供配电线路的敷设与选择

【项目描述】

本项目主要讲述中小型工厂内部电力线路的接线方式及其结构和敷设，使学生初步掌握中小型工厂供电系统运行、维护、简单设计所必需的基本理论和专业知识，为今后从事工厂电工技术工作奠定基础。本项目实践性较强，学习过程中应注重理论联系实际，重点培养学生的实际应用能力。

【知识目标】

1. 掌握高、低压电力线路的接线方式。
2. 导线和电缆选择的基本原则及方法。
3. 掌握供配电导线和电缆的选择方法。
4. 电力线路的结构和敷设方法。
5. 掌握车间低压放射式网络的接线方式。

【能力目标】

1. 能通过查阅供电线路的相关敷设资料完成工厂配电线路的敷设信息的搜集任务。
2. 能与工程施工人员配合对工厂内电缆线路进行敷设工作。
3. 能根据工厂负荷选择导线和电缆的基本参数。
4. 能与工程施工人员配合对工厂内电缆线路进行巡视和检修工作。
5. 能够识别工厂供电系统接线的不同形式，确定应用的场合。
6. 掌握导线选择及敷设要求。

任务 5.1　供配电线路接线方式的选择

【任务描述】

工厂电力线路按电压高低分为高压配电网络和低压配电网络。高压配电网络的作用是从总降压变电站向各车间变电站或高压用电设备供配电，低压配电网的作用是从车间变电站向各用电设备供配电，直观地表示了变配电站的结构特点、运行性能、使用电气设备的多少及前后安排等，对变配电站安全运行、电气设备选择、配电装置布置和电能质量都起着决定性的作用。本次任务主要学习高低压线路的各种接线方案，掌握其接线特点及应用。

【相关知识】

一、工厂电力线路的分类

（1）按电压高低分：高压线路，通常指 1 ~ 110kV 的电力线路；低压线路，指 1kV 及以下的电力线路。

（2）按结构形式分：架空线路、电缆线路。

（3）按接线方式分：有放射式、树干式及环式三种类型。工厂电力线路是工厂供配电系统的重要组成部分，担负着输送和分配电能的重要任务。

选择工厂电力线路接线方式考虑的因素包括：①供配电系统的安全可靠；②供配电系统的操作方便、灵活；③供配电系统的经济运行；④有利于发展；⑤电源的数量、位置；⑥供配电对象的负荷性质和大小；⑦供配电对象的建筑布局。

二、高压配电线路的接线方式

工厂高压配电线路的作用是在工厂内部从总降压变电站以 6 ~ 10kV 电压向各车间变电站或高压设备配电，常用的接线方式有放射式、树干式及环式。

1. 放射式

高压放射式接线是指由工厂变配电站高压母线上引出的线路，直接向一个车间变电站或高压用电设备供电，沿线不分接其他负荷。单回路放射式接线如图 5-1（a）所示。该线路特点：接线方式简洁，操作维护方便，保护简单，便于实现自动化。但高压开关设备用得多，投资高，线路故障检修时，由该线路供电的负荷要停电。

为提高可靠性，根据具体情况可增加备用线路，如图 5-1（b）所示为双回路放射式接线，当其中一条回路发生故障或检修时，可由另一条回路给全部负荷继续供电，提高了供电的可靠性。图 5-1（c）所示为具有公共备用干线的放射式接线，图 5-1（d）所示为具有低压联络线路的放射式接线，它们都可以增加供电的可靠性。

2. 树干式

高压树干式接线是指在由工厂变配电站高压母线上引出的每路高压配电干线上，沿线分接了几个车间变电站或负荷点的接线方式。单回路树干式接线如图 5-2（a）所示，这种接线从变配电站引出的线路少，高压开关设备相应用得少，可以节约配电干线的有色金

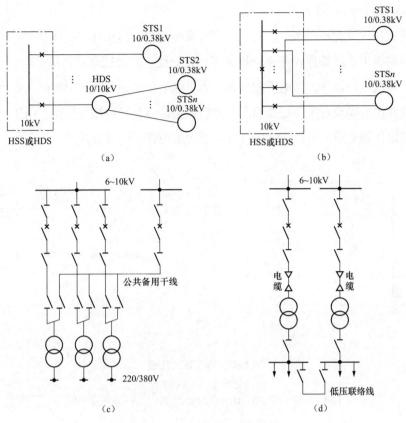

图 5-1　高压放射式接线

（a）单回路放射式；（b）双回路放射式；（c）具有公共备用干线的放射式；（d）具有低压联络线路的放射式
HSS—总降压变电站；HDS—高压配电站；STS—车间变电站

属，但供电可靠性差，干线故障或检修将引起干线上的全部用户停电。所以一般干线上连接的变压器不得超过 5 台，总容量不应大于 3100kVA。为提高供电可靠性，同样可采用增加备用线路的方法。如图 5-2（b）所示为采用总降压变电站或高压配电站单母线分段式双干线输出供电的双回路树干式接线，若 I 段母线段的干线发生故障，还可采用 II 段供电，以提高供电可靠性。

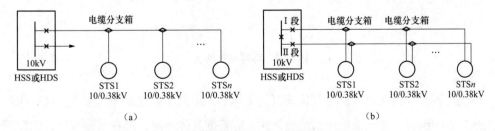

图 5-2　高压树干式接线

（a）单回路树干式；（b）双回路树干式
HSS—总降压变电站；HDS—高压配电站；STS—车间变电站

3. 环式

高压环式接线又称环网接线，对工厂供电系统而言，高压环式接线其实是树干式接线的改进，两路树干式线路连接起来就构成了环式接线，有普通环式和拉手环式，如图 5-3 所示。这种接线运行灵活，供电可靠性高。当干线上任何地方发生故障时，只要找出故障段，拉开其两侧的隔离开关，把故障段切除后，全部线路可以恢复供电。由于闭环运行时继电保护整定比较复杂，所以正常运行时一般均采用开环运行方式。

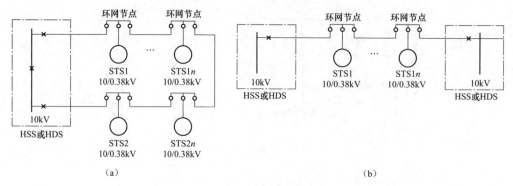

图 5-3　高压环式接线

（a）普通环式；（b）拉手环式

HSS—总降压变电站；HDS—高压配电站；STS—车间变电站

环网线路的分支通常采用由负荷开关或电缆插头组成的专用环网配电设备。为避免环式线路故障时影响整个电网和简化继电保护，环式接线一般采用开环运行。环式接线供电可靠性较高，目前在城市配电网中的应用越来越广。图 5-4 所示为环网柜主接线。

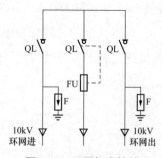

图 5-4　环网柜主接线

以上三种基本接线方式都有其优缺点。实际上工厂高压配电系统的接线方式往往是几种接线方式的组合，究竟采用什么接线方式，应根据具体情况，经技术经济综合比较后才能确定。一般情况下，高压配电系统优先采用放射式接线，对于可靠性要求不高的辅助生产区和生活区住宅，可以考虑采用树干式或环式接线。

三、低压配电线路的接线方式

工厂低压配电线路的作用是从车间变电站以 220/380V 的电压向车间各用电设备或负荷配电。工厂低压配电线路有放射式、树干式、环式和链式等接线方式。

1. 放射式

低压放射式接线有单回路放射式和双回路放射式两种，如图 5-5 所示。由变配电站低压配电屏供电给主配电箱，再呈放射式分配至分配电箱。由于每个配电箱由单独的线路供电，这种接线方式供电可靠性较高，所用开关设备及配电线路也较多。因此多用于用电设备容量大、负荷性质重要、车间内负荷排列不整齐及车间内有爆炸危险的厂房等情况。

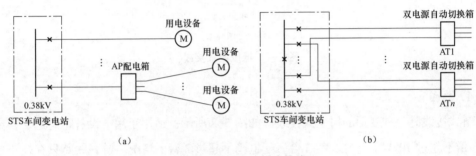

图 5-5　低压放射式接线

（a）单回路放射式；（b）双回路放射式

2. 树干式

低压树干式接线主要供电给用电容量较小且分布均匀的用电设备。这种接线方式在机械加工车间、工具车间和机修车间应用比较普遍，而且多采用成套的封闭母线，灵活方便，也比较安全。

这种接线方式引出的配电干线较少，采用的开关设备自然较少，但干线出现故障就会使所连接的用电设备均受到影响，供电可靠性较差。图 5-6（a）所示为单回路树干式接线，图 5-6（b）所示为双回路树干式接线。

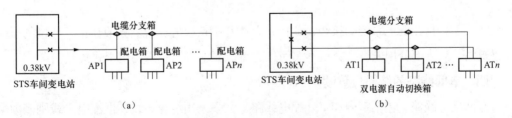

图 5-6　低压树干式接线

（a）单回路树干式；（b）双回路树干式

3. 环式

工厂内各车间变电站的低压侧可以通过低压联络线连接起来，构成一个环，如图 5-7 所示。这种接线方式供电可靠性高，一般线路故障或检修只是引起短时停电或不停电，经切换操作后就可恢复供电。环式接线保护装置整定配合比较复杂，所以低压环形供电多采用开环运行。

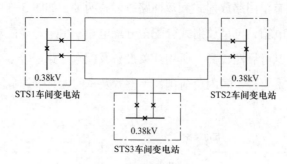

图 5-7 低压环式接线

4. 链式

链式接线是一种变形的树干式接线，如图 5-8 所示，适用于用电设备距离近、容量小（总容量不超过 10kW）、台数 3~5 台、配电箱不超过 3 台的情况。链式线路只在线路首端设置一组总的保护，可靠性低。

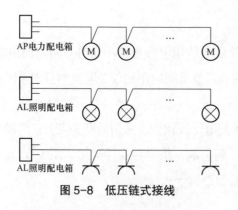

图 5-8 低压链式接线

实际工厂低压配电系统的接线，往往是上述几种接线的综合。一般在正常环境的车间或建筑内，当大部分用电设备容量不大而且无特殊要求时，宜采用树干式接线。

四、车间线路的结构与敷设

车间配电线路，包括室内和室外配电线路，大多采用绝缘导线，但配电干线则多数采用电缆，少数也采用裸导线（母线）。

1. 车间内电力线路的结构、敷设

（1）绝缘导线。绝缘导线按芯线材质分，有铜芯和铝芯两种。重要线路及振动场所或对铝线有腐蚀的场所，均应采用铜芯绝缘导线，其他场所可选用铝芯绝缘导线。

绝缘导线按绝缘材料分，有橡皮绝缘导线和塑料绝缘导线两种。塑料绝缘导线的绝缘性能好，耐油和抗酸碱腐蚀，价格较低，且可节约大量橡胶和棉纱，因此在室内明敷和穿管敷设中应优先选用塑料绝缘导线。但是塑料绝缘材料在低温时会变硬变脆，高温时又易软化、老化，因此室外敷设宜优先选用橡皮绝缘导线。

绝缘导线全型号含义：

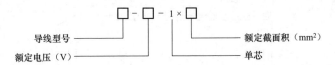

1）橡皮绝缘导线型号含义：BX（BLX）—铜（铝）芯橡皮绝缘棉纱或其他纤维编织导线；BXR—铜芯橡皮绝缘棉纱或其他纤维编织软导线；BXS—铜芯橡皮绝缘双股软导线。

2）聚氯乙烯绝缘导线型号含义：BV（BLV）—铜（铝）芯聚氯乙烯绝缘导线；BVV（BLVV）—铜（铝）芯聚氯乙烯绝缘聚氯乙烯护套圆型导线；BVVB（BLVVB）—铜（铝）芯聚氯乙烯绝缘聚氯乙烯护套平型导线；BVR—铜芯聚氯乙烯绝缘软导线。

（2）裸母线。室内常用的裸母线为 TMY 型硬铜母线和 LMY 型硬铝母线。在干燥、无腐蚀性气体的高大厂房内，当工作电流较大时，可采用 TMY 型硬铜母线和 LMY 型硬铝母线做载流干线。现代化的生产车间，大多采用封闭式母线（亦称母线槽）布线。

为了识别裸导线相序，以利于运行维护和检修，GB/T 6995.2—2008《电线电缆识别标志方法 第 2 部分：标准颜色》规定交流三相系统中的裸导线应按表 5-1 所示涂色。裸导线涂色不仅用来辨别相序及其用途，而且能防蚀和改善散热条件。

表 5-1 交流三相系统中裸导线的涂色

裸导线类别	A 相	B 相	C 相	N 线和 PEN 线	PE 线
涂漆颜色	黄	绿	红	淡黄	黄绿双色

（3）车间电力线路敷设的安全要求。

1）离地面 3.5m 以下的电力线路应采用绝缘导线，离地面 3.5m 以上允许采用裸导线。

2）离地面 2m 以下的导线必须加机械保护，如穿钢管或穿硬塑料管保护。

3）为了确保安全用电，车间内部的电气管线和配电装置与其他管线设备间的最小距离应符合要求。

4）车间照明线路每一单相回路的电流不应超过 15A。除花灯和壁灯等线路外，一个回路灯头和插座总数不超过 25 个。当照明灯具的负载超过 30A 时，应用 380/220V 的三相四线制供电。

5）对于工作照明回路，在一般环境的厂房内穿管配线时，一根管内导线的总根数不得超过 6 根，而有爆炸、火灾危险的厂房内不得超过 4 根。

（4）车间电力线路常用的敷设方式。车间电力线路常见的几种敷设方式如图 5-9 所示。

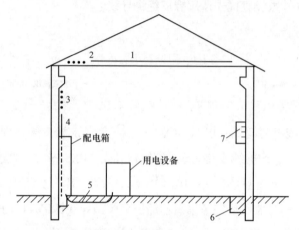

图 5-9　车间电力线路敷设方式示意图

1—沿屋架横向明敷；2—跨屋架纵向明敷；3—沿墙或沿柱明敷；4—穿管明敷；
5—地下穿管暗敷；6—地沟内敷设；7—插接式母线

2. 车间电力线路的运行

（1）一般要求。要全面了解线路的布线情况、导线型号规格及配电箱和开关、保护装置的位置等，并了解车间负荷的要求、大小及车间变电站的有关情况。对车间配电线路，一般要求每周进行一次巡视检查。

（2）巡视项目。

1）检查导线的发热情况。例如裸母线在正常运行时的最高允许温度一般为 70℃。如果温度过高将使母线接头处的氧化加剧，使接触电阻增大，可能导致接触不良甚至断线。通常在母线接头处涂以变色漆或示温蜡，以检查其发热情况。

2）检查线路的负荷情况。运行维护人员要经常监视线路的负荷，除从配电屏上的电流表指示了解负荷外，还可利用钳形电流表来测量线路的负荷电流。线路的负荷电流不得超过导线（或电缆）的允许载流量，否则导线要过热，对绝缘导线，过热可引发火灾。

3）检查配电箱、分线盒、开关、熔断器、母线槽及接地保护装置等的运行情况，着重检查其接线有无松脱、螺栓是否固定、绝缘子有无放电等现象。

4）检查线路上及线路周围有无影响线路安全的异常情况。绝对禁止在带电的绝缘导线上悬挂物体，禁止在线路近旁堆放易燃易爆及强腐蚀性的危险品。

5）对敷设在潮湿、有腐蚀性物质场所的线路，要做定期的绝缘检查，绝缘电阻一般不得小于 0.5MΩ。

五、车间动力电气平面布线图

车间动力电气平面布线图是用规定的图形符号和文字符号，按照车间动力电气设备的安装位置及电气线路的敷设方式、部位和路径绘制的一种电气平面布置和布线的简图。

在平面图中，导线和设备通常采用文字和图形符号表示，导线和设备间的垂直距离和空间位置一般标注安装标高。表 5-2 为部分电力设备的文字符号。表 5-3 为部分电力设备的标注方法。表 5-4 为部分安装方式的标注代号。

表 5-2　部分电力设备的文字符号（据 00DXO01 标准图集）

设备名称	文字符号	设备名称	文字符号
交流（低压）配电屏	AA	柴油发电机	GD
控制箱（柜）	AC	电流表	PA
并联电容器屏	ACC	有功电能表	PJ
直流配电屏、直流电源柜	AD	无功电能表	PJR
高压开关柜	AH	电压表	PV
照明配电箱	AL	电力变压器	T, TM
动力配电箱	AP	空气调节器	EV
电能表箱	AW	插头	XP
插座箱	AX	插座	XS
蓄电池	GB	端子板	XT

表 5-3　部分电力设备的标注方法

设备名称	标注方法	说明
用电设备	$\dfrac{a}{b}$	a—设备编号； b—设备功率（kW）
配电设备	一般： $a\dfrac{b}{c}$ $a-b-c$ 标注引入线时： $a\dfrac{b-c}{d(e\times f)-g}$	a—设备编号； b—设备型号； c—设备功率（kW）： d—导线型号； e—导线根数； f—导线截面（mm²）； g—导线敷设方式

续表

设备名称	标注方法	说明
开关及熔断器	一般： $a\dfrac{b}{c/i}$ $a-b-c/i$ 标注引入线时： $a\dfrac{b-c/i}{d(e\times f)-g}$	a—设备编号； b—设备型号； c—额定电流（A）； i—整定电流（A）； d—导线型号； e—导线根数； f—导线截面（mm²）； g—导线敷设方式

表 5-4　线路敷设方式及导线敷设部位的标注代号

序号	名称	代号	序号	名称	代号
1	线路敷设方式的标注		2	导线敷设部位的标注	
1.1	穿焊接钢管敷设	SC	2.1	沿或跨梁（屋架）敷设	AB
1.2	穿电线管敷设	MT	2.2	暗敷在梁内	BC
1.3	穿硬塑料管敷设	PC	2.3	沿或跨柱敷设	AC
1.4	穿阻燃半硬聚氯乙烯管敷设	FPC	2.4	暗敷在柱内	CLC
1.5	电缆桥架敷设	CT	2.5	沿墙面敷设	WS
1.6	金属线槽敷设	MR	2.6	暗敷在墙内	WC
1.7	塑料线槽敷设	PR	2.7	沿天棚或顶板面敷设	CE
1.8	钢索敷设	M	2.8	暗敷在屋面或顶板内	CC
1.9	穿聚氯乙烯塑料波纹电线管敷设	KPC	2.9	吊顶内敷设	SCE
1.10	穿金属软管敷设	CP	2.10	地板或地面下	F
1.11	直接埋设	DB			
1.12	电缆沟敷设	TC			
1.13	混凝土排管敷设	CE			

　　图 5-10 是某机械加工车间（一角）的动力电气平面布线图。可看出 5 号动力配电箱对 6 号照明配电箱和 35～42 号机床进行配电。5 号动力箱型号为 XL-21，其引入的电源线型号为 BLV-500-（3×25+1×16）SC40-F，即用的铝芯塑料绝缘导线，额定电压为 500V，三相四线制导线截面为（3×25+1×16）mm²，穿管径 40mm 的钢管沿地板暗敷。

由于各配电支线的型号规格和敷设方式都相同，因此统一在图上加注说明。

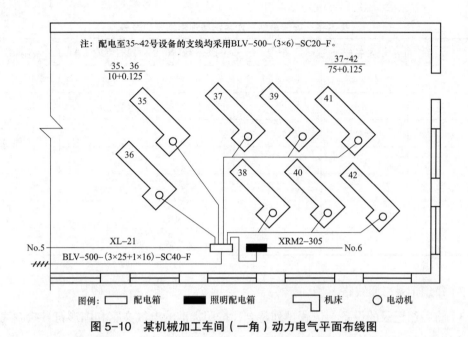

图 5-10　某机械加工车间（一角）动力电气平面布线图

【任务实施及考核】

1. 实施地点

学校内变配电站及线路、多媒体教室。

2. 实施所需器材

（1）多媒体设备。

（2）变电站设备及线路。

3. 实施内容与步骤

（1）学生分组。4 人左右一组，指定组长。工作始终各组人员尽量固定。

（2）教师讲解（利用多媒体）。结合学校一次主接线电路图讲解学校供配电情况，叙述高压、低压配电线路分别属于哪种接线方式。

（3）教师通过图纸、实物或多媒体展示让学生了解变配电站一次主接线的构成、布置、线路布局举例，或指导学生自学。

（4）布置工作任务。学生阅读工作任务书，了解工作内容，明确工作目标，制定实施方案，按照线路走向：进线—配电站—控制—计量—出线等。

（5）实际观察一次主接线的设备并列表记录。

1）分组绘制该变电站的一次主接线图设备，观察（按照电源侧到负载侧的先后顺序）

结果记录在表 5-5 中。

表 5-5　变配电站一次主接线观察结果记录表

序号	设备名称	型号	额定容量(VA)	额定电流（A）	作用

2）每组记录一回线路。

3）将各组记录的设备与位置排列整合，按照标准的电气文字和图形符号绘制完整的一次主接线图。

任务 5.2　电力电缆线路的结构与敷设

【任务描述】

电缆线路具有运行可靠，不易受外界影响，不碍观瞻等优点，在现代化工厂和城市中得到广泛应用。本任务主要是了解电缆线路的结构，掌握电缆线路的敷设方法，学会对一般故障点的查找，本任务的核心是电缆线路的敷设与维护，是电工必备的基本技能之一。

【相关知识】

一、电力电缆的基本结构

电力电缆规格和种类众多，中低压电缆和高压电缆的结构及样式不同，但基本结构均由导电线芯、绝缘层、屏蔽层和保护层等主要部分组成，如图 5-11 所示。

1. 线芯

线芯是电缆的导电部分，用来输送电能，是电缆的主要部分。目前电力电缆的线芯都采用铜和铝，铜比铝导电性能好、机械性能高，但铜比铝价高。电缆的截面采用规范化的方式进行定型生产，我国目前的规格是：

10 ~ 35kV 电缆的导电部分截面为 16、25、35、50、70、95、120、150、185、240、

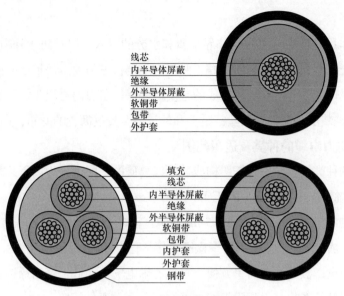

图 5-11　电力电缆结构图

300、400、500、630、800mm² 15 种规格，目前 16~400mm² 之间的 12 种是常用的规格。110kV 及以上电缆的截面规格为 100、240、400、600、700、845、920mm² 7 种规格，现已有 1000mm² 及以上规格。线芯按数目可分为单芯、双芯、三芯、四芯和五芯。按截面形状又可分为圆形、半圆形和扇形。根据电缆不同品种与规格，线芯可以制成实体，也可以制成绞合线芯，绞合线芯由圆单线和成型单线绞合而成。

2. 绝缘层

绝缘层是将线芯与大地以及不同相的线芯间在电气上彼此隔离，保证电能输送，是电缆结构中不可缺少的组成部分。绝缘层材料要求选用耐压强度高、介质损耗低、耐电晕性能好、化学性能稳定、耐低温、耐热性能好、机械加工性能好、使用寿命长、价格便宜的材料。材料主要有橡胶、聚乙烯、聚氯乙烯、交联聚乙烯、聚丁烯、棉、麻、丝、绸、纸、矿物油、植物油、气体等。

3. 屏蔽层

6kV 及以上的电缆一般都有导体屏蔽层和绝缘屏蔽层。导体屏蔽层的作用是消除导体表面的不光滑（多股导线绞合产生的尖端）所引起导体表面电场强度的增加，使绝缘层和电缆导体有较好的接触。同样，为了使绝缘层和金属护套有较好接触，一般在绝缘层外表面均包有外屏蔽层。油纸，电缆的导体屏蔽材料一般用金属化纸带或半导电纸带。绝缘屏蔽层一般采用半导电纸带。塑料、橡皮绝缘电缆的导体或绝缘屏蔽材料分别为半导电塑料和半导电橡皮。对于无金属护套的塑料、橡胶电缆，在绝缘屏蔽外还包有屏蔽铜带或铜丝。

4. 保护层

保护层的作用是保护电缆免受外界杂质和水分的侵入，以及防止外力直接损坏电缆。保护层材料的密封性和防腐性必须良好，并且有一定机械强度。保护层分内保护层和外保护层。内保护层是由铝、铅或塑料制成的包皮，外保护层由内衬层（浸过沥青的麻布、麻绳，即麻衬）、铠装层（钢带、钢丝铠甲）和外被层（浸过沥青的麻布，即麻被）组成。

二、常用电力电缆的种类及适用范围

电力电缆的种类繁多，一般按照构成其绝缘物质的不同可分为以下几类：

1. 聚氯乙烯绝缘电力电缆（PVC）

聚氯乙烯绝缘电力电缆结构如图 5-12 所示。它的主绝缘采用聚氯乙烯，内护套大多也是采用聚氯乙烯。安装工艺简单；聚氯乙烯化学稳定性高，具有非燃性，材料来源充足；能适应高落差敷设；敷设维护简单方便；聚氯乙烯电气性能低于聚乙烯；工作温度高低对其力学性能有明显的影响。主要用于 6kV 及以下电压等级的线路。

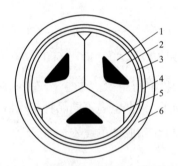

图 5-12　聚氯乙烯绝缘电力电缆结构

1—线芯；2—聚氯乙烯绝缘；3—聚氯乙烯内护套；4—铠装层；5—填料；6—聚氯乙烯外护套

2. 交联聚氯乙烯绝缘电力电缆（XLPE）

交联聚氯乙烯绝缘电力电缆结构如图 5-13 所示，交联聚氯乙烯绝缘电力电缆的

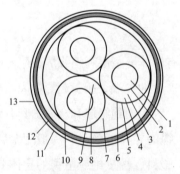

图 5-13　交联聚氯乙烯绝缘电力电缆结构

1—线芯；2—线芯屏蔽；3—交联聚乙烯；4—绝缘屏蔽；5—保护带；6—铜丝屏蔽；7—螺旋铜带；
8—塑料带；9—中心填芯；10—填料；11—内护套；12—铠装层；13—外护层

绝缘材料采用交联聚氯乙烯，但其内护层仍然采用聚氯乙烯护套。这种电缆不但具有聚氯乙烯绝缘电力电缆的一切优点，还具有缆芯长期允许工作温度高、力学性能好、可制成 6~220kV 及较高电压等级的特点，是一种比较理想的应用范围非常广泛的电缆。

3. 橡胶绝缘电力电缆

橡胶绝缘电力电缆结构如图 5-14 所示。它的主绝缘采用橡皮。柔软性好，易弯曲，橡胶在很大的温差范围内具有弹性，适宜作多次拆装的线路；耐寒性能较好；有较好的电气性能、力学性能和化学稳定性；对气体、潮气、水的渗透性较好；耐电晕、耐臭氧、耐热、耐油的性能较差；只能用作低压电缆使用。

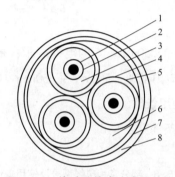

图 5-14　橡胶绝缘电力电缆结构

1—线芯；2—线芯屏蔽层；3—橡皮绝缘层；4—半导电屏蔽层；5—铜带屏蔽层；
6—填料；7—橡皮布带；8—聚氯乙烯外护套

4. 控制电缆的种类及适用范围

控制电缆主要用于交流 500V 及以下、直流 1000V 及以下的配电装置的二次回路中，其线芯标称截面积有 0.75、1.0、1.5、2.5、4.0、6.0、10、10、16mm^2 等几种。控制电缆的线芯材料用铜制成。控制电缆属于低压电缆，其绝缘形式有橡皮绝缘、塑料绝缘及油浸纸绝缘等。控制电缆的绝缘水平不高，一般只用绝缘电阻表检查绝缘情况，不必作耐压试验。

三、电力电缆的型号

1. 电缆型号的编制方法

我国电力电缆产品型号以字母和数字为代号组合表示，其中以字母表示电缆的产品系列、导体、绝缘、护套、特征及派生代号，以数字表示电缆外护层。完整的电缆产品型号还应包括电缆额定电压、芯数、标称截面和标准号。

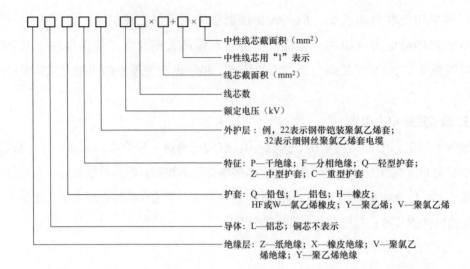

中性线芯截面积（mm²）
中性线芯用"1"表示
线芯截面积（mm²）
线芯数
额定电压（kV）
外护层：例，22表示钢带铠装聚氯乙烯套；
32表示细钢丝聚氯乙烯套电缆
特征：P—干绝缘；F—分相绝缘；Q—轻型护套；
Z—中型护套；C—重型护套
护套：Q—铅包；L—铝包；H—橡皮；
HF或W—氯乙烯橡皮；Y—聚乙烯；V—聚氯乙烯
导体：L—铝芯；铜芯不表示
绝缘层：Z—纸绝缘；X—橡皮绝缘；V—聚氯乙
烯绝缘；Y—聚乙烯绝缘

例如：型号为 VLV22-0.5-3×50+1×16 的电缆表示：聚氯乙烯绝缘铝芯，聚氯乙烯护套，钢带铠装聚氯乙烯护套电力电缆，500V 三芯 50mm² 加一芯 16mm²。

2. 部分常用电缆型号及使用条件

部分常用电缆型号及使用条件见表5-6。

表5-6　部分常用电缆型号及使用条件

类别	型号	名称	使用条件
橡皮绝缘电力电缆	XV XLV	铜芯橡皮绝缘聚乙烯护套电力电缆 铝芯橡皮绝缘聚乙烯护套电力电缆	敷设在室内、电缆沟内、管道中，电缆不能受机械外力作用
	XV22 （XLV22）	铜（铝）芯橡皮绝缘聚氯乙烯护套内钢带铠装电力电缆	敷设在地下，电缆能承受一定机械外力作用。但不能受大的拉力
	XQ XLQ	铜（芯）橡皮绝缘裸铅包电力电缆	敷设在室内、电缆沟内、管道中，电缆不能受振动和机械外力作用
塑料绝缘电力电缆	VV VLV	铜芯聚氯乙烯绝缘聚氯乙烯护套电力电缆 铝芯聚氯乙烯绝缘聚氯乙烯护套电力电缆	敷设在室内、沟道中及管子内，不能承受机械外力作用
	VV22 （VLV22）	铜（铝）芯聚氯乙烯绝缘聚氯乙烯护套内钢带铠装电力电缆	敷设在土壤中，能承受机械压力，但不能承受大的拉力
交联聚乙烯绝缘电力电缆	YJV （YJLV）	铜（铝）芯交联聚乙烯绝缘、聚氯乙烯护套电力电缆	敷设在室内，沟道中及管子内
	YJV22 （YJLV22）	铜（铝）芯交联聚乙烯绝缘、聚氯乙烯护套内钢带铠装电力电缆	敷设在土壤中，能承受机械压力，但不能承受大的拉力

续表

类别	型号	名称	使用条件
橡套软电缆	YQ YQW	铜芯橡皮绝缘轻型橡套电缆 铜芯橡皮绝缘轻型稳定橡套电缆	用于交流 250V 以下的移动式电气设备，YQW 具有耐寒和一定的耐油性能
	YZ YZW	铜芯橡皮绝缘中型橡套电缆 铜芯橡皮绝缘中型稳定橡套电缆	用于建筑及农业方面交流 500V 以下的移动式受电装置，能承受相当的机械外力作用，YZW 具有耐寒和一定的耐油性能
	YC YCW	铜芯橡皮绝缘重型橡套电缆 铜芯橡皮绝缘重型稳定橡套电缆	同 YZ，能承受较大的机械外力作用，YCW 具有耐寒和耐油性
电焊电缆	YH（YHL）	电焊机用铜（铝）芯软电缆	电焊机二次侧接线及连接电焊钳用

一般一条电缆的规格除标明型号外，还应说明电缆的芯数、截面、工作电压和长度，YJLV22-3×150-10-400 表示铝芯、交联聚乙烯绝缘、双钢带铠装、聚氯乙烯外护套，3芯、150mm²，电压为 10kV，长度为 400m 的电力电缆。

四、电力电缆的敷设

1. 电缆线路的敷设方式

电缆敷设方式有四种：一是电缆直接埋地敷设；二是电缆在电缆沟内敷设；三是电缆排管敷设；四是电缆在厂房内沿墙和支架（挂架、桥架）敷设等。各种方法都有优缺点，应根据电缆数量、周围环境条件等具体情况决定敷设方法。

2. 直接埋地敷设

这种方法是沿已选定的线路挖掘壕沟，然后把电缆埋在里面。电缆根数少、敷设距离较长时多采用此法。

将电缆直接埋在地下，不需要其他结构设施，施工简单、造价低，土建材料也省。同时，埋在地下，电缆散热亦好。但挖掘土方量大，尤其冬季挖冻土较为困难，而且电缆还可能受土中酸碱物质的腐蚀及外力破坏等。

（1）电缆沟敷设工艺要求，见图 5-15。

电缆直埋时应埋在冻土层以下，直埋电缆进建筑物应做好防水处理。

（2）电缆直埋敷设的一般要求，见表 5-7。

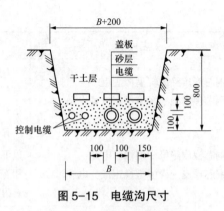

图 5-15　电缆沟尺寸

表 5-7　电缆直埋敷设的一般要求

项目	直埋敷设的一般要求	数据要求
电缆埋地深度	室外 穿越农田 寒冷地区	不小于 0.7m 不小于 1m 冻土层以下
直埋电缆的保护	电缆上下铺砂或软土厚度 覆盖保护板（如钢筋混凝土板或砖）超过电缆两侧宽度 电缆通过有振动或承受压力的地方应穿管保护 电缆穿越道路及建筑物或引出地面 2m 以下，均应穿钢管保护	上下各 0.1m 左右 0.05m
电缆敷设的弯曲半径与电缆外径的比值	橡皮绝缘电缆（铠装） 塑料护套电缆 控制电缆	20 10 10
预留长度	电缆敷设时应预留全长 0.5%～1.0% 的裕度	
绝缘电阻测量	敷设前，应检查电缆表面无机械损伤，并用绝缘电阻表测量绝缘，绝缘电阻不应低于 10MΩ（低压电缆）	
设置标桩	支脉电缆在直线段每隔 50～100m 处、电缆接头处、转弯处、进入建筑物等处，应设置明显的方位标志或标桩	

3. 电缆沟敷设

这种方法是在电缆沟或隧道中敷设电缆，电缆根数较多，且敷设距离不长时，多采用此法，如室内电缆工程。

（1）电缆沟敷设工艺，见图 5-16。

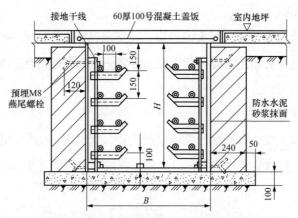

图 5-16 电缆在电缆沟敷设工艺

（2）电缆在电缆沟内敷设的一般要求，见表 5-8。

表 5-8 电缆在电缆沟内敷设的一般要求

项目	在电缆沟内敷设的一般要求			
通道宽度	两侧设支架		沟深 0.6m 以下时	不小于 0.3m
			沟深 0.6m 以上时	不小于 0.5m
	一侧设支架		沟深 0.6m 以下时	不小于 0.3m
			沟深 0.6m 以上时	不小于 0.45m
支架间或固定点间的间距	塑料护套、铅包、钢带铠装	电力电缆	水平敷设	不大于 1.0m
			垂直敷设	不大于 1.5m
		控制电缆	水平敷设	不大于 0.8m
			垂直敷设	不大于 1.0m
	钢丝铠装电缆		水平敷设	不大于 3.0m
			垂直敷设	不大于 6.0m
支架层间垂直距离	电力线路		沟深 0.6m 以下时	不小于 0.15m
			沟深 0.6m 以上时	不小于 0.15m
	控制线路		沟深 0.6m 以下时	不小于 0.1m
			沟深 0.6m 以上时	不小于 0.1m
支架长度	不大于 0.35m			
排水防水措施	沟底排水沟坡度			不小于 0.5%

4. 电缆排管敷设

按照一定的孔数和排列预制好水泥管块，再用水泥砂浆浇铸成一个整体，然后把电缆穿入管中，这种敷设方法称为电缆排管敷设。穿管一般用在与其他建筑物、公路或铁路交叉的处所。

敷设施工工艺的要求：

（1）穿管可用陶土管、石棉水泥管或混凝土管，管子内部必须光滑。将管子按需要的孔数排成一定形式，排列管子接头应错开，用水泥浇成一整体（见图 5-17）。

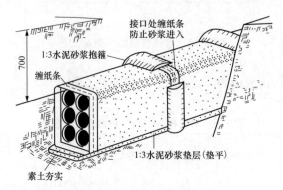

图 5-17　电缆排管敷设

（2）穿管孔眼应不小于电缆外径的 1.5 倍，对电力电缆，穿管孔眼应不小于 100mm；对控制电缆，穿管孔眼应不小于 75mm。

（3）穿管埋入深度由管顶部至地面的距离不应小于下列数值：在厂房内为 200mm；在人行道下为 500mm；在一般地区为 700mm。

（4）为便于检查、敷设和修理电缆，当直线距离超过 100m 的地方以及在穿管转弯和分支的地方，都应设置"人孔井"。井坑深度不应小于 1.8m，人孔直径不应小于 0.7m。

（5）在穿管中敷设电缆时，把电缆盘放在井坑口，然后用预先穿入穿管孔眼中的钢丝绳等，把电缆拉入管孔内。为了防止电缆受损伤，穿管口应套以光滑的喇叭口，井坑口应装设滑轮。电缆表面也可涂上滑石粉或黄油，以减少摩擦力。

5. 电缆沿墙、支架等明敷设

（1）敷设工艺见图 5-18，敷设要求见表 5-9。

（2）电缆明敷的一般要求，见表 5-9。

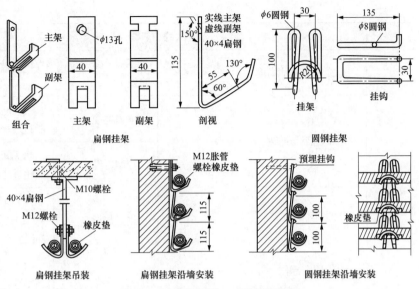

图 5-18　电缆沿墙、支架敷设工艺

表 5-9　电缆明敷的一般要求

项目	明敷的一般要求		
一般规定	（1）电缆在室内敷设时，应尽量明敷；电缆穿墙或穿楼板时应穿管或采取其他保护措施。 （2）露天敷设的电缆，尤其是有塑料或橡胶外护层的电缆，应避免日光长时间直晒。 （3）电缆在室内明敷时，不应有黄麻或其他易延燃的外被层。 （4）钢制的电缆构架，应采取热镀锌或其他防腐措施，特别在有腐蚀的环境中		
无铠装电缆对地距离	水平明敷	不小于 2.5m	如不满足要求，则应有防止机械损伤的保护措施，但明敷在电气专用房间内者除外
	垂直明敷	不小于 1.8m	
电缆在钢索上固定点间距	水平悬挂在钢索上的电缆固定点间的间距	电力电缆	不大于 0.75m
		控制电缆	不大于 0.6m
并列电缆间距	相同电压的电缆并列时	净距不小于 35mm，并不应小于电缆外径（在桥架、托盘和线槽内敷设者除外）	
	高低电压的电缆并列时	净距不小于 150mm（一般宜分开敷设）	
电缆与其他管道间距	电缆与热力管道接近时	净距不小于 1m（否则应采取隔热措施）	
	电缆与非热力管道接近时	净距不小于 0.5m（否则应采取防止机械损伤措施）	

续表

项目	明敷的一般要求		
电缆桥架 敷设要求	电缆桥架离地高度	不宜小于 2.5m（架设在特殊夹层内除外）	
	电缆间距与层数	电力电缆	可无间距，但不能超过一层
		控制电缆	可无间距，但不能超过三层
	电缆固定部位	垂直敷设	（1）电缆的上端； （2）每隔 1.5～2m 处
		水平敷设	（1）电缆的首端和尾端； （2）电缆转弯处； （3）电缆其他部位每隔 5～10m 处

6. 组合式汇线桥架敷设

汇线桥架使电线、电缆、管缆的敷设更标准、更通用，且结构简单、安装灵活，可任意走向，并且具有绝缘和防腐蚀功能，适用于各种类型的工作环境，使工厂配电线路的建造成本大大降低。图 5-19 是组合式汇线桥架空间布置示意图。

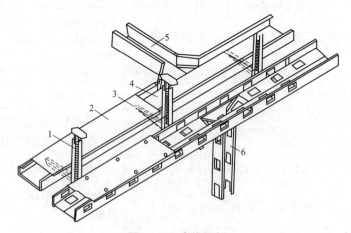

图 5-19 电缆桥架

1—支架；2—盖板；3—支臂；4—线槽；5—水平分支线槽；6—垂直分支线槽

【技能训练】

一、电力电缆附件安装工艺

电力电缆附件是电力电缆线路的重要组成部分，只有通过电缆附件，才能实现电缆与电缆之间的连接，电缆与架空线路、变压器、断路器等输电线路和电气设备的连接，才能完成输送和分配电能的功能。

1. 电缆附件的种类

电缆附件主要分为终端和接头两大类。按照使用场所、所用材料或连接设备的不同，电缆终端可分为户内终端、户外终端、热缩电缆终端、冷缩电缆终端、肘型预制电缆终端等。如图 5-20 ~ 图 5-22 所示。

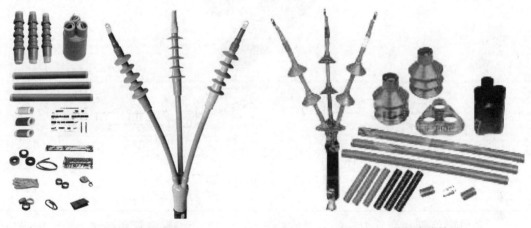

图 5-20　冷缩电缆终端　　　　　图 5-21　热缩电缆终端

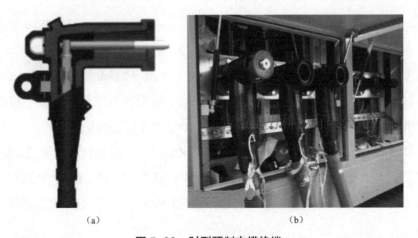

（a）　　　　　　　　　　　　　（b）

图 5-22　肘型预制电缆终端

（a）肘型预制电缆终端；（b）现场安装图

2. 冷缩电缆终端头及其制作

冷缩电缆终端头是利用弹性体材料（常用的有硅橡胶和乙丙橡胶）在工厂内注射硫化成型，再经扩径、衬以塑料螺旋支撑物构成各种电缆附件的部件。现场安装时，将这些预扩张件套在经过处理后的电缆末端或接头处，抽出内部支撑的塑料螺旋条（支撑物），压紧在电缆绝缘上而构成的电缆附件。因为它是在常温下靠弹性回缩力，而不是像热收缩电缆附件要用火加热收缩，故俗称冷收缩电缆附件。

冷缩电缆头套管操作示意图，如图 5-23 所示。

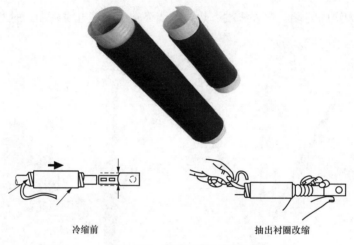

冷缩前   抽出衬圈改缩

图 5-23　冷缩电缆头套管

三芯电缆终端头套管由三部分组成：三叉分支手套、直套管和终端套管（内附应力管）。

冷缩电缆终端头制作步骤：

（1）剥切电缆。按图 5-24 所示尺寸剥切电缆。剥切钢铠长度为 $A+B$，其中 A 为冷缩头规格长度，B 为接线端子孔深加 5mm。从切口下再剥切 25mm 外护套，露出钢铠，擦洗钢铠及切口以下 50mm 外护套。从外护套口向下 25mm 包绕两层自黏胶带。并用胶带把铜屏蔽带端部固定。钢铠向上保留 10mm 内护套，剥去其余部分内护套。

（2）装接地线。从外护套口向上 90mm 装各相线芯上的接地铜环，将三条铜带一起搭在钢铠上，用卡簧与接地编织线一同卡住，如图 5-25 所示。接地编织线贴放在护套口下的自黏胶带上，再用胶带绕包两层。将接地铜环处和钢铠卡簧处用 PVC 胶带绕包，如图 5-26 所示。

（3）装分支手套。将三叉分支手套套到电缆根部，抽掉衬圈。先收缩颈部，再收缩分支。做法如图 5-27 所示。

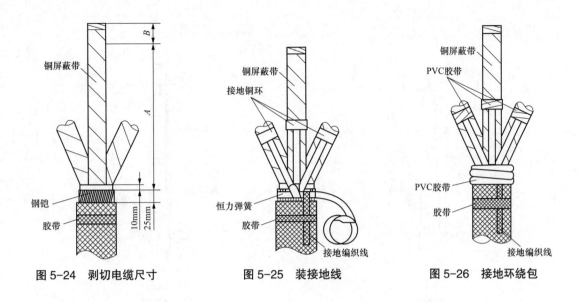

图 5-24　剥切电缆尺寸　　　　图 5-25　装接地线　　　　图 5-26　接地环绕包

（4）装冷缩套管。套入冷缩直管，与分支手指搭接 15mm，抽掉衬圈，使其收缩，做法如图 5-28 所示。

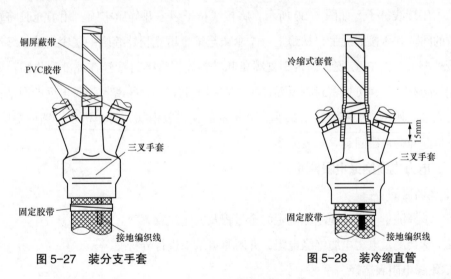

图 5-27　装分支手套　　　　　　　图 5-28　装冷缩直管

（5）剥切相线。从直管口向上留 30mm 屏蔽带，其余割去。从屏蔽带口向上留 10mm 半导电层，其余剥去。按 B 的尺寸（见图 5-29）剥去主绝缘。在直管口下 25mm 处绕包胶带做标记，如图 5-29 所示。

（6）装冷缩终端。用半导电胶带绕包半导电层处，长度从半导电层向上 10mm 的主绝缘上开始，包剥半导电层下 10mm 的铜屏蔽带上，绕包两层。在半导电带与铜带及主绝缘搭接处涂上硅油。

将冷缩终端头套入至胶带标记处，与直管搭接 25mm，抽出衬圈，使其收缩，如图

5-30 所示。

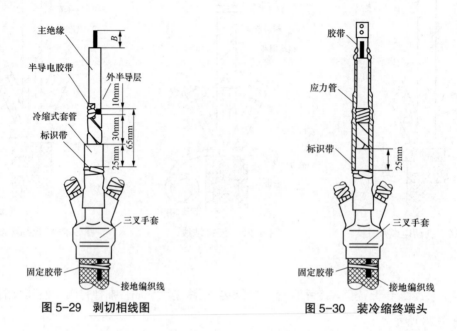

图 5-29　剥切相线图　　　　　图 5-30　装冷缩终端头

（7）压接线鼻子。如图 5-30 所示，将接线鼻子装上并环压牢固。用填充胶将端子压接部位的间隙和压接痕缠平，从最上一个伞裙至整个填充胶外缠绕一层密封胶，终端上的密封胶外要缠一层 PVC 胶带，否则支撑条和其粘连，将密封管套在此部位收缩，如密封管与端子间有空隙，可把密封管反卷过来，在端子上缠上一些密封胶后再反卷回来；在翻起指套大端，用密封胶将外护套缠紧，并把地线夹在胶中间，防止进水；然后翻回指套，用扎带将套外的地线固定。安装完毕。

二、电力电缆绝缘电阻测量

1. 实训目的

（1）掌握测量电力电缆绝缘电阻的全过程及安全注意事项。

（2）学会测量电力电缆绝缘电阻，并对测量结果进行分析。

2. 绝缘电阻表选择

测量 0.6/1kV 电缆用 1000V 绝缘电阻表，测量 0.6/1kV 以上电缆用 2500V 绝缘电阻表；测量 6/6kV 及以上电缆也可用 5000V 绝缘电阻表；橡塑电缆外护套、内衬层的测量用 500V 绝缘电阻表。

3. 试验接线

图 5-31 所示为电力电缆测量绝缘电阻的几种接线方式。一般采用图 5-31（b）的接线方式，每根芯线作一次测试，三芯电缆测量三次。

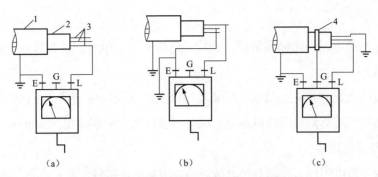

图 5-31　电力电缆测量绝缘电阻几种接线方式

（a）测量对地绝缘；（b）测量线芯间和对地绝缘；（c）加保护环
1—外部金属保护层；2—统包绝缘层；3—缆芯导体；4—保护环

4. 测量准备

（1）在正式试验之前应首先弄清被试电缆的有关情况，例如电缆的长短、电缆的走向。电缆长短不同，电容量不同，测量绝缘电阻时的充电电流衰减时间长短不同，因此绝缘电阻表指针达到指示稳定值所需时间也不同，测试人员必须对此有充分准备。

（2）根据电缆走向，知道电缆的对端在什么地方，以便在被试电缆的两端都布置好安全措施，派人看守，避免被局外人误碰出现意外情况。

（3）被试电缆两端芯线露出的导电部位应保持足够的相间距离和对地距离，以免杂散电流影响绝缘电阻数值。

5. 用绝缘电阻表测试绝缘电阻操作步骤

（1）断开被试品的电源，拆除或断开对外的一切连线，将被试品接地放电。对电容量较大者（如高压电动机、电缆、大中型变压器和电容器等）应充分放电（5min）。放电时应用绝缘棒等工具进行，不得用手碰触放电导线。

（2）用干燥清洁柔软的布擦去被试品外绝缘表面的脏污，必要时用适当的清洁剂洗净。

（3）绝缘电阻表上的接线端子"E"是接被试品的接地端的，"L"是接高压端的，"G"是接屏蔽端的。

将绝缘电阻表水平放稳，当绝缘电阻表转速尚在低速旋转时，用导线瞬时短接"L"和"E"端子，其指针应指零。开路时，绝缘电阻表转速达额定转速，其指针应指"∞"。然后使绝缘电阻表停止转动，将绝缘电阻表的接地端与被试品的地线连接，绝缘电阻表的高压端接上屏蔽连接线，连接线的另一端悬空（不接试品），再次驱动绝缘电阻表或接通电源，绝缘电阻表的指示应无明显差异。然后将绝缘电阻表停止转动，将屏蔽连接线接到被试品测量部位。如遇表面泄漏电流较大的被试品（如高压电动机、变压器等）还要接上屏蔽护环。

（4）驱动绝缘电阻表达额定转速，或接通绝缘电阻表电源，待指针稳定后（或 60s），读取绝缘电阻值。

（5）测量吸收比和极化指数时，先驱动绝缘电阻表至额定转速，待指针指"∞"时，用绝缘工具将高压端立即接至被试品上，同时记录时间，分别读出 15s 和 60s（或 1min 和 10min）时的绝缘电阻值。

（6）读取绝缘电阻后，先断开接至被试品高压端的连接线，然后再将绝缘电阻表停止运转。测试大容量设备时更要注意，以免被试品的电容在测量时所充的电荷经绝缘电阻表放电而使绝缘电阻表损坏。

（7）断开绝缘电阻表后对被试品短接放电并接地。

（8）测量时应记录被试设备的温度、湿度、气象情况、试验日期及使用仪表等。

6. 测试结果判断

绝缘电阻值的测量是常规试验项目中最基本的项目。根据测得的绝缘电阻值，可以初步估计设备的绝缘状况，通常也可据此决定是否能继续进行其他施加电压的绝缘试验项目。

在试验规程中，有关绝缘电阻标准，除少数结构比较简单和部分低电压设备规定有最低值外，多数高压电气设备未明确规定最低值。对于这种情况，除了测得的绝缘电阻值很低，试验人员认为该设备的绝缘不良外，在一般情况下，试验人员应将同样条件下的不同相绝缘电阻值，或与同一设备历次试验结果（在可能条件下换算至同一温度）进行比较，结合其他试验结果进行综合判断。

绝缘电阻测试结果是否合格不仅要根据阻值大小来判断，而且还要看三相绝缘电阻是否平衡。同一电缆中各芯线绝缘电阻最大值与最小值之比称为不平衡系数，绝缘良好的电缆不平衡系数一般不大于 2。如果不平衡系数太大，可以对绝缘电阻低的芯线进行屏蔽后重新测试。

绝缘电阻的测量值与电缆长度有关，合格标准无统一规定可结合公式转换计算及运行经验确定。

橡塑电缆外护套、内衬层的绝缘电阻不应低于 0.5MΩ/km。

【任务实施及考核】

1. 实施地点

教室、专业实训室。

2. 实施所需器材

（1）多媒体设备；

（2）常用电缆等。

3. 实施内容与步骤

（1）学生分组。3 ~ 4 人一组，指定组长。工作始终各组人员尽量固定。

（2）教师布置工作任务。学生阅读工作任务书，了解工作内容，明确工作目标，制定实施方案。

（3）教师通过图片、实物或多媒体分析演示。让学生识别各种电缆的型号规格。

（4）实际观察常用电缆，填写电缆的型号规格。

1）分组观察常用电缆填写型号规格，将观察结果记录在表 5-10 中。

表 5-10 电缆观察结果记录表

序号	电缆	型号规格	主要用途	敷设方式	备注

2）注意事项：

a. 认真观察填写，注意记录相关数据；

b. 注意安全。

4. 评价标准

教师根据学生观察记录结果及提问，按表 5-11 给予评价。

表 5-11 任务综合评价表

项目	内容	配分	考核要求	扣分标准	得分
实训态度	1. 实训的积极性。 2. 安全操作规程地遵守情况 3. 纪律遵守情况 4. 完成自我评估、技能训练报告	30	积极参加实训，遵守安全操作规程和劳动纪律，有良好的职业道德和敬业精神，技能训练报告符合要求	违反操作规程扣 20 分； 不遵守劳动纪律扣 10 分； 自我评估、技能训练报告不符合要求扣 10 分	

项目	内容	配分	考核要求	扣分标准	得分
观察电缆并记录	记录电缆观察结果	20	观察认真，记录完整	观察不认真扣15分；记录不完整扣15分	
正确理解电缆的型号规格、主要用途和敷设方式	根据给定电缆判定	40	根据给定电缆说出型号规格、主要用途和敷设方式	不正确理解电缆的型号规格扣15分；不正确理解电缆的主要用途扣15分；不正确理解电缆的敷设方式扣10分	
环境清洁	环境清洁情况	10	工作台周围无杂物	有杂物件扣1分	
合计		100			
说明：各项配分扣完为止					

任务 5.3　供配电线路导线的选择和计算

【任务描述】

电力线路中导线和电缆截面积的选择，直接关系到供配电系统的安全、可靠、优质、经济的运行。电力线路包括电力电缆、架空导线、室内绝缘导线和硬母线等类型，目前工厂配电中以电缆应用最广。电力线路的选择包括类型的选择和截面积的选择两部分。本任务就导线和电缆型号的选择及截面积的选择做介绍。

【相关知识】

导线、电缆选择得是否恰当关系到工厂配电系统能否安全、可靠、优质、经济地运行。导线、电缆选择的内容包括两个方面：一是选型号，二是选截面，

一、工厂常用电力电缆型号及选择

（1）在一般环境和场所，可采用铝芯电缆。

（2）重要场所及有剧烈振动、强烈腐蚀和有爆炸危险场所，宜采用铜芯电缆。

（3）在低压 TN 系统中，应采用三相四芯或五芯电缆。

（4）埋地敷设的电缆，应采用有外护层的铠装电缆。在可能发生移位的土壤中埋地敷设的电缆，应采用钢丝铠装电缆。

（5）敷设在电缆沟、桥架和水泥排管中的电缆，一般采用裸铠装电缆或塑料护套电缆，宜优先选用交联电缆。

（6）住宅内的绝缘线路，一般采用铜芯塑料线。

二、导线和电缆截面积选择的基本要求

为了保证供电系统安全、可靠、优质、经济地运行，选择导线和电缆截面积时必须满足下列条件：

1. 按允许发热条件选择导线和电缆截面积

电流通过导线（包括电缆、母线等）时，由于线路的电阻会使其发热。当发热超过其允许温度时，会使导线接头处的氧化加剧，增大接触电阻而导致进一步的氧化，如此恶性循环会发展到触点烧坏而引起断线。而且绝缘导线和电缆的温度过高时，可使绝缘加速老化甚至损坏造成短路，或引起火灾。因此，导线的正常发热温度不得超过各类线路在额定负荷时的最高允许温度。

2. 按允许电压损失选择导线和电缆截面积

导线在通过正常计算电流时产生的电压损失，应小于正常运行时的允许电压损失，以保证供电质量。

3. 按允许经济电流密度选择导线和电缆截面积

对高电压、长距离输电线路和大电流低压线路，其导线的截面积宜按经济电流密度选择，以使线路的年综合运行费用最低，节约电能和有色金属。

4. 按允许机械强度选择导线和电缆截面积

正常工作时，导线应有足够的机械强度，以防断线。通常要求所选截面积应不小于该种导线在相应敷设方式下的最小允许截面积，参见 GB 50052—2009《供配电系统设计规范》给出了不同类型的导线在不同敷设方式下的最小允许截面积。

由于电缆具有高强度内外护套，机械强度很高，因此不必校验其机械强度，但需校验其短路热稳定度。

在工程设计中，应根据技术经济的综合要求选择导线：一般 6～10kV 及以下高压配电线路及低压动力线路，电流较大，线路较短，可先按发热条件选择截面积，再校验其电压损失和机械强度；低压照明线路对电压水平要求较高，故通常先按允许电压损失进行选择，再验其发热条件和机械强度；对 35kV 及以上的高压输电线路和 6～10kV 的长距离大电流线路，则可先按经济电流密度确定经济截面积，再校验发热条件、电压损失和机械强度。

三、按允许载流量选择导线、电缆截面

1. 三相系统相线截面积的选择

为保证安全可靠，导线和电缆的正常发热温度不能超过其允许值。或者说通过导线的

计算电流或正常运行方式下的最大负荷电流 I_{max} 应当小于它的允许载流量，即

$$I_{al} \geq I_{max} \qquad (5-1)$$

式中：I_{al} 为导线允许载流量；I_{max} 为线路最大长期工作电流，即最大负荷电流。

常用电线及电缆线的导线允许载流量可参见附表 6～附表 10 及有关《电工手册》。

2. 中性线（N 线）截面积的选择

在三相四线制系统（TN 或 TT 系统）中，正常情况下中性线通过的电流仅为三相不平衡电流、零序电流及三次谐波电流，通常都很小，因此中性线的截面积，可按以下条件选择：

（1）一般三相四线制线路的中性线截面积 S_0，应不小于相线截面积 S_φ 的 50%，即

$$S_0 \geq 0.5 S_\varphi \qquad (5-2)$$

（2）由三相四线制线路分支的两相三线线路和单相双线线路，由于其中性线电流与相线电流相等，因此它们的中性线截面积 S_0 应与相线截面积 S_φ 相同，即

$$S_0 = S_\varphi \qquad (5-3)$$

（3）三次谐波电流突出的三相四线制线路（供整流设备的线路），由于各相的三次谐波电流都要通过中性线，将使得中性线电流接近甚至超过相线电流，因此其中性线截面积 S_0 宜大于等于相线截面积 S_φ，即

$$S_0 \geq S_\varphi \qquad (5-4)$$

3. 保护线（PE 线）截面积的选择

正常情况下，保护线不通过负荷电流，但当三相系统发生单相接地时，短路故障电流要通过保护线，因此保护线要考虑单相短路电流通过时的短路热稳定度。按 GB 50054—2011《低压配电设计规范》规定，保护线的截面积 S_{PE} 可按以下条件选择。

（1）当 $S_\varphi \leq 16mm^2$ 时

$$S_{PE} \geq S_\varphi \qquad (5-5)$$

（2）当 $16mm^2 \leq S_\varphi \leq 35mm^2$ 时

$$S_{PE} \geq 16mm^2 \qquad (5-6)$$

（3）当 $S_\varphi > 35mm^2$ 时

$$S_{PE} \geq 0.5 S_\varphi \qquad (5-7)$$

4. 保护中性线（PEN 线）截面积的选择

保护中性线兼有保护线和中性线的双重功能，其截面积选择应同时满足上述二者的要求，并取其中较大的截面积作为保护中性线截面积 S_{PEN}。应按 GB 50054—2011《低压配电设计规范》规定：当采用单芯导线作 PEN 线时，铜芯截面积不应小于 $10mm^2$，铝芯截面积不应小于 $16mm^2$；采用多芯电缆的芯线作 PEN 线干线时，其截面积不应小于

$4mm^2$。

四、按允许电压损耗选择、校验导线截面积

电流通过导线时，除产生电能损耗外，由于电路上有电阻和电抗，还会产生电压损耗。当电压损耗超过一定范围后，用电设备端子上的电压不足，将严重影响用电设备的正常运行。为了保证用电设备端子处电压偏移不超过其允许值，设计线路时，高压配电线路的电压损耗一般不超过线路额定电压的 5%，从变压器低压侧母线到用电设备端子处的低压配电线路的电压损耗，一般也不超过线路额定电压的 5%（以满足用电设备要求为限）。如果线路电压损耗超过了允许值，应适当加大导线截面，使之小于允许电压损耗。

按允许电压损耗选择导线截面积分两种情况：一是各段线路截面积相同，二是各段线路截面积不同。

（1）各段线路截面积相同时，按允许电压损耗选择、校验导线截面积。

（2）各段线路截面积不同时按允许电压损耗选择、校验导线截面积。当供电线路较长，为尽可能节约有色金属，常将线路依据负荷大小的不同采用截面积不同的几段。

以下介绍的按允许电压损耗选择导线截面积是按各段线路截面积相同选择的，若各段线路截面积不同时，可按介绍办法分段进行计算。

（一）10（6）kV 线路导线截面的选择

高压 10kV 配电线路的导线截面，采用试算的方法进行选择，10kV 配电线路的电压损失，一般要求不超过 7%，设计时一般取 5%。选择导线截面的步骤：

（1）根据输送的最大负荷（至少考虑 5 年的发展规划）和距离，首先估计一个导线的型号和截面。

（2）利用式（5-8）、式（5-9）验算电压损失，若超过允许范围（7%），应另选一截面，重新验算，直到满足要求为止。

$$\Delta U\% = \Delta U_0\% PL \tag{5-8}$$

或

$$\Delta U\% = \Delta U_0\% IL \tag{5-9}$$

式中：$\Delta U\%$ 为线路电压损失百分数；P 为输送的有功功率，MW；I 为输送的负荷电流，A；L 为线路长度，km；$\Delta U_0\%$ 为单位电压损失百分数（见表 5-12 ~ 表 5-16）。

（3）根据线路中的最大工作电流，校核所选导线的允许载流量是否满足要求，通过公式计算或查附录（附表 8 ~ 附表 10）。

表 5-12　35kV 交联聚乙烯绝缘电缆的单位电压损失

型号	截面积（mm²）	埋地 25℃ 的允许负荷（MVA）	明敷 30℃ 的允许负荷（MVA）	单位电压损失 [%/（MW·km）] cosφ			单位电压损失 [%/（kA·km）] cosφ			备注
				0.8	0.85	0.9	0.8	0.85	0.9	
铜	3×50	7.76	10.85	0.043	0.042	0.039	2.099	2.158	2.202	
	3×70	9.64	13.88	0.033	0.031	0.029	1.589	1.613	1.638	
	3×95	11.46	16.79	0.026	0.025	0.022	1.250	1.262	1.267	
	3×120	12.97	19.52	0.022	0.020	0.018	1.049	1.049	1.044	
	3×150	14.67	22.49	0.019	0.017	0.015	0.896	0.896	0.881	
	3×185	16.49	25.70	0.016	0.015	0.013	0.772	0.772	0.752	
	3×240	19.04	30.31	0.014	0.013	0.011	0.653	0.653	0.624	

表 5-13　10kV 交联聚乙烯绝缘电缆的单位电压损失

型号	截面积（mm²）	埋地 25℃ 的允许负荷（MVA）	明敷 30℃ 的允许负荷（MVA）	单位电压损失 [%/（MW·km）] cosφ			单位电压损失 [%/（kA·km）] cosφ			备注
				0.8	0.85	0.9	0.8	0.85	0.9	
铜	3×25	2.338	2.165	0.960	0.944	0.928	0.013	0.014	0.015	
	3×35	2.771	2.737	0.707	0.692	0.677	0.010	0.010	0.011	
	3×50	3.291	3.326	0.515	0.501	0.487	0.007	0.007	0.008	
	3×70	3.984	4.070	0.386	0.373	0.359	0.005	0.006	0.006	
	3×95	4.763	4.902	0.301	0.289	0.276	0.004	0.004	0.004	
	3×120	5.369	5.733	0.252	0.240	0.227	0.004	0.004	0.004	
	3×150	6.062	6.564	0.215	0.203	0.190	0.003	0.003	0.003	
	3×185	6.842	7.482	0.186	0.174	0.162	0.003	0.003	0.003	
	3×240	7.881	8.816	0.156	0.145	0.133	0.002	0.002	0.002	

表 5-14　6kV 交联聚乙烯绝缘电缆的单位电压损失

型号	截面积（mm²）	埋地25℃的允许负荷（MVA）	明敷30℃的允许负荷（MVA）	单位电压损失[%/（MW·km）] cosφ			单位电压损失[%/（kA·km）] cosφ			备注
				0.8	0.85	0.9	0.8	0.85	0.9	
铜	3×25	1.403	1.299	2.648	2.608	2.566	0.022	0.023	0.024	
	3×35	1.663	1.642	1.947	1.909	1.869	0.016	0.017	0.018	
	3×50	1.975	1.995	1.415	1.379	1.341	0.012	0.012	0.013	
	3×70	2.39	2.442	1.055	1.021	0.986	0.009	0.009	0.009	
	3×95	2.858	2.941	0.822	0.789	0.756	0.007	0.007	0.007	
	3×120	3.222	3.440	0.684	0.653	0.62	0.006	0.006	0.006	
	3×150	3.637	3.939	0.58	0.549	0.517	0.005	0.005	0.005	
	3×185	4.105	4.489	0.499	0.469	0.438	0.004	0.004	0.004	
	3×240	4.728	5.29	0.419	0.391	0.36	0.003	0.003	0.003	

表 5-15　1kV 交联聚乙烯绝缘电缆用于三相 380V 系统的单位电压损失

型号	截面积（mm²）	电阻（Ω/km）	感抗（Ω/km）	单位电压损失[%/（A·km）] cosφ						备注
				0.5	0.6	0.7	0.8	0.9	1.0	
铜	4	5.332	0.097	1.253	1.494	1.733	1.971	2.207	2.43	
	6	3.554	0.092	0.846	1.006	1.164	1.321	1.476	1.62	
	10	2.175	0.085	0.529	0.626	0.722	0.816	0.909	0.991	
	16	1.359	0.082	0.342	0.402	0.46	0.518	0.574	0.619	
	25	0.870	0.082	0.231	0.268	0.304	0.340	0.373	0.397	
	35	0.622	0.080	0.173	0.199	0.224	0.249	0.271	0.284	
	50	0.435	0.079	0.130	0.148	0.165	0.180	0.194	0.198	
	70	0.310	0.078	0.101	0.113	0.124	0.134	0.143	0.141	
	95	0.229	0.077	0.083	0.091	0.098	0.105	0.109	0.104	
	120	0.181	0.077	0.072	0.078	0.083	0.087	0.09	0.083	
	150	0.145	0.077	0.063	0.068	0.071	0.074	0.075	0.060	
	185	0.118	0.078	0.058	0.061	0.063	0.064	0.064	0.054	
	240	0.091	0.077	0.051	0.053	0.054	0.054	0.053	0.041	

表 5-16 1kV 聚氯乙烯电力电缆用于三相 380V 系统的单位电压损失

型号	截面积 (mm²)	电阻 (Ω/km)	感抗 (Ω/km)	单位电压损失 [%/（A·km）]						备注
				cosφ						
				0.5	0.6	0.7	0.8	0.9	1.0	
铜	4	4.988	0.093	1.174	1.398	1.622	1.844	2.065	2.274	
	6	3.325	0.093	0.795	0.943	1.091	1.238	1.383	1.516	
	10	2.035	0.087	0.498	0.588	0.678	0.766	0.852	0.928	
	16	1.272	0.082	0.322	0.378	0.433	0.486	0.538	0.580	
	25	0.814	0.075	0.215	0.250	0.284	0.317	0.349	0.371	
	35	0.581	0.072	0.161	0.185	0.209	0.232	0.253	0.265	
	50	0.407	0.072	0.121	0.138	0.153	0.168	0.181	0.186	
	70	0.291	0.069	0.094	0.105	0.115	0.125	0.133	0.133	
	95	0.214	0.069	0.076	0.084	0.091	0.097	0.102	0.098	
	120	0.169	0.069	0.066	0.071	0.076	0.081	0.083	0.077	
	150	0.136	0.07	0.059	0.063	0.066	0.069	0.070	0.062	
	185	0.110	0.07	0.053	0.056	0.058	0.059	0.059	0.050	
	240	0.085	0.07	0.047	0.049	0.050	0.050	0.049	0.039	

例 5-1 有一条 10kV 配电线路，长度为 11km，计划输送的最大有功功率为 2000kW，功率因数为 0.8，允许的电压损失为 5%，计划选用电力电缆埋地敷设，试求应选多大截面的交联电缆线？

解： 首先选择 YJV-120 的电缆线进行试算，由表 5-12 查得：$\Delta U_0\%=0.252$。代入式（5-8）得

$$\Delta U\% = \Delta U_0\%PL$$

$$=0.252 \times 2 \times 11 = 5.54\% > 5\%$$

首次验算的结果，电压损失大于 5%，证明 YJV-120 导线不行。因此选择 YJV-150 导线，重新进行验算。查表 5-12 得 $\Delta U_0\%=0.215$，则

$$\Delta U\% = \Delta U_0\%PL$$

$$=0.252 \times 2 \times 11 = 4.73\% < 5\%$$

二次验算的结果，选用 YJV-150 的导线电压损失是合适的。查附表 8 导线的允许载

流量，为 340A，线路最大电流为 $I=P/(\sqrt{3}\ U\cos\varphi)=2000/(1.73\times10\times0.8)=144$（A），也满足要求。故此该线路选用 YJV-150 的导线是合适的。

（二）低压线路导线截面的选择

1. 电压损失计算法

低压 380/220V 配电线路的导线截面，采用试算的方法进行选择，低压 380/220V 配电线路的电压损失，一般要求不超过 5%。选择导线截面的步骤：

（1）根据输送的最大负荷（至少考虑 5 年的发展规划）和距离，首先估计一个导线的型号和截面。

（2）利用式（5-10）验算电压损失，若超过允许范围 5%，应另选一截面，重新验算，直到满足要求为止。

$$\Delta U\% = \Delta U_0\% IL \qquad\qquad (5\text{-}10)$$

式中：$\Delta U\%$ 为线路电压损失百分数；I 为输送的最大电流，A；L 为线路长度，km；$\Delta U_0\%$ 为单位电压损失百分数（见表 5-14、表 5-15）。

线路最大电流为 $I=P/(\sqrt{3}\ U\cos\varphi)$。

例 5-2　一条 380/220V 的低压线路，输送的功率为 20kW，距离为 500m，允许的电压损失为 5%，负荷功率因数按 0.8 计算，试求应选多大截面的铝绞线？

解： 首先选择聚氯乙烯 VV-25 的电缆线进行试算，由表 5-14 查得：$\Delta U_0\%=0.34$。代入式（5-10）得：

线路最大电流为 $I=P/(\sqrt{3}\ U\cos\varphi)$

$$=\frac{20\times1000}{\sqrt{3}\times380\times0.8}=38\ (\text{A})$$

$$\Delta U\% = \Delta U_0\% IL$$

$$=0.34\times0.5\times38=6.46\%>5\%$$

首次验算的结果，电压损失大于 5%，证明 VV-25 导线不行。因此选择 VV-35 的导线，重新进行验算。查表 5-3 得 $\Delta U_0\%=0.232$，则

$$\Delta U\% = \Delta U_0\% IL$$

$$=0.232\times0.5\times38=4.4\%<5\%$$

二次验算的结果，选用 $3\times$VV-35 的导线电压损失是合适的。查表 5-3 导线的允许载流量为 115A，线路最大电流为 38A，也满足要求。故此该线路选用 $3\times$VV-35 的导线是合适的。

2. 用公式计算

低压配电线路的允许电压损失为 5%，据此就可以计算出某一负荷下传送一定距离的

电能时所需的导线截面。其具体步骤：

（1）根据给定的线路传送功率（考虑一定的发展裕度）、输送距离和允许的电压损失（一般为 5%），通过公式计算出所需导线截面。

$$S = \frac{PL}{C\Delta U\%} \qquad (5-11)$$

式中：S 为导线截面积，mm^2；P 为有功功率，kW；L 为线路长度，m；C 为电压损失系数（见表 5-17）；$\Delta U\%$ 为电压损失百分数的数值，如电压损失为 5% 时，则 $\Delta U\%$ 为 5。

表 5-17　低压线路电压损失系数

电压（V）	配电方式	电压损失系数	
		铜导线	铝导线
380/220	三相四线制	77	46
220	单相制	12.9	7.7

（2）校核所选导线的允许载流量是否大于线路的最大工作电流。

例 5-3　一条 380V 的低压线路，输送的功率为 20kW，距离为 500m，允许的电压损失为 7%，试求应选多大截面的三芯铜电缆线？

解： 由表 5-17 查得 $C=77$。由式（5-11）可得导线截面为

$$S = \frac{PL}{C\Delta U\%} = \frac{20 \times 500}{77 \times 5} = 26 \ (mm^2)$$

选择 35mm^2 的三芯铜电缆线，即 VV-35 型。

查附表 9 得 3×VV-35 导线的允许载流量为 95A，线路最大电流为 38A，也满足要求。故此该线路选用 3×VV-35 的导线是合适的。

3. 口诀速算法

（1）速算低压 380/220V 架空线路导线截面积。

通过计算公式推导得出

$$S_{3+N}=4PL$$

式中：S_{3+N} 为 380/220V 三相四线制架空线路截面积，mm^2；PL 为负荷距，$kW \cdot km$。

得出计算口诀：

电缆铝线选粗细，先求输电负荷距。

三相荷距乘以四，单相需乘二十四。

若用铜线来输电，铝线截面六折算。

口诀使用说明：

1）计算一低压线路输电导线的截面大小，先要求出输电负荷距（输电负荷与输电距离的乘积）。当架空线路采用裸铝导线，允许电压损失按 5% 考虑时，380/220V 三相四线制架空线路导线截面积为 4 倍负荷距数值；单相 220V 架空线路铝导线截面积为 24 倍负荷距数值。

2）口诀中系数 4 和 24 是根据低压架空线路的电压损失简化计算方法：$\Delta U\%=PL/CS \times 100\%$ 推导而得。

3）低压架空线路采用裸铜线架设时，其余条件均相同，可用上述方法计算出裸铝导线截面积，然后再乘以 0.6，即为所选用的裸铜线截面积。

例 5-4 新建一条低压 380/220V 三相四线制电缆线路，全长 850m，输送负荷 10kW，允许电压损失 5%。求：应选铝导线的截面。

解： 根据口诀

$$线路导线截面=4 \times 10 \times 0.85=34（mm^2）$$

选用 35mm² 铝芯电缆线。若选用铜芯电缆线应选用 25mm² 铜芯电缆线。

例 5-5 某单位需架一条 220V 单相照明线路，负荷为 3.5kW，线路长 300m，允许电压损失 5%。求：应选裸铝芯电缆线的截面积。

解： 根据口诀

$$导线截面=24 \times 3.5 \times 0.3=25.2（mm^2）$$

选用 25mm² 铝芯电缆线。

例 5-6 新建一条低压 380/220V 三相四线制电缆线路，全长 650m，用电负荷是 30kW 的电动机，允许电压损失 5%。求：应选裸铜绞线的截面积。

解： 根据口诀

$$线路铜绞线的截面积=（4 \times 30 \times 0.65）\times 0.6$$
$$=78 \times 0.6=46.8（mm^2）$$

可选用 50mm² 铜绞线。

（2）速算 380V 三相动力架空线路导线截面积。

根据经验公式

$$S_{Al}=PL/3 ; S_{Cu}=PL/5$$

式中：S_{Al} 为采用铝绞线的截面积，mm²；S_{Cu} 为采用铜绞线的截面积，mm²；P 为电动机的额定容量，kW；L 为电动机到配电变压器处的距离，km。

得出计算口诀：

电机供电电缆线；经验公式选截面。

千瓦百米铜除五，千瓦百米铝除三。

口诀使用说明：

在低压架空电力线路上，由于距离较短和负荷不大，为了计算方便，经常使用简化方法进行计算其电压损失：$\Delta U\% = PL/CS \times 100\%$（式中常数 C，在铝导线时取 50）。单台 380V 三相电动机的供电线路是典型、常见的铝导线线路，当电压损失按 6% 考虑时，简化计算公式则可推导出：$S_{A1} = PL/3$。因铜导线电阻率（0.017）约为铝线电阻率（0.027）的 0.6，可得出经验公式

$$S_{Cu} = 0.6 \, S_{A1} = 2PL = PL/5$$

例 5-7　距配电变压器 500m 处安装一台 30kW 水泵，应选多大架空铝绞线、铜绞线。

解：根据口诀

采用铝绞线时的截面积 = 30 × 5/3 = 50（mm^2）；

采用铜绞线时的截面积 = 30 × 5/5 = 30（mm^2）。

所以应选用 50mm^2 的铝绞线或 35mm^2 的铜绞线。

五、按经济电流密度选择导线的截面

经济电流密度是既考虑线路运行时的电能损耗，又考虑线路建设投资等多方面的经济效益，而确定导线截面电流密度。我国规定的导线的经济电流密度 J 如表 5-18 所示。表 5-19 为各类负荷的年最大负荷利用小时数。

表 5-18　我国规定的导线经济电流密度 J　　　　　　　　　　A/mm^2

线路类别	导线种类	年最大负荷利用小时数 T_{max}（h）		
		3000 以下	3000~5000	5000 以上
架空线路	铜导线	3.0	2.25	1.75
	铝导线	1.65	1.15	0.90
电缆线路	铜芯电缆	2.5	2.25	2.0
	铝芯电缆	1.92	1.73	1.54

表 5-19　各类负荷的年最大负荷利用小时数

负荷类型	户内照明及生活用电	单班制企业用电	两班制企业用电	三班制企业用电	农业用电
年最大负荷利用小时 T（h）	1500~3000	1800~3000	3500~4800	5000~7000	2500~3000

按经济电流密度选择的导线截面积称为经济截面积，用 S 表示

$$S = \frac{I_C}{J} \tag{5-12}$$

式中：I_C 为线路负荷电流，A。

按经济电流密度选择导线的方法，一般用于高压线路、母线和大电流的低压线路。

【技能训练】

导线载流量（允许电流）的快速估算。根据负荷电流、敷设方式、敷设环境估算导线截面，按如下口诀：

1. 口诀

10 下五，百上二；

25、35，四、三界。

70、95 两倍半；

导线穿管打八折；

裸线加一半。

铜线升级算；

多芯电缆降级算。

2. 用途

各种导线的载流量（安全电流）通常可以从手册中查找。但利用口诀再配合一些简单的心算，便可直接算出，不必查表。

3. 说明

（1）口诀是以铝芯绝缘线，明敷在环境温度 25℃ 的条件为准。若条件不同，口诀另有说明。绝缘线包括各种型号的橡皮绝缘线或塑料绝缘线。口诀对各种截面的载流量（电流，A）不是直接指出，而是"用截面积乘上一定的倍数"来表示。为此，应当先熟悉导线截面积（mm^2）的排列：

1、1.5、2.5、4、6、10、16、25、35、50、70、95、120、150、185…

生产厂制造铝芯绝缘线的截面积通常从 2.5mm^2 开始，铜芯绝缘线则从 1mm^2 开始；裸铝线从 16mm^2 开始，裸铜线从 10mm^2 开始。

（2）口诀指出：铝芯绝缘线载流量（A），可以按截面积的多少倍来计算。口诀中阿拉伯数表示导线截面（mm^2），汉字表示倍数。把口诀的截面积与倍数关系排列起来如下：

10	16 ~ 25	35 ~ 50	70 ~ 95	120…
五倍	四倍	三倍	两倍半	二倍

现在再和口诀对照就更清楚了。原来"10 下五"是指截面积从 10 以下，载流量都是

截面积的五倍。"100上二"（读百上二），是指截面积100以上，载流量都是截面积的二倍。截面积25与35是四倍和三倍的分界处，这就是"口诀25、35四三界"。而截面积70、95则为2.5倍。从上面的排列，可以看出：除$10mm^2$以下及$100mm^2$以上之外，中间的导线截面积是每两种规格属同一倍数。

下面以明敷铝芯绝缘线，环境温度为25℃，说明导线载流量：

例：$6mm^2$的铝芯绝缘导线，按10下五，算得载流量为30A；$150mm^2$的铝芯绝缘导线，按100上二，算得载流量为300A；$70mm^2$的铝芯绝缘导线，按70、95两倍半，算得载流量为175A。

从上面的排列还可以看出，倍数随截面积的增大而减小。在倍数转变的交界处，误差稍大些。比如截面积25与35是四倍与三倍的分界处，25属四倍的范围，但靠近向三倍变化的一侧，它按口诀是四倍，即100A。但实际不到四倍（按手册为97A）。而35则相反，按口诀是三倍，即105A，实际是117A。不过这对使用的影响并不大。当然，若能胸中有数，在选择导线截面时，$25mm^2$的不让它满到100A，$35mm^2$的则可以略微超过105A，就更准确了。

同样，$2.5mm^2$的导线位置在五倍的最始（左）端，实际便不止五倍（最大可达20A以上），不过为了减少导线内的电能损耗，通常都不用到这么大，手册中一般也只标12A。

（3）口诀"导线穿管打八折"，是指若是穿管敷设（包括槽板等敷设，即导线加有保护套层，不明露的）按口诀计算后，再打八折（乘0.8）。这是因为，导线穿管后，散热变差，载流量从而变小。

（4）对于裸铝线的载流量，口诀指出，"裸线加一半"，即按口诀中计算后再加一半（乘1.5）。这是指同样截面的铝芯绝缘线与铝裸线比较，载流量可加大一半。

例：

1）$16mm^2$的裸铝线，96（A），即：$16 \times 4 \times 1.5 = 96$（A）。

2）$35mm^2$裸铝线，158（A），即：$35 \times 3 \times 1.5 = 157.5$（A）。

3）LGJ-70导线，载流量：口诀计算$70 \times 2.5 + 87.5 = 262.5$（A），查表载流量：275，误差：4%，满足使用要求。

4）$120mm^2$裸铝线，360（A），即：$120 \times 2 \times 1.5 = 360$（A）。

（5）对于铜导线的载流量，口诀指出，"铜线升级算"。即将铜导线的截面按截面排列顺序提升一级，再按相应的铝线条件计算。

例：

1）$35mm^2$的裸铜线，升级为$50mm^2$，再按$50mm^2$裸铝线计算电流。计算为：载流量

$50 \times 3 \times 1.5=225A$。

2）95mm² 铜绝缘线，穿管，按 120mm² 铝绝缘线的相同条件计算电流。计算为：$120 \times 2 \times 0.8=192A$。

（6）对于电缆线的载流量：电缆线由两芯及以上组成，导线散热条件发生改变，载流量减小，应按单芯导线降一级进行计算。

例 5-8 计算 VLV-3×50 电缆载流量。

解： 根据口诀

电缆载流量=3×35=105（A）。

例 5-9 计算 10kV、YJV22-120 导线截面积 120mm² 铜芯电缆的载流量。

解： 根据口诀

电缆降一级，但铜线升一级，因此铜电缆可以直接按铝导线直接套用上述口诀。

铜芯电缆的载流量=120×2=240（A）。

【任务实施及考核】

高低压配电线路导线和电缆的选择。

通过本任务的学习，让学生掌握高低压配电线路导线和电缆的选择，主要包括按允许发热条件允许电压损失、经济电流密度和机械强度条件选择导线和电缆截面。

1. 实施地点

教室、专业实训室。

2. 实施所需器材

多媒体设备。

3. 实施内容与步骤

（1）学生分组。3~4 人一组，指定组长。工作始终各组人员尽量固定。

（2）教师布置工作任务。学生阅读工作任务书，了解工作内容，明确工作目标，制定实施方案。

（3）教师通过图片、实物或多媒体分析演示。让学生识别各种常用导线或指导学生自学。

（4）根据假设条件选择导线截面。

1）分组按假设条件选择导线截面，将结果记录在表 5-20 中。

表 5-20　选择导线截面结果记录表

序号	假设条件	明敷		暗敷		40℃		备注
		铜	铝	铜	铝	铜	铝	

2）注意事项：

a. 认真观察填写，注意记录相关数据；

b. 注意安全。

【思考与练习】

1. 高低压线路有哪几种接线方式？各有何特点？

2. 试分别比较高压和低压的放射式接线和树干式接线的优缺点，并分别说明高、低压配电系统各适宜于首先考虑哪种接线方式，

3. 按绝缘材料和结构，电缆可以分为几种？各有何特点？

4. 橡皮绝缘导线和塑料绝缘导线各有什么特点？各适用于哪些场合？

5. 工厂电力电缆常用哪几种敷设方式？各有何特点？

6. 某电缆线路标注为：YJV20-10000-3×120，其中各项的意义是什么？

7. 电缆线路由哪几部分组成？电缆线路适用的场合有哪些？

8. 电缆桥架一般敷设于什么场合？

9. 选择导线截面有哪些要求？

10. 中性线、保护线如何选择？

11. 什么是经济电流选择导线截面面积？

12. 有一台 Y 型电动机，其额定电压为 380V，额定功率为 18.5kW，额定电流为 35.5A，启动电流倍数为 7。现拟采用 BLV 型导线穿焊接钢管敷设。试选择导线截面和钢管直径（环境温度为 30℃）。

13. 采用钢管穿线时可否分相穿管，为什么？

14. 试按发热条件选择 220/380V 低压供电系统的三相四线制线路中的相线、中性线、保护线截面积及穿钢管（G）的管径。已知线路的计算电流为 150A，安装地点的环境温度

为 30℃，拟用 BLV 型铝芯塑料线穿钢管埋地敷设。

15. 某车间电气平面布线图上，某一线路旁标注有 BLV-500-（3×50+1×25）-VG65-DA，请说明各文字符号的含义。

16. 什么是动力电气平面布线图？

17. 某低压线路标注为：BV-500-（3×95+1×50+PE50）-SC70，其中各项的意义是什么？

项目 ⑥ 供配电系统的保护

【项目描述】

本项目包含七个工作任务，主要介绍继电保护任务及基本要求、微机型继电保护的基本原理及应用、电力线路的继电保护、电力变压器的继电保护、电气设备的防雷与接地、低压配电系统的漏电保护与等电位连接的选择与安装、变配电站综合自动化等内容。

通过该项目的学习，掌握变电室内高压进出线柜、电压互感器（TV）柜、计量柜、变压器保护柜等电气控制原理、安装、调试与维护的相关专业知识与职业岗位技能。通过学习，能识读高压开关柜电气控制原理图，现场认识变电室开关柜中的高压器件，具有调整各高压开关柜继电保护动作参数的能力，能根据继电保护二次回路图，完成接线与调试任务。

【知识目标】

1. 了解继电保护的工作原理及要求。

2. 了解继电保护装置的组成及作用。

3. 了解供配电系统的继电保护，如高压线路的继电保护、变压器的继电保护、高压电动机的继电保护、6～10kV 电容器的继电保护、配电系统的微机保护等。

4. 了解低压配电系统保护的主要方式和实现方法。

5. 了解变电站的变电站综合自动化等。

6. 掌握防雷设备的特点与使用。

【能力目标】

1. 能根据工厂的图纸判断继电保护的类型。

2. 能对工厂各高压开关柜继电保护具有调整动作参数的能力，能对继电保护进行定值整定。

3. 会根据所学知识解决继电保护系统中的实际问题。

4. 会设计简单的继电保护系统。

5. 能够根据现场需要，选择合适的避雷装置。

6. 熟悉接地电阻的测量与接地装置的维护。

任务 6.1　继电保护任务及基本要求

【任务描述】

为了保证供配电的可靠性，在供配电系统发生故障时，必须有相应的保护装置将故障部分及时地从系统中切除，以保证非故障部分继续运行，或发出报警信号，以提醒运行人员检查并采取相应的措施。本次任务是在了解继电保护任务及要求的基础上，掌握常用继电器的功能及内部接线和图形符号。

【相关知识】

一、继电保护的任务

供配电系统在正常运行中，可能由于种种原因会发生各种故障或不正常运行状态。最严重的是发生短路故障，并导致严重后果，如烧毁或损坏电气设备，造成大面积停电，甚至破坏系统的稳定性，引起系统振荡或瓦解。因此，必须采取各种有效措施减少或消除故障。一旦系统发生故障，应迅速切除故障设备，恢复正常运行；当发生不正常运行状态时，应及时处理，以免引起设备故障。继电保护装置就是这样一种自动装置，它能反映供配电系统中电气设备发生的故障或不正常运行状态，并能使断路器跳闸，或启动信号装置发出报警信号。

总之，继电保护的任务如下：

（1）自动、迅速、有选择性地将故障设备从供配电系统中切除，使其他非故障部分迅速恢复正常供电。

（2）正确反映电气设备的不正常运行状态，发出预告信号，以便操作人员采取措施，恢复电气设备的正常运行。

（3）与供配电系统的自动装置（如自动重合闸装置、备用电源自动投入装置等）配合，提高供配电系统的供电可靠性。

二、继电保护的基本要求

根据继电保护的任务，继电保护应满足选择性、可靠性、速动性和灵敏性的要求，简称"四性"。

1. 选择性

当供配电系统发生短路故障时，继电保护动作，只切除故障设备，使停电范围最小，从而保证系统中无故障部分仍正常工作。如图 6-1 所示为继电保护选择性示意，当 k 点发生短路时，应使继电保护 3 动作，而继电保护 1 和继电保护 2 不应该动作，以减小停电范围。

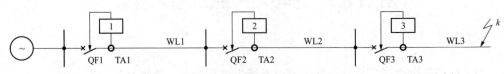

图 6-1　继电保护选择性示意图

2. 可靠性

继电保护在其所规定的保护范围内，若发生故障或不正常运行状态，应准确动作，不应该拒绝动作；发生任何继电保护不应该动作的故障或不正常运行状态，不应误动作。如图 6-1 所示，如果 k 点发生短路，则继电保护 3 不应该拒绝动作，而继电保护 1 和继电保护 2 不应该误动作。

3. 速动性

发生故障时，继电保护应该尽快地动作，以切除故障，减小故障引起的损失，提高电力系统的稳定性。

4. 灵敏性

灵敏性是指继电保护在其保护范围内，对发生故障或不正常运行状态的反应能力。在继电保护的保护范围内，无论系统的运行方式、短路的性质和短路的位置如何，保护装置都应正确动作。继电保护的灵敏性通常用灵敏度 K_{sen} 来衡量，灵敏度越高，反映故障的能力越强。灵敏度 K_{sen} 的计算为

$$K_{sen} = \frac{\text{保护护围内的最小短路电流}}{\text{保护护装置的一次动作流}} = \frac{I_{k.min}}{I_{set}} \tag{6-1}$$

三、继电保护的基本构成及原理

供电系统发生短路故障之后，总是伴随有电流的骤增、电压的迅速降低、线路测量阻抗减小以及电流、电压之间相位角的变化等。因此，利用这些基本参数的变化，可以构成不同原理的继电保护，如反映于电流增大而动作的电流速断、过电流保护，反映于电压降低而动作的低电压保护等。

继电保护的种类很多，但是其工作原理基本相同，它主要由测量、逻辑和执行三部分组成，如图 6-2 所示。

图 6-2　继电保护的工作原理

四、继电保护装置的分类

（1）按被保护的对象来分：输电线路保护、发电机保护、变压器保护、母线保护、电动机保护等。

（2）按保护原理来分：电流保护、电压保护、距离保护、差动保护和零序保护等。

（3）按保护所反应故障类型来分：相间短路保护、接地故障保护、断线保护等。

（4）按保护所起作用来分：主保护，当被保护对象故障时，用以快速切除故障的保护。

后备保护，当主保护和断路器拒动时，用来切除故障的保护，且后备保护又有远后备保护与近后备保护之分。其中，在主保护拒动时，同一设备上实现切除故障的另一套保护，称之为近后备保护；而当保护或断路器拒动时，相邻设备上用来实现切除故障的保护，则称之为远后备保护。辅助保护，为补充主保护和后备保护的性能不足而增设的简单保护。

五、常用继电器介绍

继电器是组成继电保护装置的基本元件。是一种在其输入的物理量（电量或非电量）达到规定值时，其电气输出电路被接通（导通）或分断（阻断、关断）的自动电器。虽然电力系统中已向微机保护发展。但是在保护输入及出口电路还大量应用继电器。

另外，对于继电保护的基本原理，如不联系这些传统的继电器结构和作用框图，则很难讲清楚。如果这些基本原理都用微机保护的软件流程图讲解，很难给初学者一个清晰的概念和感性认识。相反的，如果通过这些传统的继电器结构和作用框图掌握了继电保护的基本原理，读者将很容易用微机保护的软件将其实现。因此本书在基本原理的讲述中仍有部分沿用传统的讲述方法，但尽可能地将传统的、过时的内容删减，而将微机保护进行系统的讲述。

1. 电流继电器

电流继电器在继电保护装置中作为测量和启动元件，反应电流增大超过某一整定数值时动作。电流继电器接在电流互感器的二次侧，因此可以反映电力系统故障或异常运行时的电流异常增大。

电流继电器反应电流增大而动作，能够使继电器开始动作的最小电流称为电流继电器的动作电流；继电器动作后，再减小电流，使继电器返回到原始状态的最大电流称为电流继电器的返回电流；返回电流与动作电流之比称为电流继电器的返回系数，即

$$K_{re} = \frac{I_{re}}{I_{act}} \qquad (6-2)$$

式中：I_{act} 为电流继电器的动作电流；I_{re} 为电流继电器的返回电流；K_{re} 为电流继电器的返回系数。

由电流继电器的动作原理可知，电流继电器的动作电流恒大于返回电流，显然电流继电器的返回系数恒小于 1，一般不小于 0.85。

继电器常用触点有动合触点和动断触点，图形符号如图 6-3 所示，文字符号与各类继电器文字符号相同。动合触点，又称为常开触点，是继电器线圈在没有受电吸合时，处于断开位置的触点。该触点在继电器受电吸合后才闭合；动断触点，又称为常闭触点，是继电器线圈在没有受电吸合时，处于闭合位置的触点。该触点在继电器受电吸合后打开。

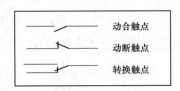

图 6-3　继电器常用触点的符号

电流继电器的文字符号和图形符号如表 6-1 所示。当通入电流继电器线圈的电流增大到继电器的动作电流时，继电器动作，动合触点闭合；当电流减小达到继电器的返回电流时，继电器返回，动合触点打开。

表 6-1　继电器的文字符号和图形符号

继电器名称	文字符号	图形符号
电流继电器	KA	
过电压继电器	KV	$U>$
低电压继电器	KV	$U<$
时间继电器	KT	t

继电器名称	文字符号	图形符号
中间继电器	KM	
信号继电器	KS	KS

2. 电压继电器

电压继电器反应电压变化而动作，有过电压继电器和低电压继电器两种。电压继电器接在电压互感器的二次侧，因此可以反映电力系统故障或异常运行时的电压异常变化。

过电压继电器反应电压增大而动作，动作电压、返回电压和返回系数的概念与电流继电器类似。即能够使继电器开始动作的最小电压称为过电压继电器的动作电压；继电器动作后减小电压，使继电器返回到原始状态的最大电压称为过电压继电器的返回电压；返回电压与动作电压之比称为过电压继电器的返回系数，显然其返回系数也恒小于 1。

低电压继电器反应电压降低而动作，能够使继电器开始动作的最大电压称为低电压继电器的动作电压；继电器动作后升高电压，使继电器返回到原始状态的最小电压称为低电压继电器的返回电压；同样返回电压与动作电压之比称为返回系数，即

$$K_{re} = \frac{U_{re}}{U_{act}} \qquad (6-3)$$

式中：U_{act} 为低电压继电器的动作电压；U_{re} 为低电压继电器的返回电压；K_{re} 为低电压继电器的返回系数。

电压继电器的文字符号和图形符号如表 6-1 所示。对于低电压继电器，当加入继电器线圈的电压降低到继电器的动作电压时，继电器动作，动断触点闭合；当电压升高达到继电器的返回电压时，继电器返回，动断触点打开。可见，低电压继电器的动作、返回过程与电流继电器或过电压继电器正好相反。

3. 时间继电器

时间继电器在继电保护中用作时间元件，用于建立继电保护需要的动作延时。因此对时间继电器的要求是动作时间必须准确。

时间继电器的文字符号和图形符号如表 6-1 所示。时间继电器一般是直流电源操作的，当继电器线圈接通直流电源，继电器启动，但只有达到预先整定的时间延时其动合触点才闭合，接通后续电路。

4. 中间继电器和信号继电器

在继电保护中中间继电器用于增加触点数量和触点容量，所以中间继电器一般带有多副触点，可能同时具有动合触点和动断触点，其触点容量较大。

有的中间继电器具有触点延时闭合或延时打开的功能，可以用于建立继电保护需要的短延时；有的中间继电器具有自保持功能，可以实现电流自保持或电压自保持。中间继电器的文字符号和带有动合触点的中间继电器图形符号如表 6-1 所示。

信号继电器用于发出继电保护动作信号，便于值班人员发现事故和统计继电保护动作次数。信号继电器的文字符号是 KS。根据需要将信号继电器串联或并联接入二次回路，分别应选择串联电流型信号继电器、并联电压型信号继电器。

在微机保护中，电流继电器、电压继电器由软件算法实现，触点可理解为逻辑电平；时间继电器由计数器实现，通过对计数脉冲进行计数获得需要的延时。

【任务实施及考核】

深入工厂调查研究，收集资料，找到各种常用保护继电器的实物，拍摄图片，记录名称、型号和特性，并和书本上的符号对应联系起来。

姓名		专业班级		学号	
任务内容及名称					
1. 任务实施目的		2. 任务完成时间：1 学时			
3. 任务实施内容及方法步骤					
4. 分析结论					
指导教师评语（成绩）					年　　月　　日

【任务总结】

通过本任务的学习，让学生对继电保护的基本知识有大体的了解和认识，并能熟悉各种常用保护继电器的名称、符号、特性和用途。

任务 6.2　微机型继电保护的基本原理及应用

【任务描述】

计算机技术的飞速发展给继电保护带来了技术突破和应用领域的革命，新型的微机保护由于具有灵敏度高、可靠性好、调试维护方便、接线简单、能大量节约连接电缆经济性好等诸多优点，并同时具有故障录波，故障测距，故障诊断分析、显示、报表打印以及功能自检等附加功能，目前已广泛应用于电力系统，从而取代了传统的继电保护装置成为了保护系统的绝对主角。本次任务通过学习微机保护的原理与结构特点，了解微机保护的功能，熟悉硬件组成和软件流程，学会操作和调试微机保护自动装置。

【相关知识】

微机保护是指将微型机、微控制器等器件作为核心部件构成的继电保护。

一、微机保护的特点及构成

1. 微机保护的特点

（1）维护调试方便。在微机保护应用之前，布线逻辑的保护装置，调试工作量很大，尤其是一些复杂保护，调试一套保护常常需要一周，甚至更长时间。因为布线逻辑保护的所有功能，都是由相应的元件和连线实现的，为了确认保护装置的完好，需要通过模拟试验校核所有功能。而微机保护的各种复杂功能是由软件（程序）实现的，如果经检查，程序与设计时完全一样，就相当于布线逻辑的保护装置的各种功能已被检查完毕。

（2）可靠性高。微型机、微控制器等在程序指挥下，具有极强的综合分析和综合判断能力。所以，微机保护可以实现常规保护很难办到的自动纠错，实现自动识别和排除干扰，防止由于干扰造成的误动作。同时，微机保护的自诊断功能，能够自动检测出本身硬件的异常，配合多重化有效防止拒动，因此可靠性很高。目前，国内设计与制造的微机保护，均按照国际标准的电磁兼容试验考核，进一步保证了装置的可靠性。

（3）易于获得附加功能。采用微机保护，如果配置一台打印机，或者其他显示设备，或通过网络连接到后台计算机监控系统，可以在电力系统发生故障后提供多种信息。例如，保护动作时间和各部分的动作顺序记录、故障类型和相别及故障前后的电压和电流波形记录等，对于线路保护，还可以提供故障点的位置（测距功能）。这将有助于运行部门对事故的分析和处理。

（4）灵活性大。由于微机保护的特性和功能主要由软件决定，而不同原理的保护可以采用通用硬件。因此，只要改变软件就可以改变保护的特性和功能，从而可以灵活地适应电力系统运行方式的变化和其他要求。

（5）保护性能得到很好改善。由于微型机、微控制器的应用，很多原有型式的继电保护中存在的技术问题，可以找到新的解决办法。例如，变压器差动保护如何鉴别励磁涌流与内部故障等问题，都已提出了许多新的原理和解决办法。可以说，只要找出正常与故障的区别特征，微机保护基本上都能予以实现。

2. 微机保护的基本构成

微机保护需要有信号测量、逻辑判断、出口执行等布线逻辑保护具有的功能，并应具备友好的人机接口功能，这些功能是通过硬件装置和执行程序完成的。因此微机保护的基本构成包括硬件和软件（程序）两大部分。

二、微机型继电保护硬件结构

典型的微机保护硬件结构示意框图如图 6-4 所示，由数据采集（模拟量输入）系统、开关量（数字量）输入 / 输出系统、微机主系统组成。

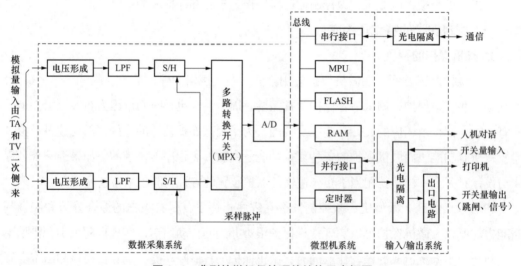

图 6-4　典型的微机保护硬件结构示意框图

（1）数据采集（模拟量输入）系统。数据采集系统（或称模拟量输入系统）包括电压形成、模拟低通滤波、采样保持（S/H）、多路转换（MPX）、模数转换（A/D）等功能模块，完成将模拟量准确地转换为微型机能够识别的数字量。

同布线逻辑保护相同，微机保护输入反应电力系统运行的模拟量电流和电压信号，而微机主系统只能处理数字信号，因此需要将模拟量转换成数字量，即通常所说的模数转换（A/D）。

（2）开关量（数字量）输入 / 输出系统。在保护工作过程中，需要检测大量的开关量，例如断路器和隔离开关的辅助触点、外部闭锁信号、断路器气压继电器触点等，这些触点的位置反映被保护对象的运行状态，参与实现保护功能；保护动作命令（跳闸、信号）是通过开关量输出接口的送出，实现对断路器、信号灯、音响等的控制。

开关量输入 / 输出系统由微型机的并行接口、光电隔离器件、有触点的中间继电器等组成，完成各种保护的出口跳闸、信号、外部触点输入、人机对话、通信等功能。

在微机保护运行中，有时需要接受工作人员的干预，例如，整定值的输入和修改、对微机主系统的检查等，这些工作通过人机对话实现。

（3）微机主系统。微机主系统是微机保护的核心，包括微处理器（MPU）、只读存储器（ROM）或闪存内存单元（FLASH）、随机存取存储器（RAM）、定时器 / 计数器、并行接口和串行接口等。微机执行编制好的程序，对数据采集系统输入到 RAM 区的原始数据进行分析、处理，完成各种继电保护的测量、逻辑和控制功能。

微机主系统通过 A/D 获得输入电压、电流的模拟量的过程称为采样，完成输入量到离散量的转换。采样通过采样中断完成，即在保护中设置一个定时器中断，中断时间到时，微处理器执行采样过程，启动 A/D 转换、读取 A/D 转换结果。采样中断的时间间隔称为采样间隔 T_S，则 $f_S = 1/T_S$ 为采样频率。采样频率的选择是微机保护硬件设计中的关键问题之一，采样频率越高，越能真实反映被采样信号，但要求微处理器的计算速度越高；相反，采样频率过低，将不能真实地反映被测信号。因此，要真实反映被采样信号，采样频率必须满足采样定理要求，即 $f_S > 2f_{max}$（f_{max} 为被采样信号中所含最高频率成分的频率），工程一般取 $f_S = (2.5 \sim 3) f_{max}$。

另外，微机保护工作还需要电源，电源工作的可靠性直接影响保护装置的可靠性。微机保护的电源要求多电压等级，且具有良好的抗干扰能力。

根据微机保护发展和应用情况分析，微机保护可以采用通用硬件平台方式。通用硬件平台应满足以下基本要求：

（1）高可靠性。可靠性和抗干扰能力一直是微机保护研究的重要内容之一，涉及硬件和软件多个方面。

（2）开放性。硬件平台对于未来硬件的升级应具有开放性，随着硬件技术的发展，能够容易地对硬件进行局部或整体升级，而不影响保护对外接口，从而始终保证微机保护硬件性能的先进性。

（3）通用性。不同类型的保护装置应尽可能具有相同的硬件平台，减少备品备件数量，减少现场调试时间，缩短产品开发周期和减少开发工作量。

（4）灵活性和可扩展性。硬件平台应适应不同保护装置的需求，对于现场的不同保护应用和对资源的不同需求，可以方便地增减相应模块，完全不必对硬件重新设计。

（5）模块化。模块化硬件结构能够充分满足上述硬件平台的要求和特点，装置的硬件数量总体上减少，相互通用。

（6）与新型互感器接口。硬件平台设计应考虑与新型光学互感器和电子式互感器的方便连接。

三、微机型保护软件的系统配置

各种不同功能、不同原理的微机保护，主要区别体现在软件上。因此，实现保护功能的关键，是将微机保护的算法与程序结合并合理安排程序结构，形成微机保护软件。

1. 保护算法

微机保护装置根据 A/D 转换提供的输入模拟量的采样数据进行分析、计算和判断，以实现各种继电保护功能的方法称为算法。保护算法是微机保护的核心，也是正在进一步开发的领域，可以采用常规保护的动作原理，但更重要的是要充分发挥微机的优越性，寻求新的保护原理和算法，要求运算工作量小，计算精度高，以提高微机保护的灵敏性和可靠性。按照算法的目标可以分为两大类：

（1）根据输入模拟量的采样值，通过一定的数学式或方程式计算出保护所反映的量值，然后与定值比较。这个过程相当于电磁式继电保护的某些复杂功能的继电器，例如为实现距离保护，可以根据电压、电流的采样值计算出阻抗，然后同给定的阻抗动作区比较。这类算法利用了微机能够进行数值计算的特点，实际中能够实现许多布线逻辑保护无法实现的功能。

（2）直接模仿继电保护的实现原理，根据保护的动作原理直接判断故障是否发生在保护区内，而不计算出实际模拟量的具体数值。这个过程相当于电磁式继电保护的一套保护。同样以距离保护为例，可以直接模仿距离保护的实现方法，根据动作方程判断故障是否在动作区内，而不计算出具体的阻抗值。这类算法计算工作量略有减小，通过计算机特有的数字处理和逻辑运算功能，使某些保护的性能明显提高。

2. 保护软件构成及功能

在各种类型的继电保护中，电流保护是最简单的一种保护，也最容易理解。因此，以下以三段式电流保护为例，说明保护软件构成及功能。

三段式电流保护流程图如图 6-5 所示，其中不包括人机接口等功能。

（1）系统程序。程序入口执行初始化模块，包括并行接口初始化、开关量状态保存、软硬件全面自检、标志清零、数据采集系统初始化（数据存储指针设置、采样间隔设计等）。

在开中断后，每间隔一个 T_S（数据采集系统的采样间隔），定时器发出一个采样脉冲，产生中断请求，于是，微型机暂停系统程序流程，转入执行一次中断服务程序，以保证对

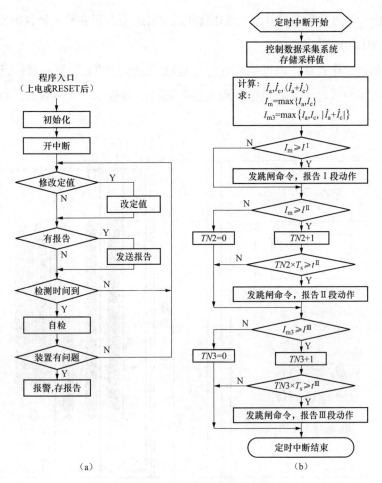

图 6-5 三段式电流保护流程图

（a）系统程序；（b）定时中断服务程序

输入模拟量的采集，并执行一次保护的相关功能，计算判断保护是否应该动作。

（2）定时中断服务程序。定时中断服务程序的功能，包括控制数据采集系统完成数据采集，计算保护功能中用到的测量值，将计算值与整定值比较判断，时钟计时并实现保护动作时限，保护逻辑判断发出保护出口命令。

可见，实际上微型机是交替执行系统程序和中断服务程序，从而实现保护功能以及微机保护装置本身的自检、人机联系功能。

【技能训练】

熟悉微机保护装置人机界面及基本操作。本节以 RCS-9611C 馈线保护测控装置为例，介绍人机界面功能、基本操作、面板信号。RCS-9611C 为数字式输电线路成套快速保护装置，用于 110kV 以下电压等级的非直接接地系统或小电阻接地系统中的馈线保护及测控，也可用作 110kV 接地系统中的电流、电压保护及测控装置。可在开关柜就地安装。

1. 人机界面功能

人机界面是工作人员获取保护装置有关信息，命令保护装置执行具体设定程序的沟通媒介。微机保护装置正面面板是实现人机界面功能的载体。RCS-9611C 的面板布置如图 6-6 所示。

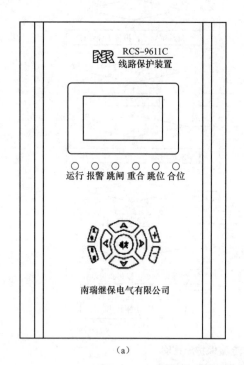
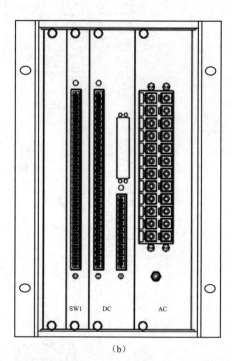

图 6-6　RCS-9611C 面板布置图

（a）装置的正面面板布置图；（b）装置的背面面板布置图

（1）指示灯说明。

"运行"灯为绿色，装置正常运行时点亮。

"报警"灯为黄色，当发生报警时点亮。

"跳闸"灯为红色，当保护跳闸时点亮，在信号复归后熄灭。

"合闸"灯为红色，当保护合闸时点亮，在信号复归后熄灭。

"跳位"灯为绿色，当开关在分位时点亮。

"合位"灯为红色，当开关在合位时点亮。

（2）液晶显示说明。

1）主画面液晶显示说明：装置上电后，正常运行时液晶屏幕将显示主画面，格式如图 6-7 所示。

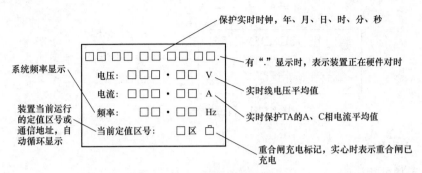

图 6-7 保护运行时液晶显示

2）保护动作时液晶显示说明：本装置能存储 64 次动作报告，当保护动作时，液晶屏幕自动显示最新一次保护动作报告，当一次动作报告中有多个动作元件时，所有动作元件将滚屏显示，格式如图 6-8 所示。

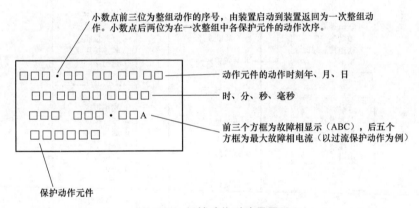

图 6-8 保护动作时液晶显示

3）运行异常时液晶显示说明：本装置能存储 64 次运行报告，保护装置运行中检测到系统运行异常则立即显示运行报告，当一次运行报告中有多个异常信息时，所有异常信息将滚屏显示，格式如图 6-9 所示。

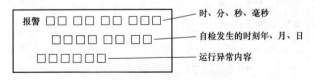

图 6-9 运行异常时液晶显示

4）自检出错时液晶显示说明：本装置能存储 64 次装置自检报告，保护装置运行中，硬件自检出错将立即显示自检报告，当一次自检报告中有多个出错信息时，所有自检信息将滚屏显示，格式如图 6-10 所示。

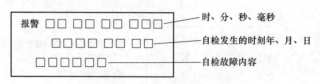

图6-10　自检出错时液晶显示

2. 基本操作

命令菜单使用说明：

本装置不提供单独的复归键，在主画面按"确认"键可实现复归功能。

在主画面状态下，按"▲"键可进入主菜单，通过"▲""▼""确认"和"取消"键选择子菜单。命令菜单采用如图6-11所示的树形目录结构。

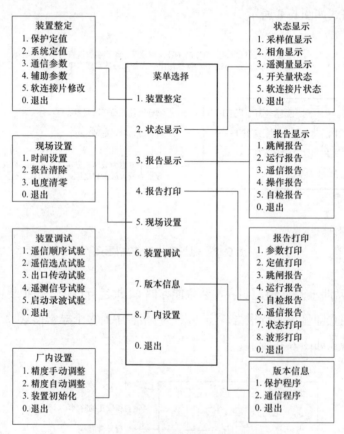

图6-11　命令菜单的树形目录结构

（1）装置整定。按"▲""▼"键用来滚动选择要修改的定值，按"◀""▶"键用来将光标移到要修改的位置，"＋"和"－"键用来修改数据，按键"取消"键为放弃修改返回，按"确认"键完成定值整定而后返回。

注：查看定值无需密码，修改定值需要密码。

（2）状态显示。本菜单主要用来显示保护装置电流、电压实时采样值和开关量状态，它全面地反映了该装置运行状态。只有这些量的显示值与实际运行情况一致，保护才能正确工作。建议投运时对这些量进行检查。

（3）报告显示。本菜单显示跳闸报告、运行报告、遥信报告、操作报告、自检报告。本装置具备掉电保持功能，不管断电与否，它均能记忆上述报告最新的各64次（遥信报告256次）。显示格式同图6-7~图6-10"液晶显示说明"。首先显示的是最新一次报告，按"▲"键显示前一个报告，按"▼"键显示后一个报告，按"取消"键退出至上一级菜单。

（4）报告打印。本菜单主要用来选择打印内容，其中包括参数、定值、跳闸报告、运行报告、自检报告、遥信报告、状态、波形的打印。

报告打印功能可以方便用户进行定值核对、装置状态查看与事故分析。

在发生事故时，建议用户妥善保存现场原始信息，将装置的定值、参数和所有报告打印保存，以便于进行事后分析与责任界定。

（5）现场设置。现场设置包括时间设置、报告清除、电度清零三个子菜单。报告清除和电度清零需要密码。

注意：请勿随意使用报告清除功能。在装置投运前，可使用本功能清除传动试验产生的报告。如果装置投运后，系统发生故障，装置动作出口，或者装置发生异常情况，建议先将装置的报告信息妥善保存（可以将装置内保存的信息和监控后台的信息打印或者抄录），而后再予以清除。

电度清零用以清除当地计算电度的累加值。

【任务实施及考核】

项目名称	微机型继电保护的基本原理及应用		
任务内容	熟悉微机保护装置人机界面及基本操作	学时	2
计划方式	实操		
任务目的	通过学习会对微机保护人机界面进行操作		
任务准备	设备说明书、相关图纸		
实施步骤	实施内容		
1	人机界面功能	（1）对保护装置上的各个指示灯说出其作用。（2）对保护运行时液晶界面内容能进行解读；对保护动作时液晶界面内容能进行解读；对装置自检液晶界面内容能进行解读	

续表

项目名称	微机型继电保护的基本原理及应用	
2	基本操作	（1）在主画面状态下，会按功能"△"键可进入主菜单，用"确认"和"取消"键选择子菜单。 （2）进入保护定值功能后，对装置的保护定值进行修改和整定。 （3）会对显示当前日期和时间的时钟进行修改。 （4）会调用显示保护动作报告、自检报告及连接片变位报告
考核内容	1. 制作 PPT 进行演示	
	2. 写出实训报告	
注意事项	整定及修改定值需输入口令	

任务 6.3　电力线路的继电保护

【任务描述】

在供配电系统中，35kV 以下输电线路相间短路保护主要采用三段式电流保护，第 I 段为无时限电流速断保护，第 II 段为限时电流速断保护，第 III 段为定时限过电流保护，其中第 I 段、第 II 段共同构成线路的主保护，第 III 段作为后备保护。本次任务主要是学习电力线路三段式电流保护的配置原则、工作原理及保护的整定计算方法。

【相关知识】

一、保护装置的启动电流

电力系统发生短路时，短路电流将大大超过正常运行时的负荷电流，因此，可以利用短路时的短路电流构成保护。这种反应电流的增大而动作的保护称为电流保护。

继电保护装置往往是由多套反应不同物理量或者不同动作时限的保护构成的。电流保护又可以根据其动作速度和保护范围的不同分为无时限电流速断保护、限时电流速断保护和定时限过电流保护。当电力系统发生短路时，继电保护装置中几种保护将同时对短路参数进行测量，并根据各自的保护范围，作出选择性判断，以最快的速度切除故障。也就是说在故障过程中，继电保护装置中的几种保护都可能启动，而启动的保护中速度最快的动作于断路器跳闸。

在系统发生短路时，首先要启动整套保护，开放保护装置出口回路的正电源，以准备保护动作于出口，同时启动故障计算程序，分析故障量来判断故障是否在保护区内，以何种速度跳闸，这个过程称为启动。对于电流保护来说，大部分装置采用电流突变量元件，即反应两相电流差的突变量元件作为启动元件，当突变量大于某一定值，保护装置启动。通常情况下，整套保护装置有一个总启动元件，而装置中反应某一变量的保护又有自己的启动元件。只有在总装置启动后，保护元件动作才可能出口。例如当线路发生相间短路，保护装置总启动，电流保护同时启动，经过必要的延时出口，跳开断路器，切除故障，称电流保护动作并出口。由此可见保护装置的总启动元件须有很高的灵敏度。

保护装置中的继电器都具有继电特性。继电特性就是指当输入量（如通过的电流）变化到某一数值时，其触点的状态发生突变（反应在触点的输出），继电器具有明确而快速的动作特性，即继电特性，如图 6-12 所示。保护装置中使保护动作的最小电流称为保护的动作电流，用 $I_{\text{act. min}}$ 表示；使保护返回的最大电流称为返回电流，用 I_{re} 表示；返回电流与动作电流的比值称为返回系数，用 K_{re} 表示，即

$$K_{\text{re}} = \frac{I_{\text{re}}}{I_{\text{act. min}}} \tag{6-4}$$

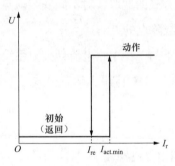

图 6-12　继电特性

二、电力系统的运行方式

在电源电动势一定的情况下，线路上任一点发生短路时，短路电流的大小与短路点至电源之间的总电抗及短路类型有关。三相短路电流大小计算式为

$$I_k^{(3)} = \frac{E_{\text{s}}}{X_{\text{s}} + x_1 L_k} \tag{6-5}$$

式中：E_{s} 为系统等效电源的相电动势；X_{s} 为归算至保护安装处至电源的等效电抗；x_1 为线路单位长度的正序电抗；L_k 为短路点至保护安装处的距离。

当系统运行方式一定时 E_{s} 和 X_{s} 为常数，这时三相短路电流取决于短路点的远近。改变 L_k，计算 $I_k^{(3)}$，即可绘出 $I_k^{(3)}=f(L)$ 一系列曲线。图 6-13 中的曲线①为系统最大运行方式下，三相短路电流随短路距离变化的曲线；曲线②为系统最小运行方式下，两相短路电流随短路距离变化的曲线。

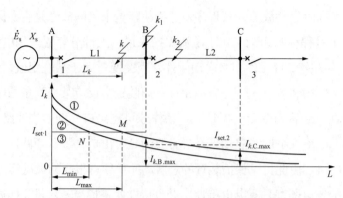

图 6-13　单侧电源线路的无时限电流速断保护工作原理

所谓最大运行方式是指归算到保护安装处系统的等值阻抗最小，$X_s=X_{s.min}$，通过保护的短路电流最大的运行方式；最小运行方式是指归算到保护安装处的系统等值阻抗最大，即 $X_s=X_{s.max}$，通过保护的短路电流最小的运行方式。故障点距保护安装处越近时，短路电流越大。

最大运行方式和最小运行方式的选取，对不同安装地点的保护，应视网络的实际情况而定。同一运行方式下，同一故障点的 $I_k^{(2)}=\dfrac{\sqrt{3}}{2}I_k^{(3)}$。

可见，系统最大运行方式下的三相短路电流最大，系统最小运行方式下的两相短路电流最小。图 6-13 中短路电流曲线①对应最大运行方式下三相短路情况，曲线②对应最小运行方式两相短路情况。

三、无时限电流速断保护

1. 无时限电流速断保护的定义及构成

无时限电流速断保护，简称为电流速断保护，又称为电流Ⅰ段保护。当电力系统的相间短路故障发生在靠近电源侧时，非常大的短路电流不仅对系统电力设备构成很大的损坏，还可能危及电力系统的安全，甚至造成电网的崩溃，这就要求能快速地切除故障来维护电网的安全。无时限电流速断保护的是反应电流的增大而瞬时动作的一种保护。它广泛地应用于输电线路及电气设备保护中。

（1）常规电磁保护原理图。无时限电流速断保护的单相原理图如图 6-14 所示。保护由电流继电器 KA、中间继电器 KM、信号继电器 KS 组成。

电流测量元件 KA 接于电流互感器 TA 的二次侧，正常运行时，线路流过的是负荷电流，TA 的二次电流小于 KA 的动作电流，保护不动作；当线路发生短路故障时，线路流过短路电流，当流过 KA 的电流大于它的动作电流时，测量元件 KA 动作，触点闭合，启动中间继电器元件 KM，KM 触点闭合，一方面控制断路器跳闸，切除故障线路；另一方面启动信号元件 KS，KS 动作，发出保护动作的告警信号。

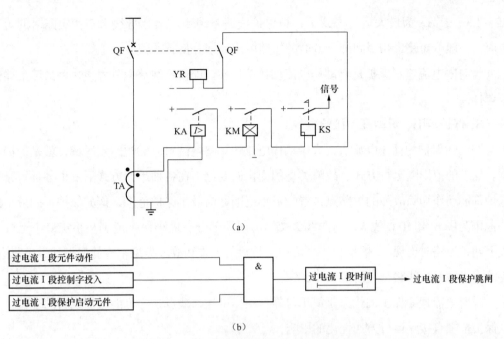

图 6-14 无时限电流速断保护的单相原理图

（a）常规电磁保护原理图；（b）微机保护逻辑框图

（2）微机保护逻辑框图。瞬时电流速断微机保护的单相构成原理接线如图 6-14（b）所示。为取得保护的级间配合时限可整定为速断或带极短的时限。

2. 无时限电流速断保护的整定

瞬时电流速断保护反应线路故障时电流增大而动作，并且没有动作延时，所以必须保证只有在被保护线路上发生短路时才动作，例如图 6-13 的保护 1 必须只反应线路 L1 上的短路，而对 L1 以外的短路故障均不应动作，这就是保护的选择性要求。瞬时电流速断保护是通过对动作电流的合理整定来保证选择性的。

为了保证瞬时电流速断保护动作的选择性，应按躲过本线路末端最大短路电流来整定计算。对于图 6-13 保护 1 的动作电流，应该大于线路 L2 始端短路时的最大短路电流。实际上，线路 L2 始端短路与线路 L1 末端短路时反映到保护 1 的短路电流几乎没有区别，因此，线路 L1 的瞬时电流速断保护动作电流的整定原则为：躲过本线路末端短路的可能出现的最大短路电流 $I_{k.\text{B.max}}$，计算如下

$$I_{\text{set.1}}^{\text{I}} > I_{k.\text{B.max}}^{(3)}$$

或

$$I_{\text{set.1}}^{\text{I}} = K_{\text{rel}}^{\text{I}} I_{k.\text{B.max}}^{(3)} \tag{6-6}$$

式中：$I_{\text{set.1}}^{\text{I}}$ 为保护装置 1 的整定电流，线路中的一次电流达到保护装置整定电流时保护启动；$K_{\text{rel}}^{\text{I}}$ 为可靠系数，考虑到继电器的误差、短路电流计算误差和非周期量影响等，取

$1.2 \sim 1.3$；$I_{k.B.max}^{(3)}$ 为最大运行方式下，被保护线路末端变电站 B 母线上三相短路时的短路电流，一般取短路最初瞬间即 $t=0$ 时的短路电流周期分量有效值。

无时限电流速断保护是靠动作电流获得选择性。即使本线路以外发生短路故障也能保证选择性。

3. 保护范围、灵敏度的校验

在已知保护的动作电流后，大于动作电流的短路电流对应的短路点区域，就是保护范围。保护的范围随运行方式、故障类型的变化而变化，在各种运行方式下发生各种短路时保护都能动作切除故障的短路点位置的最小范围称为最小保护范围，例如保护 1 的最小保护范围为图 6-13 中直线 $I_{set.1}$ 与曲线 2 交点的前面部分。最小保护范围在系统最小运行方式下两相短路时出现。一般情况下，应按这种运行方式和故障类型来校验保护的最小范围，要求大于被保护线路全长的 15% ~ 20%。

瞬时电流速断保护的优点是简单可靠、动作迅速，缺点是不可能保护线路的全长，并且保护范围直接受运行方式变化的影响。

DL/T 584—2017《3kV ~ 110kV 电网继电保护装置运行整定规程》规定：最小保护范围不小于被保护线路全长的 15%；最大保护范围大于被保护线路全长 50%，一般达到 85%，否则保护将不被采用。

四、限时电流速断保护

1. 限时电流速断的作用

无时限电流速断保护的保护范围只是线路的一部分，为了保护线路的其余部分，又能较快地切除故障，往往需要再装设一套具有延时的电流速断保护，又称限时电流速断保护。

图 6-15 所示，E_s 线路末端 k_1 点短路与相邻线路首端 k_2 点短路时，其短路电流基本相同。为了保护线路全长，本线路限时电流速断保护的保护范围必须延伸到相邻线路内。考虑到选择性，限时电流速断保护的动作时限和动作电流都必须与相邻元件无时限速断保护相配合。

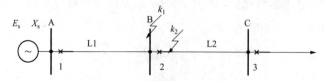

图 6-15　限时电流速断保护

2. 限时电流速断的构成

限时电流速断保护就是在速断保护的基础上加一定的延时构成的。接线如图 6-16 所示。它比瞬时电流速断保护接线增加了时间继电器 KT，这样当电流继电器 KA 启动后，还必须经过时间继电器 KT 的延时 t_1^{II} 才能动作于跳闸。而如果在 t_1^{II} 以前故障已经切除，则电流继电器 KA 立即返回，整个保护随即复归原状，不会形成误动作。

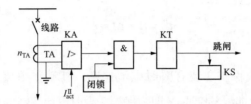

图 6-16　限时电流速断保护的单相原理接线图

3. 工作原理

如图 6-17 所示中的限时电流速断保护 1，因为要求保护线路的全长，所以它的保护范围必然要延伸到下级线路中去，这样当下级线路出口处发生短路时，它就要动作。是无选择性动作。为了保证动作的选择性，就必须使保护的动作带有一定的时限，此时限的大小与其延伸的范围有关。如果它的保护范围不超过下级线路速断保护的范围，动作时限则比下级线路的速断保护高出一个时间阶梯 Δt（$0.3 \sim 0.6s$，一般取 $0.5s$）。如果与下级线路的速断保护配合后，在本线路末端短路时灵敏性不足，则此限时电流速断保护必须与下级线路的限时电流速断保护配合，动作时限比下级的限时速断保护高出一个时间阶梯，即两个时间阶梯 $2\Delta t$，约为 $1s$。

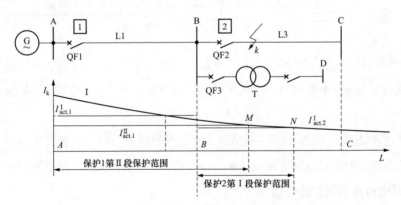

图 6-17　限时电流速断保护动作整定分析图

4. 动作时限的整定

为了保护线路全长，本线路限时电流速保护的保护范围必须延伸到相邻线路内。考虑到选择性，限时电流速断保护的动作时限和动作电流都必须与相邻元件无时限速断保护相配合。

图 6-17 中，线路 L2 的 BM 段处于线路 L2 的第 I 段电流保护和线路 L1 的第 II 段电

流保护的双重保护范围内，在 BM 段发生短路时，必然出现这两段保护的同时动作。为了保证选择性，应由 L2 的第 1 段电流保护动作跳开 QF2，L1 的第 Ⅱ 段电流保护不跳开 QF1。为此，L1 的限时速断的动作时限 t_1^{II}，应选择比下级线路 L2 瞬时速断保护的动作时限 t_2^{I} 高出一个时间阶梯 Δt，即

$$t_1^{\mathrm{II}} = t_2^{\mathrm{I}} + \Delta t \approx \Delta t \tag{6-7}$$

5. 动作电流的整定

设图 6-17 所示系统保护 2 装有瞬时电流速断，其动作电流按式（6-6）计算后为 $I_{\mathrm{set.2}}^{\mathrm{I}}$，它与短路电流变化曲线的交点 N 即为保护 2 瞬时电流速断的保护范围。根据以上分析，保护 1 的限时电流速断范围不应超出保护 2 瞬时电流速断的范围。因此它的动作电流就应该整定为

$$I_{\mathrm{set.1}}^{\mathrm{II}} > I_{\mathrm{set.2}}^{\mathrm{I}} \tag{6-8}$$

引入可靠系数 $K_{\mathrm{rel}}^{\mathrm{II}}$（一般取为 1.1 ~ 1.2），则得

$$I_{\mathrm{set.1}}^{\mathrm{II}} = K_{\mathrm{rel}}^{\mathrm{II}} I_{\mathrm{set.2}}^{\mathrm{I}} \tag{6-9}$$

6. 灵敏度校验

为了能够保护本线路的全长，限时电流速断保护必须在系统最小运行方式下，线路末端发生两相短路时，具有足够的反应能力，这个能力通常用灵敏系数 K_{sen} 来衡量。对反应于数值上升而动作的过量保护装置，灵敏系数的含义是

$$K_{\mathrm{sen}} = \frac{\text{保护区末端金属性短路时故障参数的最小计算值}}{\text{保护装置的动作参数值}} \tag{6-10}$$

为了保证在线路末端短路时，保护装置一定能够动作，考虑到电流互感器 TA、电流继电器误差，根据 GB/T 14285—2023《继电保护和安全自动装置技术规程》要求 K_{sen} ≥ 1.3 ~ 1.5。

当灵敏度不能满足 GB/T 14285—2023《继电保护和安全自动装置技术规程》要求时，可与下一相邻线路的限时电流速断保护相配合，即与动作电流相配合和动作时限相配合。

7. 限时电流速断保护的特点

（1）限时电流速断保护的保护范围大于本线路全长。

（2）依靠动作电流值和动作时间共同保证其选择性。

（3）与第 Ⅰ 段共同构成被保护线路的主保护，兼作第 Ⅰ 段的近后备保护。

五、定时限过电流保护

1. 定时限过电流保护作用

定时限过电流保护简称过电流保护，也称电流Ⅲ段。通常是指其动作电流按躲过线路

最大负荷电流整定的一种保护。正常运行时，它不会动作；电网发生故障时，一般情况下故障电流比最大负荷电流大得多，所以过流保护具有较高的灵敏性。因此，过流保护不仅能保护本线路全长，而且还能保护相邻线路全长甚至更远。

为防止本线路主保护（瞬时电流速断、限时电流速断保护）拒动和下一级线路的保护或断路器拒动，装设定时限过电流保护作为本线路的近后备和下一线路的远后备保护。过电流保护有两种：一种是保护启动后出口动作时间是固定的整定时间，称为定时限过电流保护；另一种是出口动作时间与过电流的倍数相关，电流越大，出口动作越快，称为反时限过电流保护。

定时限过电流保护的原理接线与限时电流速断保护相同，只是动作电流和动作时限不同。

2. 动作电流的整定

在图 6-18 所示的电网中，为保证在正常情况下过电流保护不动作，保护装置的动作电流必须大于该线路上出现的最大负荷电流 $I_{L.max}$，即

$$I_{set}^{III} > I_{L.max} \tag{6-11}$$

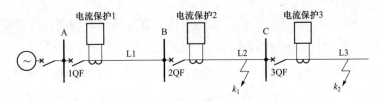

图 6-18　定时限过电流保护配置

同时还必须考虑在外部故障切除后电压恢复，负荷自启动电流作用下保护装置必须能够返回，其返回电流 I_{re} 应大于负荷自启动电流 $K_{ast}I_{L.max}$，即

$$I_{re} > K_{ast}I_{L.max} \tag{6-12}$$

故得

$$K_{re} = \frac{I_{re}}{I_{act}^{III}} \tag{6-13}$$

由式（6-10）和式（6-11）可得

$$I_{set}^{III} > \frac{K_{ast}I_{L.max}}{K_{re}} \tag{6-14}$$

为保证两个条件都满足，取以上两个条件中较大者为动作电流整定值，即

$$I_{set}^{III} = \frac{K_{re1}}{K_{re}}K_{ast}I_{L.max} \tag{6-15}$$

式中：K_{ast} 为自启动系数，一般取 1.5～3 ；K_{re1} 为可靠系数，一般取 1.15～1.25 ；K_{re} 为电流继电器的返回系数，一般取 0.85～0.95。

3. 动作时限的确定

图 6-19 所示，假定在每条线路首端均装有过电流保护，各保护的动作电流均按照躲开被保护元件上各自的最大负荷电流来整定。这样当 k_1 点短路时，保护 1～5 在短路电流的作用下都可能启动，为满足选择性要求，应该只有保护 1 动作切除故障，而保护 2～5 在故障切除之后应立即返回。这个要求只有依靠使各保护装置带有不同的时限来满足。保护 1 位于电力系统的最末端，假设其过电流保护动作时间为 t_1^{III}，对保护 2 来讲，为了保证 k_1 点短路时动作的选择性，则应整定其动作时 $t_2^{\text{III}} > t_1^{\text{III}}$，即 $t_2^{\text{III}} = t_1^{\text{III}} + \Delta t$。

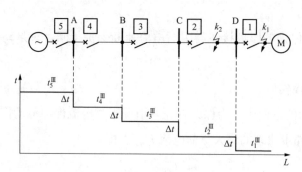

图 6-19　单侧电源放射形网络中定时限过电流保护的动作时限

依此类推，保护 3、4、5 的动作时限均应比相邻元件保护的动作时限高出至少一个 Δt，只有这样才能充分保证动作的选择性。即 $t_1^{\text{III}} < t_2^{\text{III}} < t_3^{\text{III}} < t_4^{\text{III}} < t_5^{\text{III}}$。

由此可见，定时限过电流保护动作时限的配合原则是，各保护装置的动作时限从用户到电源逐级增加一个级差 Δt（一般取 0.5s），如图 6-19 所示，其形状好似一个阶梯，故称为阶梯形时限特性。在电网终端的过电流保护时限最短，可取 0.5s 作主保护；其他保护的时限较长，只能作后备保护。

这种保护的动作时限，经整定计算确定之后不再变化且和短路电流的大小无关，因此称为定时限过电流保护。

第 I 段电流保护依据动作电流整定保证选择性；第 II 段电流保护依据动作电流和时限整定共同保证选择性；第 III 段电流保护依据动作时限的"阶梯形时限特性"配合来保证选择性。

4. 灵敏度校验

过电流保护灵敏系数的校验仍采用式（6-10）。当过电流保护 4 作为本线路 AB 的近后备时，要求

$$K_{\text{sen}}^{\text{III}} = \frac{I_{k.\text{B.min}}}{I_{\text{set}}^{\text{III}}} = 1.3 ～ 1.5 \tag{6-16}$$

当作为相邻线路 BC 的远后备保护时，要求

$$K_{\text{sen}}^{\text{III}} = \frac{I_{k.\text{C.min}}}{I_{\text{set}}^{\text{III}}} \geq 1.2 \tag{6-17}$$

5. 定时限过电流的特点

（1）第Ⅲ段的动作电流比第Ⅰ、Ⅱ段的小，其灵敏度比第Ⅰ、Ⅱ段高，但电流保护受运行方式的影响大，线路越简单，可靠性越高。

（2）在后备保护之间，只有灵敏系数和动作时限都互相配合时，才能保证选择性；在单侧电源辐射网中，有较好的选择性（靠动作电流、动作时限），但在多电源或单电源环网等复杂网络中可能无法保证选择性。

（3）保护范围是本线路和相邻下一线路全长。

（4）电网末端第Ⅲ段的动作时间可以是保护中所有元件的固有动作时间之和（可瞬时动作），故可不设电流速断保护；末级线路保护亦可简化（Ⅰ+Ⅲ或Ⅲ），越接近电源，$t^{\text{Ⅲ}}$ 越长，应设三段式保护。

六、阶段式电流保护

1. 阶段式电流保护的构成

无时限电流速断保护只能保护线路首端的一部分；限时电流速断保护能保护本线路全长，但不能作为相邻下一线路的后备；定时限过电流保护能保护本线路及相邻下一线路全长，然而动作时限较长。为了迅速、可靠地切除被保护线路上的故障，可将上述三种保护组合在一起构成一套保护，称为阶段式电流保护。

由瞬时电流速断保护构成电流Ⅰ段，限时电流速断保护为电流Ⅱ段，过电流保护为电流Ⅲ段；电流Ⅰ、Ⅱ段共同构成主保护，能以最快的速度切除线路首端故障和以较快的速度切除线路全长范围内的故障，电流Ⅲ段作为后备保护，既作为本线路电流Ⅰ、Ⅱ段保护的近后备保护，也作为下一线路的远后备保护。

阶段式电流保护不一定都用三段，也可以只用两段，即瞬时或限时电流速断保护作为电流Ⅰ段，过电流保护作为电流Ⅱ段，构成两段式电流保护。

2. 三段式电流保护原理与展开图

继电保护的接线图一般分为原理图、展开图和安装图三种形式。微机型保护装置由于其实现原理比较复杂，一般画出框图或逻辑图，表示出保护装置的基本功能及它们之间的联系。框图是原理图的设计依据；逻辑图则表示出各元件或回路之间的逻辑关系。

保护装置的原理图（又称归总式原理图）可以清楚地表示出接线图中各元件间的电气联系和动作原理。在原理接线图上所有电气元件都是以整体形式表示，其相互联系的电流回路、电压回路和直流回路都综合在一起。为了便于阅读和表明动作原理，一般还将一次回路的有关部分，如断路器、跳闸线圈、辅助触点以及被保护的设备等都画在一起。

展开图是原理图的另一种表示方法。它的特点是按供电给二次回路的每个独立电源来划分的，即将装置的交流电流回路、交流电压回路和直流回路分开来表示。在原理图中所包括的继电器和其他电器的各个组成部分如线圈、触点等在展开图中被分开画在它们所属的不同回路中，属于同一个继电器的全部元件要注以同一文字符号，以便在不同回路中查找。

图 6-20 为三段式电流保护的接线图。保护采用两相不完全星形接线。为了在 Yd 接线的变压器后两相短路时提高第Ⅲ段的灵敏度，故该段采用了两相三继电器式接线。

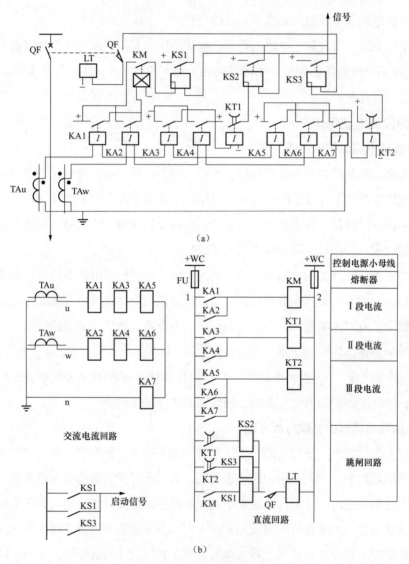

图 6-20 三段式电流保护

（a）原理图；（b）展开图

微机线路保护的原理可以用逻辑图表示，图 6-21 为微机三段式过电流保护的逻辑原理图。装置设三段式保护，其中Ⅰ、Ⅱ段为定时限过电流保护，Ⅲ段可设定时限或反时限，由控制字进行选择。各段电流及时间定值可独立整定，分别设置整定控制字（GLx）控制三段保护的投退。III段可选择反时限方式（FSX），过负荷（GFH）三相电流按或门启动。保护动作的前提是启动元件必须启动，保护才能发挥正常功能。

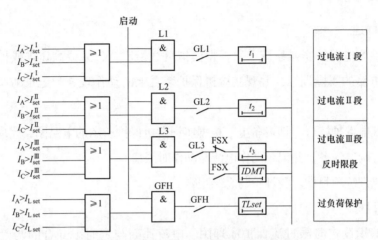

图 6-21　微机三段式过电流保护逻辑原理图

3. 阶段式电流保护的时限特性

图 6-22 所示为阶段式电流保护的时限特性，三段式电流保护的动作电流、保护范围及动作时限的配合情况。由图 6-22 可见，在被保护线路首端 k_1 故障时，保护的第 I 段将瞬时动作；在被保护线路末端 k_2 故障时，保护的第 II 段将带 0.5s 时限切除故障；而第 III 段只起后备作用。所以，装有三段式电流保护的线路，一般情况下，都可以在 0.5s 时间内切除故障。

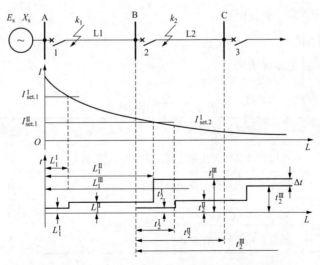

图 6-22　单侧电源线路三段式电流保护的配合情况

本线路的第Ⅲ段应与相邻下一线路的第Ⅲ段从时限上进行配合，当前后两线路的负荷变化不大时，还应从灵敏度上进行配合。

【任务实施及考核】

1. 项目描述

（1）在供配电保护实操系统上，根据模拟负载给定值，完成高压进线柜定时限、速断过流保护电路的实操训练，并观测微机保护装置上的动作现象，记录动作电流与动作时限值。

（2）在继电保护综合实训设备上，根据实训微机保护所示的电路图，完成接线、动作参数的整定与调试任务，并记录动作电流与动作时限值。

（3）完成训练项目的自我评价与总结报告。

2. 教学目标

（1）能够识读定时限过流保护原理图、电流速断与定时限配合的两段过流保护原理图。

（2）能够认识高压开关柜过流保护电路的实物器件。

（3）能够看图接线、调试，调整过流保护动作参数，并能排查故障。

（4）具备团结协作精神与语言表达能力。

3. 学时与教学实施

2学时；教学采用教、实操、做一体，学生分小组展开动手实践教学过程。

4. 训练设备

10kV 微机馈线保护装置、供配电实训装置、电源总控柜、直流屏控制装置、继电保护校验仪、模拟断路器、负载柜等。

5. 项目评价标准

项目评价标准如表6-2所示。

表6-2　项目评价标准

项目评价标准		配分	得分
知识与技能（30分）	能够识读高压进线柜过流保护电路的原理图	10	
	能正确认识器件，并正确使用	10	
	会用万用表检查电路	5	
	能够正确调整动作参数	5	

续表

项目评价标准		配分	得分
技能训练（40分）	在规定时间内正确接线，完成所有内容	20	
	正确检查线路，并独立排查故障	10	
	独立调试，方法正确；通电调试成功	10	
	参数选择错误，每一处扣5分		
	电路图每一处错误扣5分		
	不会检查电路扣10分		
协作组织（10分）	小组任务实施组织分工合理，小组配合好，积极协作完成任务	10	
	不配合，分工任务不明确，或不协作，每有一处，扣5分		
分析报告（10分）	按时交实训总结报告，内容书写完整、认真、正确	10	
安全意识（10分）	任务结束后清扫工作现场，并将工具摆放整齐	10	
	任务结束不清理现场扣10分；不遵守操作规程扣5分		

任务 6.4　电力变压器的继电保护

【任务描述】

电力变压器是企业供电系统中的重要电气设备，在运行中，可能会出现故障和不正常运行现象，这对企业的安全生产产生严重的影响。因此，必须根据变压器的容量和重要程度装设合适的保护装置。本次任务主要是以工厂车间变电站主变压器保护为载体，了解变压器常用的保护及各保护的基本原理，根据给定电力变压器的容量、运行方式和使用环境确定电力变压器的保护方式，具有识读变压器保护中过流保护、气体保护等电路图的能力。并会对变压器保护中的过电流保护和速断保护进行整定。

【相关知识】

一、电力变压器的故障和异常运行状态

电力变压器是电力系统中的重要设备，变压器发生故障将对供电可靠性和系统正常运

行产生严重影响，并且故障后修复困难。

变压器故障分为油箱内故障和油箱外故障。变压器油箱内故障包括绕组之间发生的相间短路、一相绕组中发生的匝间短路、绕组与铁芯或外壳之间发生的单相接地短路等；变压器油箱外故障包括引出线上发生的各种相间短路、引出线套管闪络或破碎时通过外壳发生的单相接地短路等。由于变压器本身结构的特点，油箱内部发生故障是十分危险的，故障产生电弧将引起绝缘物质的剧烈气化，可能导致变压器外壳局部变形，甚至引起爆炸。因此，变压器发生故障时，必须尽快将变压器从电力系统切除。

变压器异常运行包括过负荷、油箱漏油造成的油面降低、外部短路引起的过电流等。变压器处于异常运行时，应发出信号。

二、电力变压器保护设置要求

变压器一般应装设下列保护装置。

1. 变压器主保护

变压器主保护包括气体保护（瓦斯保护）、纵差动保护或电流速断保护等。

（1）气体保护。变压器气体保护也称为瓦斯保护，用于反应变压器油箱内部的各种故障，以及变压器漏油造成的油面降低。GB/T 14285—2023《继电保护和安全自动装置技术规程》规定，对于容量在 800kVA 及以上的油浸式变压器、400kVA 及以上的车间内油浸式变压器，应装设气体保护。

（2）纵差动保护或电流速断保护。用于反应变压器绕组、套管及引出线上的短路故障，根据变压器的容量大小，装设纵差动保护或电流速断保护，动作跳开变压器各侧断路器。

GB/T 14285—2023《继电保护和安全自动装置技术规程》规定，对于容量在 10000kVA 以上单独运行变压器、容量在 6300kVA 以上并列运行变压器或企业中的重要变压器，应装设纵差动保护；对于容量在 10000kVA 以下的变压器，当过电流保护动作时间大于 0.5s 时，应装设电流速断保护。

2. 变压器后备保护及过负荷保护

（1）过电流保护。用于反应外部相间故障引起的变压器过电流，并作为变压器主保护的后备保护。

（2）零序保护。用于反应中性点直接接地变压器高压侧绕组接地短路故障，以及高压侧系统的接地短路故障，作为变压器主保护及相邻元件接地故障的后备保护。

（3）过负荷保护。用于反应 400kVA 及以上变压器的三相对称过负荷。过负荷保护只需要取一相电流，延时动作于信号。

三、变压器气体保护与温度保护

1. 变压器气体保护原理

气体保护的主要元件是气体继电器，它装设在变压器的油箱与储油柜之间的连通管上，利用油浸式电力变压器内部故障时产生的气体进行工作，如图 6-23 所示。为让变压器油箱内产生的气体顺利通过与气体继电器连接的管道流入储油柜，应保证连通管对变压器油箱顶盖有 2% ~ 4% 的倾斜度，变压器安装应取 1% ~ 1.5% 的倾斜度。

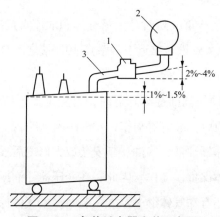

图 6-23　气体继电器安装示意图

1—气体继电器；2—储油柜；3—连接导管

下面以目前广泛使用的开口杯挡板式气体继电器为例说明其结构和工作原理。图 6-24 所示为开口杯挡板式气体继电器的结构图。正常运行时，上、下开口杯 3 和 7 都浸在油中，

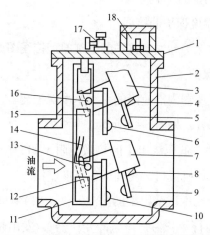

图 6-24　FJ3-80 型开口杯挡板式气体继电器的结构示意图

1—盖；2—容器；3—上开口杯；4—永久磁铁；5—上动触点；6—上静触点；7—下开口杯；
8—永久磁铁；9—下动触点；10—下静触点；11—支架；12—下油杯平衡锤；13—下油杯转轴；
14—挡板；15—上油杯平衡锤；16—上油杯转轴；17—放气阀；18—接线盒

开口杯和附件在油内的重力所产生的力矩小于平衡锤 12 和 15 所产生的力矩，因此开口杯向上倾，干簧动触点 5 和 9 断开，变压器信号显示为正常运行状态。

当变压器内部发生轻微故障时，少量的气体逐渐汇聚在继电器的上部，迫使继电器内油面下降，而使开口杯露出油面，此时由于浮力的减小，开口杯和附件在空气中的重力加上油杯内油重所产生的力矩大于平衡锤 15 所产生的力矩，从而使上开口杯 3 顺时针方向转动，带动永久磁铁 4 靠近上静触点 6，使触点闭合，发出"轻气体"保护动作信号。

当变压器油箱内部发生严重故障时，大量气体和油流直接冲击挡板 14，使下开口杯 7 顺时针方向旋转，带动永久磁铁 8 靠近下静触点 10，使之闭合，发出"重气体"保护动作信号，同时发出跳闸脉冲。

当变压器由于严重漏油使油面逐渐降低时，首先是上开口杯露出油面，发出报警信号，进而下开口杯露出油面后，继电器动作，发出跳闸脉冲。

值得注意的是，在变压器注油、换油、新安装或大修之后投入运行之初，由于油中混有少量气体，可能引起气体保护误动作。因此，在变压器注油或换油后、变压器新安装或大修之后投入运行之初，还有在气体继电器做试验时，重气体保护的动作出口应暂时切换至信号回路，以防止误动作。

2. 油浸式变压器的温度保护

容量在 1000kVA 及以上的油浸式变压器应装设温度保护。通常采用一个温度继电器安装在变压器的油箱壁上来测量油箱温度，当油箱温度超过允许值时，温度继电器的触点接通，去触发信号装置发出预告信号。

3. 变压器气体保护及温度保护的接线

油浸式电力变压器气体保护和温度保护的电气原理接线图如图 6-25 所示。

4. 干式变压器的温度保护

温度保护是保护干式变压器内部故障的一种基本保护装置。干式变压器的温度保护分为温度显示和温度控制两部分，如图 6-26 所示。

温度显示系统通过预埋在低压绕组中的热敏电阻（如 Pt100）测取温度信号，直观显示各相绕组温度，并可带计算机接口，实现远程温度监控。

温度控制系统通过预埋在低压绕组中的测温元件（如 PTC）测取温度信号，并根据绕组温度，控制冷却风机的运行（若为强迫风冷变压器），发出超温报警信号，直至发出超高温跳闸信号。干式变压器的温度保护接线图如图 6-27 所示。

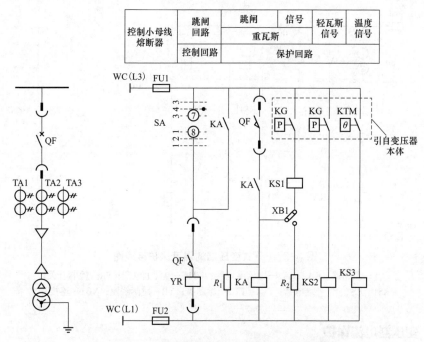

图 6-25　气体保护和温度保护的电气原理接线图

QF—断路器；TA1 ~ TA3—电流互感器；KA—电流继电器；KG—气体继电器；KTM—温度继电器；
SA—控制开关；KS1 ~ KS3—信号继电器；FU1、FU2—熔断器；YR—跳闸线圈；XB1—连接片

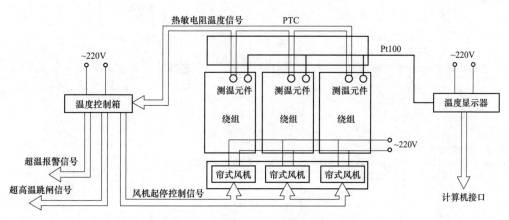

图 6-26　干式变压器的温度保护系统图

控制小母线熔断器	跳闸回路	保护跳闸	门联锁	跳闸	信号	超温信号
				超高温		
	控制回路	保护回路				

| 超高温 | 超温 |
| 预告信号回路 | |

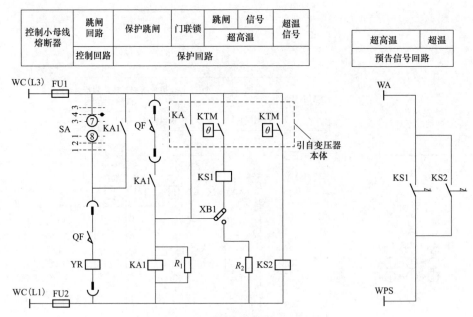

图 6-27 干式变压器的温度保护接线图

QF—断路器；KA、KA1—电流继电器；KTM—温度继电器；SA—控制开关；
KS1、KS2—信号继电器；FU1、FU2—熔断器；YR—跳闸线圈；XB1—连接片

四、变压器电流保护

图 6-28 所示为变压器电流速断保护、过电流保护及过负荷保护的综合原理图。其中，

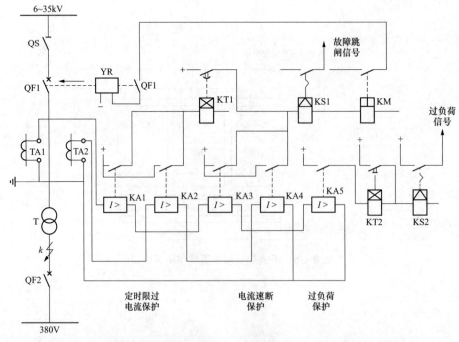

图 6-28 变压器的电流速断保护、过电流保护和过负荷保护综合原理图

注： 电流保护动作以后，断开变压器两侧的断路器。图示中仅画出跳高压侧。

KA1、KA2 构成定时限过电流保护，KA3、KA4 构成电流速断保护，KA5 构成过负荷保护。

变压器的过电流保护用来保护变压器外部短路时引起的过电流，同时又可作为变压器内部短路时气体保护和差动保护的后备保护。为此，保护装置应装在电源侧。过电流动作以后，断开变压器两侧的断路器。

1. 变压器电流速断保护

为尽快地切除相间短路故障变压器，应装设速断保护装置。变压器电流速断保护的组成、原理，也与电力线路的电流速断保护完全相同。

变压器电流速断保护的动作电流，与线路的电流速断保护相似，保护的动作电流按下列条件选择：

（1）大于变压器负荷侧 k 点短路时流过保护的最大短路电流。即

$$I_{set}=K_{re1}I_{k.max} \tag{6-18}$$

式中：K_{re1} 为可靠系数，一般取 1.3 ~ 1.4；$I_{k.max}$ 为最大运行方式下，变压器低压侧母线发生短路故障时，流过保护的最大短路电流。

（2）躲过变压器空载投入运行时的励磁涌流，通常取

$$I_{set}=(3 \sim 5)I_N \tag{6-19}$$

式中：I_N 为保护安装侧变压器的额定电流。

取上述两条件的较大值作为保护动作的电流值。

保护的灵敏度要求

$$K_{sen}=\frac{I_{k.min}^{(2)}}{I_{set}} \geqslant 2 \tag{6-20}$$

式中：$I_{k.min}^{(2)}$ 为最小运行方式下，保护安装处两相短路时的最小短路电流。

2. 变压器的过电流保护

变压器过电流保护主要是对变压器外部故障进行保护，也可作为变压器内部故障的后备保护。保护装置的动作电流按躲过变压器的最大负荷电流整定，即

$$I_{set}=\frac{K_{re1}}{K_r}I_{L.max} \tag{6-21}$$

式中：K_{re1} 为可靠系数，取 1.2 ~ 1.3；K_r 为电流元件的返回系数，取 0.85；$I_{L.max}$ 为变压器的最大负荷电流。

保护的灵敏系数校验公式为

$$K_{sen}=\frac{I_{k.min}^{(2)}}{I_{set}} \tag{6-22}$$

式中：$I_{k.min}^{(2)}$ 为校验点最小两相短路电流。

变压器过电流保护动作时间的整定同线路过电流保护，按"阶梯原则"整定。变压器过电流保护动作时限应比二次侧出线过电流保护的最大动作时限大一个 Δt。对车间变电站的变压器过电流保护动作时限，动作时间可整定为最小值（0.5s）。

3. 变压器过负荷保护

变压器长期过负荷运行时，绕组会因发热而受到损伤。GB/T 14285—2023《继电保护和安全自动装置技术规程》规定，容量为 0.4MVA 及以上的变压器，应根据实际可能出现过负荷的情况装设过负荷保护。过负荷保护可为单相式，具有定时限或反时限的动作特性。过负荷保护在检测到绕组电流大于动作电流后，经延时发出信号，运行人员据此通过减少负荷等措施使变压器保持正常运行。

由于变压器三相负荷基本对称，通常只检测一相电流。

对于一般的变压器采用定时限过负荷保护，过负荷保护的动作电流应躲过变压器的额定电流，即

$$I_{set} = \frac{K_{re1}}{K_{re}} I_N \tag{6-23}$$

式中：K_{re1} 为可靠系数，取 1.05；K_{re} 为返回系数，取 0.85；I_N 为变压器的额定电流。

为防止过负荷保护在外部短路故障及短时过负荷时误发信号，其动作时限应比变压器后备保护的时限大一个时限级差 Δt。

对于大型变压器，可以采用反时限的过负荷保护，反时限特性与变压器过负荷曲线相配合。过负荷保护的动作电流和延时根据变压器绕组的过负荷倍数和允许运行时间来整定。过负荷倍数比较大时，允许运行时间较短；反之允许运行时间较长。

五、变压器纵差动保护

（一）差动保护原理

变压器纵差动保护作为变压器绕组故障时变压器的主保护，其保护区是构成差动保护的各侧电流互感器之间所包围的部分，包括变压器本身、电流互感器与变压器之间的引出线。

变压器差动保护的动作原理：通过比较变压器两侧电流的大小和相位决定保护是否动作，单相原理接线图如图 6-29 所示。三绕组变压器的差动保护，其原理与图 6-29 相类似，只是将三侧的"和电流"接入差动继电器 KD，这里不再赘述。

电力系统中，变压器通常采用 Yd11 接线方式，两侧线电流的相位相差 30°。如果将变压器两侧同名相的线电流经过电流互感器变换后，直接接入保护的差动回路，即使两个电流互感器的变比选择合适，使其二次电流数值相等，即 $I_1' = I_2'$，流入差动继电器的电流也不等于零，因此在电流互感器二次采用相位补偿接线和幅值调整。具体为变压器星形侧的三个电流互感器二次绕组采用三角形接线（自然消除了零序电流的影响），变压器三角形侧的三个电流互感器二次绕组采用星形接线，将引入差动继电器的电流校正为同相位；同时，二次绕组采用三角形接线的电流互感器变比调整为原来的 $\sqrt{3}$ 倍。微机型变压器差动保护，可以通过软件计算实现相位校正。

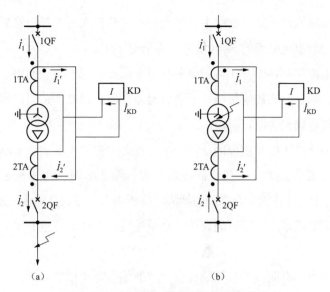

图 6-29　变压器差动保护单相原理接线
（a）变压器正常运行或外部故障；（b）变压器内部故障

1. 变压器正常运行或外部故障

根据图 6-29（a）所示电流分布，此时流入差动继电器 KD 的电流是变压器两侧电流的二次值相量之差，适当选择电流互感器 1TA 和 2TA 的变比，再经过相位补偿接线和幅值调整，实际流入差动继电器的电流为不平衡电流，继电器不会动作，差动保护不动作。此时流入差动继电器的电流为

$$I_{KD} = \dot{I}_1' - \dot{I}_2' = \frac{\dot{I}_1}{n_{1TA}} - \frac{\dot{I}_1}{n_{2TA}} = I_{unb} \tag{6-24}$$

式中：n_{1TA}、n_{2TA} 为电流互感器 1TA、2TA 的变比；I_{unb} 为流入差动继电器的不平衡电流。

2. 变压器内部故障

根据图 6-29（b）所示电流分布，此时流入差动继电器 KD 的电流是变压器两侧电流的二次值相量之和，使继电器动作，差动保护动作。此时流入差动继电器的电流为

$$I_{KD} = \dot{I}_1' + \dot{I}_2' = \frac{\dot{I}_1}{n_{1TA}} + \frac{\dot{I}_2}{n_{2TA}} \tag{6-25}$$

如果变压器只有一侧电源，则只有该侧的电流互感器二次电流流入差动继电器；如果变压器两侧有电源，则两侧的电流互感器二次电流都流入差动继电器，且数值相加。

变压器差动保护从原理上能够保证选择性，即实现内部故障时动作、外部故障时不动作，所以动作时间整定为 0s。

（二）变压器励磁涌流及识别措施

变压器正常运行时励磁电流数值很小，一般仅为变压器额定电流的 3%～5%；外部

短路时，由于电压降低，励磁电流减小；当变压器空载投入或外部短路故障切除电压恢复时，励磁电流可达到额定电流的 6～8 倍，称为励磁涌流。

变压器励磁电流仅存在于变压器的电源侧，全部流入保护差动回路。在变压器正常运行和外部短路时，励磁电流数值很小，不会引起差动保护误动作；当出现励磁涌流时，如果不采取措施，将造成差动保护误动作。

变压器励磁涌流产生的根本原因，是变压器铁芯中磁通不能突变。励磁涌流与合闸时电源电压相角、电源容量大小、变压器接线方式、铁芯结构、铁芯剩磁及饱和程度等有关。在三相变压器中，至少两相存在励磁涌流。分析表明，变压器励磁涌流具有以下特点：

（1）励磁涌流数值很大，随时间衰减，衰减速度与变压器容量有关，变压器容量大则衰减慢；

（2）励磁涌流中含有明显的非周期分量，波形偏向时间轴的一侧；

（3）励磁涌流中含有明显的高次谐波分量，其中二次谐波分量比例最大；

（4）励磁涌流波形呈非正弦特性，波形不连续，出现间断角。

根据变压器励磁涌流的特点，能够鉴别出是故障电流还是励磁涌流。如果是励磁涌流，则制动（闭锁）保护，即不开放保护；如果不是励磁涌流，则开放保护。通常采用防止励磁涌流引起变压器差动保护误动的措施有：

（1）采用二次谐波制动原理构成变压器差动保护。利用励磁涌流中含有明显二次谐波分量而短路电流中不含有二次谐波分量的特征，应用二次谐波制动原理，使出现励磁涌流时制动保护，出现短路电流时不制动（开放）保护。

（2）采用鉴别波形间断原理构成变压器差动保护。利用励磁涌流波形间断而短路电流波形连续的特征，当保护差动回路电流波形间断角超过整定值时闭锁保护，间断角小于整定值时开放保护。

（三）变压器差动保护的不平衡电流

当变压器通过穿越电流（正常运行或外部故障）时，流入差动继电器的电流是不平衡电流，此时差动保护不应动作。因此，需要克服或减小差动回路不平衡电流对保护的影响。造成变压器差动保护不平衡电流的因素可以归纳为以下几个方面。

1. 电流互感器变比标准化

以上讨论假设 $I_1' = I_2'$，即假设变压器两侧电流互感器的变比选择是理想的，满足关系

$$I_1' = \frac{I_1}{n_{1\text{TA}}} = I_2' = \frac{I_2}{n_{2\text{TA}}} \tag{6-26}$$

实际电流互感器是定型产品，变比是标准化的。变压器两侧电流互感器变比的计算希望值通常与标准变比不同，因此实际选择的电流互感器标准变比无法满足式（6-26），因

此在变压器保护差动回路中会产生不平衡电流。

针对这部分不平衡电流，可以通过电流变换器对电流互感器二次电流数值进一步变换，使最终引入差动继电器的两个电流数值尽量接近，并在整定计算时给予考虑。

在微机保护中采用的措施是电流平衡调整。

2. 两侧电流互感器二次阻抗不完全匹配

变压器两侧电压等级不同，额定电流数值不同，因而实际选用的电流互感器型号不同，他们的饱和特性、励磁电流、剩磁不同，两侧电流互感器二次阻抗不完全匹配，使电流变换出现相对误差。因此在外部短路故障时，并计及非周期分量电流后，差动回路有较大的不平衡电流。

针对这部分不平衡电流，在整定计算时引入电流互感器同型系数、电流互感器变比误差系数、非周期分量系数等加以考虑。

3. 变压器分接头调整

变压器分接头调整是维持系统电压的一种有效方法。当变压器分接头调整时，改变了变压器的变比，造成变压器两侧电流关系改变，因此破坏了电流互感器二次电流的平衡关系，在差动回路产生不平衡电流。

针对这部分不平衡电流，在整定计算加以考虑。

综合以上分析，变压器纵差动保护的不平衡电流包括以上三部分，而且在变压器流过最大外部短路电流时，出现最大不平衡电流。为保证外部短路故障时差动保护不动作，动作电流应按照躲过最大不平衡电流整定；而为保证内部短路故障时差动保护的灵敏度，动作特性应采用比率制动特性。保护灵敏度校验按照保护范围内最小短路电流校验，规程要求 $K_{sen} \geq 2$。

（四）保护逻辑框图

采用二次谐波制动原理构成变压器差动保护由差动元件、二次谐波制动、差动速断元件、TA 断线检测等部分构成，逻辑框图如图 6-30 所示。

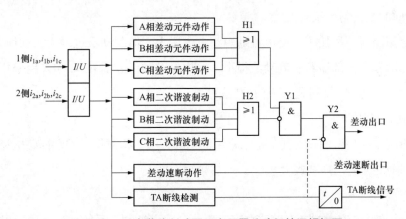

图 6-30 二次谐波制动原理变压器差动保护逻辑框图

1. 差动元件

通常采用比率制动特性，引入外部短路电流作为制动量（制动电流），使差动保护的动作电流随外部短路电流增大而增大，在微机型变压器差动保护中，差动元件的动作特性最基本的是采用具有两段折线形的动作特性曲线，如图6-31所示。

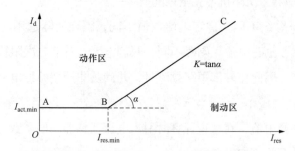

图6-31　两折线比率制动差动保护特性曲线

在图6-31中，$I_{\text{act.min}}$ 为差动元件起始动作电流幅值，也称为最小动作电流；$I_{\text{res.min}}$ 为最小制动电流，又称为拐点电流（一般取 $0.5 \sim 1.0\,I_{2N}$，I_{2N} 为变压器计算侧电流互感器二次额定计算电流）；$K=\tan\alpha$ 为制动段的斜率。微机变压器差动保护的差动元件采用分相差动，其比率制动特性可表示为

$$\begin{cases} I_d \geq I_{\text{act.min}} & (I_{\text{res}} \leqslant I_{\text{res.min}}) \\ I_d > I_{\text{act.min}} + K\,(I_{\text{res}} - I_{\text{res.min}}) & (I_{\text{res}} > I_{\text{res.min}}) \end{cases} \tag{6-27}$$

式中：I_d 为差动电流的幅值；I_{res} 为制动电流幅值。

也可用制动系数 K_{res} 来表示制动特性。令 $K_{\text{res}} = I_d / I_{\text{res}}$，则可得到 K_{res} 与斜率 K 的关系式为

$$K_{\text{res}} = \frac{I_{\text{act.min}}}{I_{\text{res}}} + K\left(1 - \frac{I_{\text{res.min}}}{I_{\text{res}}}\right) \tag{6-28}$$

可以看出，K_{res} 随 I_{res} 的大小不同有所变化，而斜率 K 是不变的。通常用最大制动电流 $I_{\text{res.max}}$ 对应的最大制动系数 $I_{\text{res.max}}$。

在外部短路时，虽然不平衡电流随短路电流增大，但制动量也增大，动作电流增大，差动保护不动作；内部短路时制动量很小，保护灵敏动作。图6-30中采用分相差动，其中任一差动元件动作，即可通过或门H1去跳闸。

2. 二次谐波制动

二次谐波制动是识别励磁涌流最为常用的一种方法。检测保护差动回路电流的二次谐波电流判别励磁涌流，判别式为

$$I_{\text{KD2}} > K_2 I_{\text{KD}} \tag{6-29}$$

式中：I_{KD2} 为差动电流中的二次谐波电流；K_2 为二次谐波制动系数；I_{KD} 为差动电流。

满足式（6-29）时，判别为励磁涌流，闭锁差动保护；不满足式（6-29）时，开放差动保护。

制动方式有最大相制动和分相制动，图 6-29 为最大相制动方式。当任一相差动回路电流的二次谐波分量满足制动判据时，经过或门 H2 闭锁与门 Y1，即使有差动元件动作保护也不会出口；如果是发生短路，无二次谐波制动，允许保护由差动元件决定保护的动作。

3. 差动速断元件

当变压器内部发生严重故障时，短路电流很大，应该快速切除故障。但是，当短路电流很大时，由于电流互感器饱和影响，造成二次电流波形畸变，将出现二次谐波电流，影响保护的正确动作。因此，当短路电流数值达到差动速断动作值时，通过差动电流速断元件直接出口切除变压器，不再经过任何其他条件的判断。通常差动速断元件的动作电流大于变压器励磁涌流数值。

4. TA 断线检测

在电流互感器二次断线时发出信号。

变压器差动保护的保护范围为保护用电流互感器之间的一次系统，包括变压器绕组和变压器绕组的引出线，反应各种短路故障，但不能反映变压器发生少数匝数的匝间短路、铁芯过热烧伤、油面降低等。变压器气体保护的保护范围为变压器油箱内部，反应变压器油箱内部的任何短路故障，以及铁芯过热烧伤、油面降低等，但不能反映变压器绕组引出线的故障。可见不论是差动保护还是气体保护，都不能同时反应以上各种故障，所以不能互相取代，变压器需要装设差动保护和气体保护共同作为变压器的主保护。

【任务实施及考核】

1. 实施地点

教室、专业实训室。

2. 实施所需器材

（1）多媒体设备。

（2）训练用继电器及变压器微机保护装置。

（3）常用电工工具、安装工具和常用配件等。

3. 实施内容与步骤

（1）学生分组。3～4 人一组，指定组长。工作始终各组人员尽量固定。

（2）教师布置工作任务。学生阅读工作任务书，了解工作内容，明确工作目标，制定实施方案。

（3）教师通过图片、实物或多媒体分析演示让学生了解电力变压器保护的原理和接线；根据给定电力变压器的容量、运行方式和使用环境确定电力变压器保护的配置；进行过电流保护、速断、过负荷动作电流整定，并观察动作现象。老师及时指导，指出问题。

（4）对某 10/0.4kV 电力变压器的保护进行调查。

1）分组调查保护的配置，将结果记录在表 6-3 中。

表 6-3　某 10/0.4kV 电力变压器保护的配置

序号	变压器容量	气体保护	过电流保护	速断保护	过负荷保护	零序保护	其他保护

2）注意事项。

a. 认真观察，注意特点，记录完整。

b. 注意安全。

【评价标准】

教师根据学生整定值及操作结果，按表 6-4 给予评价。

表 6-4　任务综合评价表

项目	内容	配分	考核要求	扣分标准	得分
实训态度	1. 实训的积极性。 2. 安全操作规程地遵守情况。 3. 纪律遵守情况。 4. 完成自我评估、技能训练报告	30	积极参加实训，遵守安全操作规程和劳动纪律，有良好的职业道德；有较好的团队合作精神，技能训练报告符合要求	违反操作规程扣20分； 不遵守劳动纪律扣10分； 自我评估，技能训练报告不符合要求扣10分	
根据要求进行保护整定值的计算	10/0.4kV 电力变压器保护配置调查	40	调查中观察认真，记录完整	观察不认真扣20分； 记录不完整扣20分	
根据整定值进行操作训练	差动保护动作电流的整定	30	1. 会进行动作电流的整定计算。 2. 观察动作现象	操作中出现一次错误扣5分	
合计		100			
说明：各项配分扣完为止					

【任务总结】

通过本任务的学习，让学生能够熟悉工厂电力变压器的继电保护方式和原理，能够选择计算整定简单的继电保护装置，能够维修常见的微机保护缺陷和故障，为今后的实习和工作打好基础。

任务 6.5　电气设备的防雷与接地

【任务描述】

供配电系统要实现正常运行，首先必须保证其安全性。防雷和接地是电气安全的主要措施。本次任务首要学习有关防雷与电气接地的基本知识，了解雷电的形成和危害以及供配电系统的接地类型，掌握变配电站防雷的措施，能正确选用避雷装置，学习对避雷针保护范围的计算。学习电气接地装置的安装接线技术，使学生掌握安装操作规程，学会选择接地点和接地线、正确连接接地体和接地线，规范安装接地体和接地带装置，能根据实际情况确定接地电阻的阻值，并能使用接地电阻测试仪进行接地电阻的测试。

【相关知识】

一、电气装置的防雷

（一）过电压及其危害

电气设备在正常运行时，所受电压为其相应的额定电压。由于受各种因素的影响，实际电压会偏离额定电压某一数值，但不能超越允许的范围。

为了考核电气设备的绝缘水平，我国有关技术标准规定了与电力系统额定电压对应的允许最高工作电压。例如：10kV 对应的最高工作电压为 12kV 等。一般电力系统的运行电压在正常情况下是不会超过最高工作电压的。

但是，由于雷击或电力系统中的操作、事故等原因，会使某些电气设备和线路承受的电压大大超过正常运行电压，危及设备和线路的绝缘。电力系统中这种危及绝缘的电压升高即为过电压。

过电压对电气设备和电力系统安全运行危害极大，它可破坏绝缘、损坏设备、造成人员伤亡、造成重大事故，影响电力系统安全发、供、用电系统运行。

（二）过电压的分类

电力系统过电压分为两大类：外部过电压和内部过电压。

外部过电压是指外部原因造成的过电压，通常指雷电过电压，它与气象条件有关，因此又称大气过电压。内部过电压是在电力系统内部能量的传递或转化过程中引起的，与电力系统内部结构、各项参数、运行状态、停送电操作和是否发生事故等多种因素有关，较复杂。不同原因引起的内部过电压，其过电压数值大小、波形、频率、延续时间长短也并不完全相同，防止对策也不同。

（三）雷电过电压的形成及类型

1. 雷电过电压的形成

雷电是雷云之间或雷云对地面放电的一种自然现象。在雷雨季节里，地面上的水受热变成水蒸气，并随热空气上升，在空气中与冷空气相遇，使上升气流中的水蒸气凝成水滴或冰晶，形成积云。云中的水滴受强烈气流的摩擦产生电荷，而且微小的水滴带负电，小水滴容易被气流带走形成带负电的云；较大的水滴留下来形成带正电的云。由于静电感应，带电的云层在大地表面会感应出与云块异性的电荷，当电场强度达到一定值时，即发生雷云与大地之间放电；在两块异性电荷的雷云之间，当电场强度达到一定值时，便发生云层之间放电，放电时伴随着强烈的电光和声音，这就是雷电现象。雷电放电时能量很强，电压可达上百万伏，电流可达数万安培，能量强度非常巨大。

2. 雷电过电压的基本类型

（1）直击雷：雷电直接击中建筑物或其他物体，对其放电，强大的雷电流通过这些物体入地，产生破坏性很大的热效应和机械效应，造成建筑物、电气设备及其他被击中的物体损坏；当击中人、畜时造成伤亡。雷电的这种破坏形式称为直击雷。

（2）感应雷：雷电放电时，强大的雷电流由于静电感应和电磁感应会使周围的物体产生危险的过电压，造成设备损坏、人畜伤亡。雷电的这种破坏形式称为感应雷。

（3）雷电波：输电线路上遭受直击雷或发生感应雷，雷电波便沿着输电线侵入变配电站或电气设备。强大的高电位雷电波如果不采取防范措施，就将造成变配电站及线路的电气设备损坏，甚至造成人员伤亡。雷电的这种破坏形式称为高压雷电波侵入。

（四）常用防雷设备

1. 接闪器

在防雷装置中用以接收雷云放电的金属导体称为接闪器。接闪器有避雷针、避雷线、避雷带、避雷网等。所有接闪器都要经过接地引下线与接地体相连，可靠地接地。防雷装置的工频接地电阻一般要求不超过 10Ω。

（1）避雷针：避雷针通常采用镀锌圆钢或镀锌钢管制成（一般采用圆钢），上部制成针尖形状。所采用的圆钢或钢管的直径不应小于下列数值：

针长 1m 以下：圆钢为 12mm；钢管为 16mm。

针长 1～2m：圆钢为 16mm；钢管为 25mm。

烟囱顶上的针：圆钢为 20mm。

避雷针较长时，针体可由针尖和不同管径的钢管段焊接而成。避雷针一般安装在支柱（电杆）上或其他构架、建筑物上，必须经引下线与接地装置可靠连接。

避雷针、避雷线实质上是引雷的，当发生雷云放电时，一个良好接地的避雷针、避雷线，能将雷电吸引到自身并安全地将雷电流引入大地，从而保护了避雷针、避雷线附近较低高度的设备和建筑物。

避雷针有一定的保护范围。其保护范围以它对直击雷保护的空间来表示。

单支避雷针的保护范围可以用一个以避雷针为轴的圆锥形来表示，如图 6-32 所示。

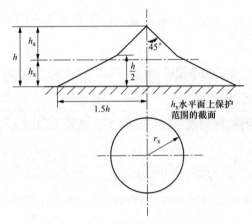

图 6-32　单支避雷针的保护范围

避雷针在地面上的保护半径按下式计算

$$r=1.5h \tag{6-30}$$

式中：r 为避雷针在地面上的保护半径，m；h 为避雷针总高度，m。

避雷针在被保护物高度 h_x 水平面上的保护半径 r_x 按下式计算：

1）当 $h_x \geqslant 0.5h$ 时

$$r_x=(h-h_x)P=h_aP \tag{6-31}$$

2）当 $h_x \leqslant 0.5h$ 时

$$r_x=(1.5h-2h_x)P \tag{6-32}$$

式中：r_x 为避雷针在被保护物高度 h_x 水平面上的保护半径，m；h_a 为避雷针的有效高度，m；P 为高度影响系数，$h < 30$m 时 $P=1$，30m $< h < 120$m 时，$P=5.5/\sqrt{h}$。

关于两支或两支以上等高和不等高避雷针的保护范围可参照 DL/T 620—1997《交流电气装置的过电压保护和绝缘配合》、GB 51348—2019《民用建筑电气设计标准》

计算。

在山地和坡地，应考虑地形、地质、气象及雷电活动的复杂性对避雷针降低保护范围的作用，因此避雷针的保护范围应适当缩小。

（2）避雷线：避雷线一般用截面不小于 35mm² 的镀锌钢绞线，架设在架空线路上，以保护架空电力线路免受直击雷击。由于避雷线是架空敷设而且接地，所以避雷线又称为架空地线。

避雷线的作用原理与避雷针相同，只是保护范围较小。

避雷线由悬挂在空中的水平接地导线、接地引下线和接地体组成。接地导线一般采用镀锌钢绞线，应具有足够的机械强度，截面积不小于 35mm²。为降低雷击过电压，其接地电阻一般不宜超过 10Ω。

（3）避雷带和避雷网：避雷带是沿建筑物易受雷击的部位（如屋脊、屋檐、屋角等处）装设的带形导体。

避雷网是屋面上纵横敷设的避雷带组成的网络。网格大小按有关规程确定，对于防雷等级不同的建筑物，其要求不同。

避雷带和避雷网采用镀锌圆钢或镀锌扁钢（一般采用圆钢），其尺寸规格不应小于下列数值：

圆钢直径为：8mm；扁钢截面积为：48mm²，厚度为 4mm。

烟囱顶上的避雷环采用镀锌圆钢或镀锌扁钢（一般采用圆钢），其尺寸不应小于下列数值：

圆钢直径为：12mm；扁钢截面积为：100mm²，厚度为 4mm。

避雷带（网）距屋面为 100～150mm，支持卡间距离一般为 1～1.5m。

（4）接闪器引下线。

1）接闪器的引下线材料采用镀锌圆钢或镀锌扁钢，其规格尺寸应不小于下列数值：

圆钢直径为：8mm；扁钢截面积为：48mm²，厚度为 4mm。

装设在烟囱上的引下线，其规格尺寸不应小于下列数值：

圆钢直径为：12mm；扁钢截面积为：100mm²，厚度为 4mm。

2）引下线应镀锌，焊接处应涂防腐漆（利用混凝土中钢筋作引下线除外），在腐蚀性较强的场所，还应适当加大截面或采用其他防腐措施。保证引下线能可靠地泄漏雷电流。

引下线是防雷装置极重要的组成部分，必须极其可靠地按规定装设好，以保证防雷效果。

（5）接闪器接地要求。避雷针（线、带）的接地除必须符合接地的一般要求外，还应遵守下列规定：

1）避雷针（带）与引下线之间的连接应采用焊接。

2）装有避雷针的金属筒体（如烟囱），当其厚度大于4mm时，可作为避雷针的引下线，但筒底部应有对称两处与接地体相连。

3）独立避雷针及其接地装置与道路或建筑物的出入口等的距离应大于3m。

4）独立避雷针（线）应设立独立的接地装置，在土壤电阻率不大于100Ω·m的地区，其接地电阻不宜超过10Ω。

2. 避雷器

避雷器是用来限制作用于电气设备上的过电压的一种防雷保护设备。当线路落雷后，雷电波沿线路入侵变电站或其他用电设备，将造成变压器、电压互感器或大型电动机绝缘的损坏，因而必须设置避雷器进行保护。

（1）避雷器的保护原理。避雷器实质上是一种放电器，并联接在被保护设备的附近，如图6-33所示。当雷电入侵波沿线路入侵时，若雷闪过电压超过避雷器的放电电压，避雷器首先放电，把入侵波泄放入地，在入侵波消失后，避雷器自行恢复绝缘能力，从而限制了作用于设备上的过电压数值，保护了设备绝缘使其免遭击穿破坏。

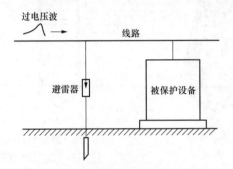

图6-33 避雷器保护作用原理示意图

避雷器的类型：避雷器主要有四种类型，即保护间隙、管型避雷器、阀型避雷器和氧化锌避雷器。目前应用最多的是氧化锌避雷器，少部分采用阀型避雷器。

（2）氧化锌避雷器。

1）氧化锌避雷器原理：正常运行时，避雷器的金属氧化物电阻片具有极高阻值，呈绝缘状态，当出现雷击过电压或内部过电压时，电压超过启动值，阀片呈低阻状态，泄放电流，两端维持较低电压保护设备，过电压结束后，避雷器立即恢复高阻状态，保证系统正常运行。产品型号含义为。

产品型号含义：

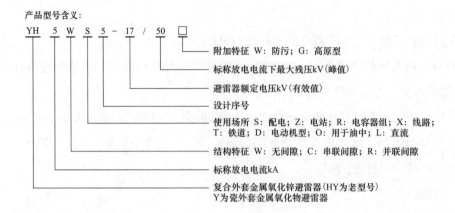

YH 5 W S 5 - 17 / 50 □

附加特征 W：防污；G：高原型

标称放电电流下最大残压kV（峰值）

避雷器额定电压kV（有效值）

设计序号

使用场所 S：配电；Z：电站；R：电容器组；X：线路；
T：铁道；D：电动机型；O：用于油中；L：直流

结构特征 W：无间隙；C：串联间隙；R：并联间隙

标称放电电流kA

复合外套金属氧化锌避雷器（HY为老型号）
Y为瓷外套金属氧化物避雷器

2）氧化锌避雷器特点：不需设置火花间隙，也不需要进行灭弧，动作迅速、通流量大、残压低、无续流、对大气过电压和内部过电压都能起到保护作用。

3）氧化锌避雷器结构：外形如图6-34所示，结构如图6-35所示。

图 6-34　氧化锌避雷器外形图

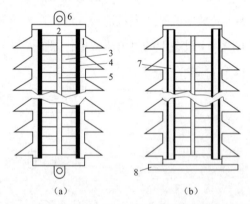

(a)　(b)

图 6-35　复合外套 ZnO 避雷器整体结构示意图

（a）正立面剖视图；（b）侧立面剖视图
1—硅橡胶裙套；2—金属端头；3—ZnO 阀片；
4—高分子填充材料；5—环氧玻璃钢芯棒；
6—吊环；7—环氧玻璃钢筒；8—法兰

目前国内输电线路及变电站中主要采用金属氧化物避雷器（MOA）。氧化锌避雷器由一个或并联的两个非线性电阻片叠合圆柱构成。它根据电压等级由多节组成，35~110kV 氧化锌是单节的，220kV 氧化锌是两节的，500kV 氧化锌是三节的，而 750kV 氧化锌则是四节的。

（五）变配电站的防雷保护

变配电站一旦发生雷击事故，将使设备损坏，造成大面积停电，所以变电站必须采取有效的措施，防止雷电的危害。变配电站的防雷保护措施主要考虑对直击雷的保护和对雷电入侵的保护。

1. 变电站防止直击雷

变配电站的直击雷保护通常采用装设避雷针或避雷线的方法进行保护。并要求被保护物体均应处于避雷针、避雷线的保护范围之内；当避雷针（线）遭受雷击时，雷电流通过避雷针（线）入地，从而保护电气设备免遭雷击。发电厂及变电站被保护的物体比较集中，采用避雷针保护效果较强；峡谷地区的发电厂及变电站宜采用避雷线保护。

变配电站直击雷保护措施如下：

对于 35kV 及 35kV 以下的变电站，因其绝缘水平较低，必须装设独立的避雷针，并满足不发生反击的要求。

图 6-36 所示为用独立避雷针进行直击雷保护的示例。为了防止避雷针与被保护设备或构架之间的空气间隙 S_k 被击穿，要求一般情况下 S_k 不应小于 5m；同样为防止避雷针接地装置和被保护设备接地装置在土壤中的间隙 S_d 被击穿，S_d 不应小于 3m。

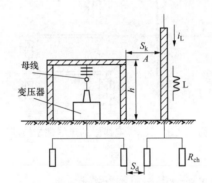

图 6-36　独立避雷针的直击雷保护示例

线路终端杆塔上的避雷线一般也不允许连接在变电站的构架上。但土壤电阻率不大于 500Ω.m 的地区，允许将线路的避雷线引接到出线门型构架上，但要装设 3 ~ 5 根接地极。

2. 变电站防止雷电侵入波

当雷击变电站附近的架空线路时，雷电流会沿线路运动至变电站的母线上，并对与母线连接的电气设备构成威胁。此时，需采取一定的保护接地，即在靠近变电站 1 ~ 2km 的一段线路上加装避雷线，可以减少进线段内绕击和反击的概率，减少变电站的雷害事故。

（1）进线段保护。对 35kV 及以上线路，在靠近变电站的一段进线上必须架设 1 ~ 2km 的避雷线，保护角取 20° 左右，如图 6-37 所示。

如果变电站进线的断路器或隔离开关在雷雨季节经常断开，而线路又带电，则必须在靠近开关处装设一组避雷器 F1，以防沿线有雷电波入侵时，开关的断开点电压升高，造成对地闪络。

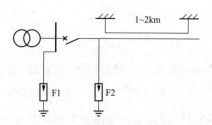

图 6-37　35kV 及以上变电站的进线保护

在变电站 3~10kV 电缆进线段上，电缆与架空线的连接处应装设避雷器，避雷器接地端应与电缆的金属外皮相连。当避雷器动作时，电缆绝缘受到的电压为避雷器的残压，其值较低，否则将威胁电缆绝缘。当出线接有电抗器时，应在电抗器和电缆之间装设一组避雷器，用于防止电抗器处的过电压对绝缘造成损害，如图 6-38 所示。若电缆长度不超过 50m，可只装设避雷器 F1 或 F3。

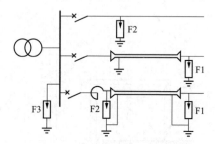

图 6-38　10kV 电缆段的进线保护接线

如果进线均为地下电缆，则变电站可不安装避雷器。

（2）变配电站防雷保护。

1）变配电站内最重要的设备是变压器，其价格高、绝缘水平低，因而必须有可靠的防雷保护。在防雷设计中，避雷器应尽量靠近变压器装设，但希望用最少的避雷器组来保护变配电站所有的电气设备，因而避雷器不可能紧靠变压器安装，两者之间应有一定的电气距离。

2）对于 3~10kV 配电装置，应在每组母线和架空进线上装设避雷器，如图 6-38 所示。3~10kV 配电站，当变配电站不用变压器时，可仅在每路架空进线上装设避雷器。

3）SF_6 全封闭组合电器（GIS）变电站的雷电侵入波过电压保护。66kV 及以上进线无电缆段的 GIS 变电站，在 GIS 管道与架空线路的连接处，应装设避雷器，其接地端应与管道金属外壳连接，如图 6-39 所示。

（3）配电变压器防雷保护。

1）3~10kV 配电变压器应装设氧化锌或阀型避雷器保护。避雷器尽量靠近变压器，

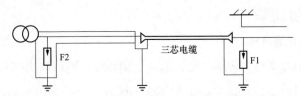

图 6-39　三芯电缆段进线的 GIS 变电站保护接线

接地线与变压器低压侧中性点以及金属外壳连在一起，俗称"三点一地"。

2）35/0.4kV 配电变压器其高、低压侧均应装设氧化锌或阀型避雷器保护，以防止低压侧雷电侵入波击穿高压侧绝缘。3～10kV 配电变压器，如为 Yyn0 接线，宜在低压侧也装设一组氧化锌或阀型避雷器。

二、电气装置的接地

（一）接地的种类及作用

将电气装置的某些金属部分用导体（接地线）与埋设在土壤中的金属导体（接地体）相连接，并与大地做可靠的电气连接，称为电气装置的接地。

电气装置的接地不仅关系到电气设备的安全可靠，影响电力系统的正常运行，而且关系到人身安全。正确运用接地方式，是保证电气安全的重要措施。

电气装置的接地按用途可分为工作接地、保护接地、防雷接地、防静电接地和屏蔽接地。

1. 工作接地

为了保证电气设备在正常和事故情况排除故障下都能可靠地工作而进行的接地，称为工作接地。例如：中性点直接接地系统中，变压器和旋转电动机的中性点接地、电压互感器和小电抗器等接地端接地等都属工作接地。

2. 保护接地

为防止电气设备的绝缘损坏，将其金属外壳对地电压限制在安全电压内，避免造成人身电击事故，将电气设备的外露可接近导体部分接地，称为保护接地，如：电动机、变压器、照明器具、手持式或移动式用电器具和其他电器的金属底座和外壳的接地。

3. 防雷接地

为雷电保护装置向大地泄放雷电流而设的接地，避雷针、避雷线和避雷器的接地就是防雷接地。

4. 防静电接地

为防止静电对人身和设备产生危害而进行的接地，如对易燃油、天然气储罐和管道等的危险作用而设的接地。

5. 屏蔽接地

屏蔽接地是为防止电气设备因受电磁干扰而影响其工作或对其他设备造成电磁干扰，

对其屏蔽设备进行的接地。

（二）接地极和对地电压

大地是一个电阻非常低、容纳电荷量非常大的物体，可以认为拥有吸收无限电荷的能力，而且在吸收大量电荷后仍能保持电位不变，因此适合作为电气系统中的参考电位体。这种"地"是电工领域的"电气地"。

与大地紧密接触并形成电气接触的一个或一组导电体称为接地体（极），通常采用圆钢或角钢，也可采用铜棒或铜板。接地电流流入地下以后，就通过接地体向大地作半球形散开，这一接地电流就称为流散电流，如图 6-40 所示。流散电流在土壤中遇到的全部电阻称为流散电阻。接地电阻是接地装置的电阻与接地体的流散电阻的总和。数值等于接地装置对地电压与接地电流之比。接地装置的电阻一般很小，可以忽略不计。因此，可以近似认为流散电阻就是接地电阻。

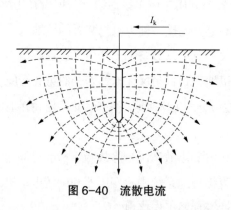

图 6-40　流散电流

如图 6-41 所示，当流入地中的电流 I 通过接地极向大地作半球形散开时，由于这半

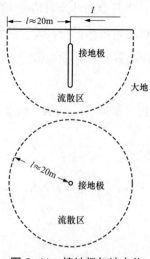

图 6-41　接地极与地电位

球形的球面，在距接地极越近的地方越小，越远的地方越大，所以在距接地极越近的地方电阻越大，而在距接地极越远的地方电阻越小。

在距单根接地极或碰地处 20m 以外的地方，呈半球形的球面已经很大，电阻很小，不再有什么电压降，该处的电位已接近于零。这电位等于零的"电气地"称为地电位。

电气设备的接地部分（如接地的外壳和接地体等），与零电位的"大地"之间的电位差，就称为接地部分的对地电压。

（三）接地装置

电气设备的任何部分与大地之间作良好的电气连接，称为接地，如图 6-42 所示。埋入地中并直接与大地接触的金属导体，称为接地体，或接地极。专门为接地而人为装设的接地体，称为人工接地体。间作接地体用的直接与大地接触的各种金属构件、金属管道及建筑物的钢筋混凝土基础等，称为自然接地体。连接于接地体与电气设备接地部分之间的金属导线称为接地线，与接地体合称为接地装置。由若干接地体在大地中相互用接地线连接起来的一个整体，称为接地网。

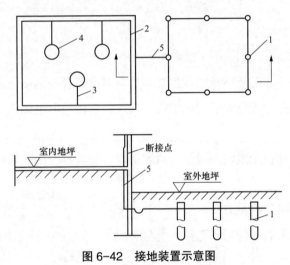

图 6-42　接地装置示意图

1—接地体；2—接地干线；3—接地支线；4—电气设备；5—接地引下线

（四）接地电阻的允许值

从保护接地的原理分析可知，接地装置的接地电阻越小，接地电压也越低。实际上保护接地的基本原理就是将绝缘损坏时设备外壳上的对地电压限制在安全范围内。要对降低接地电阻值提出过高的要求是不经济的。

1. 高压设备的接地电阻

（1）中性点接地系统。在 110kV 及以上的电力网中，单相短路时，接地短路电流很大，相应的继电保护迅速将故障切除。因此，在接地的装置上只在短时间内出现过电压，且工作人员此时触及装置外壳的机会很小。考虑到一般此系统的接地电流大于 4000A，规定接地电压不超过 2000V，接地电阻 R_E 不得超过 0.5Ω。

（2）小电流接地系统。小电流接地系统中发生单相接地时，允许继续运行一段时间，用电设备发生故障碰壳时，增大了触电的可能性。但其接地电流相对不大，对接地电压值的规定也较低；一般高压、低压装置共用同一接地装置时，接地电压 U_E 不超过 120V；对高压装置单独设立的接地装置 U_E 不应大于 250V，总的来说，R_E 不应大于 10Ω。

2. 低压设备的接地电阻

（1）对于总容量在 100kVA 以上上的发电机或变压器供电系统相连的接地装置，R_E 不应超过 4Ω，以上系统有中性线的重复接地时，每处的 R_E 不应超过 4Ω。

（2）对于总容量在 100kVA 以下的发电机或变压器供电系统相连的接地装置，R_E 不应超过 10Ω，以上系统有中性线的重复接地时，每处的 R_E 不应超过 30Ω，且接地处不应少于 3 点。

（3）对于 TT、IT 系统中用电设备的接地电阻，按接地电压不高于 50V 计算，一般 R_E 不大于 100Ω。

【技能训练】

测量接地电阻。为了避免事故的发生必须具备可靠、合格的接地系统，而接地系统是否合格，接地电阻是一个很重要的指标参数。因此，对接地电阻如何进行测量也是我们学习的重点内容之一。

接地电阻通常采用接地电阻测量仪，该测量仪可测量各种接地装置的接地电阻值。

1. 实训目的

（1）掌握接地电阻的测量方法。

（2）学会接地电阻表的使用和选择。

2. 实训内容

（1）认识 ZC-8 型接地电阻表。接地电阻测试仪又称为接地电阻表或接地绝缘电阻表，主要用于测量各种接地装置的接地电阻值，还可测量不超过其测量范围的低值电阻。有四个接线端钮的接地电阻表还可测量土壤电阻率。

ZC-8 型接地电阻表有三接线端钮和四接线端钮两种，如图 6-43 所示。三接线端钮的接地电阻表有 C、P、E 三个接线端钮，其量程挡位开关的倍率分别为 ×1 挡测量范围 $0 \sim 10\Omega$，×10 挡测量范围 $0 \sim 100\Omega$，×100 挡测量范围 $0 \sim 1000\Omega$，在 ×1 挡时最小分格值为 0.1Ω。

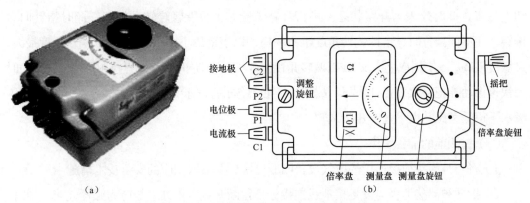

（a）

图 6-43　四接线端钮 ZC-8 型接地电阻表
（a）实物图；（b）示意图

四接线端钮的接地电阻表有 C1、P1、P2、C2 4 个接线端钮，其量程挡位开关的倍率分别为 ×0.1 挡测量范围 0 ~ 1Ω，×1 挡测量范围 0 ~ 10Ω，×10 挡测量范围 0 ~ 100Ω，在 ×0.1 挡时最小分格值为 0.01Ω。在实际应用中，一般 P2、C2 用短路片连接，即相当于三接线端钮 E。

可见，三接线端钮的仪表虽然测量的电阻值大，可达 10000Ω，但精度低；四接线端钮的仪表测量的电阻值小，但精度高。

测量时，仪表的接线端钮 E（或 P2、C2），与被测接地极连接，端钮 P（或 P1）与电位辅助接地探针连接，端钮 C（或 C1）与电流辅助接地探针连接；两个辅助接地探针分别在距被测接地极 20m 和 40m 的地方插入土壤中。

（2）接地电阻表使用前的检查和试验。

1）检查仪表外观应完好无破损，量程挡位开关应转动灵活，挡位准确，标度盘应转动灵活。

2）将仪表水平放置，检查指针是否与仪表中心刻度线重合，若不重合应调整使其重合，以减小测量误差。此项调整相当于指示仪表的机械调零，在此为调整指针，使其与中心刻度线重合。

3）仪表的短路试验，目的是检查仪表的准确度，一般应在最小量程挡进行，方法是将仪表的接线端钮 C1、P1、P2、C2（或 C、P、E）用裸铜线短接，摇动仪表摇把后，指针向左偏转，此时边摇边调整标度盘旋钮，当指针与中心刻度线重合时，指针应指标度盘上的 "0"，即指针、中心刻度线和标度盘上 0 刻度线，三位一体成直线。若指针与中心刻度线重合时未指 0，差一点或过一点，说明仪表本身就不准，测出的数值也不会准。

4）仪表的开路试验，目的是检查仪表的灵敏度，一般应在最大量程挡进行，方法是将仪表的 4 个接线端钮中 C1 和 P1、P2 和 C2 分别用裸铜线短接，3 个接线端钮只需将 C

和 P 短接，此时仪表为开路状态。进行开路试验时，只能轻轻转动摇把，此时指针向右偏转，在不同挡位时，指针偏转角度也不一样，以倍率最小挡（×0.1 挡）偏转角度最大，灵敏度最高，×1 挡次之，×10 挡偏转角度最小。为了防止最小量程挡（如 ×0.1 挡）时因快速摇动摇把将仪表指针损坏，故仪表一般不作开路试验。另外，从手摇发电机绕组绝缘水平很低考虑，也不宜作开路试验。

（3）摇测前的准备工作。

1）将与被测接地极连接的电气设备断开电源，并采取相应的安全技术措施。

2）拆开被测接地极与设备接地线连接处预留断开点（该处一般应为螺栓连接），并打磨干净以减小接触电阻。

3）准备好经检查合格的接地电阻表、测试线、辅助接地极（又称为探测针）和必要的电工工具、锤子等。

（4）正确接线。

1）5m 测试线：接仪表 P2、C2（或 E）及被测接地极；20m 测试线：接仪表 P1（或 P）及电压辅助接地极；40m 测试线：接仪表 C1（或 C）及电流辅助接地极。

2）测量接地电阻接线示意图如图 6-44 所示。

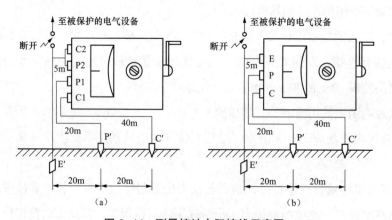

图 6-44　测量接地电阻接线示意图

（a）四接线端钮；（b）三接线端钮

E′—被测接地极；P′—电压辅助接地极；C′—电流辅助接地极

3）电压及电流辅助接地极应插在距被测接地极同一方向 20m 和 40m 的地面上，一般用锤子向下砸，插入土壤中深度为探测针长度的 2/3。如仪表灵敏度过高时，可插得浅一些；如仪表灵敏度过低时，可插得深些或注水湿润。测试线端的鳄鱼夹子应夹在探测针上端的管口上，保证接触良好。

（5）正确摇测。

1）应根据被测接地装置接地电阻值选好倍率挡位，测量工作接地、保护接地、重复接地时，应选 ×1 挡。

2）仪表应水平放置，并远离电场。

3）检查接线正确无误后，即可进行摇测，摇测时以 120r/min 的转速摇动摇把，边摇边调整标度盘旋钮，调整旋钮的方向应与指针偏转方向相反，直至调整到指针与中心刻度线重合为止。此时，指针所指标度盘上的数值乘以倍率即为实际测量值。

4）测量中如指针所指标度盘上的数值小于 1 时，应将挡位开关调到倍率较低的下一挡上重新测量，以取得精确的测量结果。

（6）安全注意事项。

1）不准带电测量接地装置的接地电阻。摇测前，必须将相关设备或线路的电源断开，并断开与被测接地极有关的连线后方可进行摇测。

2）测量接地电阻最好在春季（3 ~ 4 月）或冬季（指南方），在这个季节气温偏低，降雨最少，土壤干燥，土壤电阻率最大。如果在这个季节测量接地电阻合格，就能确保其他季节中接地电阻都在合格值范围内。

3）雷雨季节，特别是阴雨天气时，不得测量避雷装置的接地电阻。

4）易燃易爆场所和有瓦斯爆炸危险的场所（如矿井中），应使用 ZC-18 型安全火花型接地电阻表。

5）测试线不应与高压架空线或地下金属管道平行，以防止干扰影响测量准确度。

6）测试中应防止 P2、C2（或 E）与被测接地极断开的情况下（已形成开路状态）继续摇测。

7）使用四接线端钮 1 ~ 10 ~ 100Ω 规格的仪表，测量小于 1Ω 的电阻时，应将 P2、C2 接线端钮的联片打开，分别用导线连接到被测接地极上，以消除测量时连接导线电阻而产生的误差。测量小于 1Ω 电阻时的接线如图 6-45 所示。

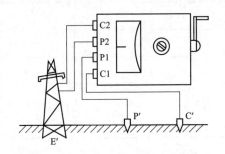

图 6-45 测量小于 1Ω 电阻时的接线

（7）常用接地电阻最低合格值。

1）电力系统中工作接地不得大于 4Ω，保护接地不得大于 4Ω，重复接地不得大于

10Ω。

2）防雷保护：独支避雷针不得大于 10Ω，配电站母线上阀形避雷器不得大于 5Ω，低压进户线绝缘子铁脚接地的接地电阻不得大于 30Ω，烟囱或水塔上避雷针不得大于 30Ω。

【任务实施及考核】

1. 实施地点

教室、专业实训室。

2. 实施所需器材

（1）多媒体设备。

（2）常用避雷器等。

3. 实施内容与步骤

（1）学生分组。3~4 人一组，指定组长。工作始终各组人员尽量固定。

（2）教师布置工作任务。学生阅读工作任务书，了解工作内容，明确工作目标，制定实施方案。

（3）教师通过图片、实物或多媒体分析演示。让学生识别各种避雷器或指导学生自学。

（4）实际观察常用避雷器，按要求完成任务。

1）分组观察常用避雷器，将观察结果记录在表 6-5 中。

表 6-5　避雷器观察结果记录表

序号	型号规格	主要技术参数	适用范围	生产厂商	参考价格	备注

2）注意事项。

a. 认真观察填写，注意记录相关数据。

b. 注意安全。

4. 评价标准

任务综合评价见表 6-6。

表 6-6　任务综合评价表

项目	内容	配分	考核要求	扣分标准	得分
实训态度	1.实训的积极性。 2.安全操作规程地遵守情况。 3.纪律遵守情况。 4.完成自我评估、技能训练报告	30	积极参加实训，遵守安全操作规程和劳动纪律，有良好的职业道德和敬业精神；技能训练报告符合要求	违反操作规程扣 20 分；不遵守劳动纪律扣 10 分；自我评估、技能训练报告不符合要求扣 10 分	
观察一避雷器并记录	记录避雷器观察结果	10	观察认真，记录完整	观察不认真扣 5 分；记录不完整扣 5 分	
正确理解避雷器的主要指标	记录避雷器的型号规格、主要技术参数等技术指标	50	能准确解释避雷器的型号规格、主要技术参数等技术指标，并能说明适用范围	不能正确理解型号规格每处扣 10 分；不能正确理解主要技术参数每处扣 10 分	
环境清洁	环境清洁情况	10	工作台周围无杂物	有杂物 1 件扣 1 分	
合计		100			
说明：各项配分扣完为止					

任务 6.6　低压配电系统的漏电保护与等电位连接的选择与安装

【任务描述】

低压配电系统中装设剩余电流动作保护装置是防止直接接触电击事故和间接接触电击事故的有效措施之一，也是防止电气线路或电气设备接地故障引起电气火灾和电气设备损坏事故的技术措施。等电位的作用是使保护范围内的电位处在同一电位上，从而避免产生电位差发生的事故。本次任务主要学习低压配电系统的漏电保护与等电位连接的选择与安装。

【相关知识】

一、低压配电系统的漏电保护

剩余电流俗称为漏电电流，是流过剩余电流动作（漏电）保护装置主回路电流瞬时值的矢量和（用有效值表示）。剩余动作电流是使剩余电流动作保护装置在规定条件下动作的剩余电流值。剩余电流动作保护装置（简称 RCD），俗称漏电保护器或漏电保护断路器，如图 6-46 所示，是指电路中带电导线对地故障所产生的剩余电流超过规定值时，能够自动切断电源或报警的保护装置，包括各类带剩余电流保护功能的断路器、移动式剩余电流保护装置和剩余电流动作电气火灾监控系统、剩余电流继电器及其组合电器等。剩余电流动作保护装置用于按 TN、TT、IT 要求接地系统中，当电网对地泄漏电流过大、用电设备发生漏电故障及人体触电的情况下，防止事故进一步扩展。

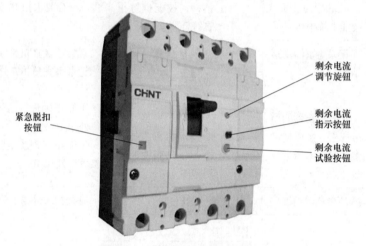

紧急脱扣按钮

剩余电流调节旋钮

剩余电流指示按钮

剩余电流试验按钮

图 6-46　剩余电流动作保护装置

在低压配电电网中，安装剩余电流动作保护装置是防止人身触电、电气火灾及电气设备损坏的一种防护措施。在低压配电系统中使用剩余电流动作保护装置，对于防止人身电击伤亡事故、避免因接地故障引起的电气火灾事故、减少剩余电流造成的电能损耗，具有明显的效果。但安装剩余电流动作保护装置后，仍应以预防为主，并应同时采取其他各项防止电击事故和电气设备损坏事故的技术措施。

GB/T 13955—2017《剩余电流动作保护装置安装和运行》中，规定了剩余电流动作保护装置的一般要求，包括特性、正常工作条件、结构和性能要求、特性和性能的验证及标志的要求；规定了正确选择、安装、使用剩余电流动作保护装置及其运行管理的有关要求。

1. 剩余电流动作保护装置的分类

剩余电流动作保护装置按脱扣方式不同，分为电子脱扣型与电磁脱扣型两类，电磁脱扣型结构原理如图 6-47 所示。

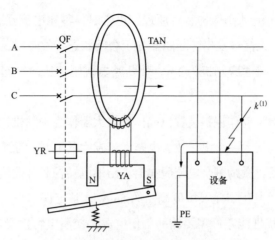

图 6-47　电磁脱扣型剩余电流动作保护装置接线

TAN—零序电流互感器；YA—极化电磁铁；QF—断路器；YR—自由脱扣机构

电磁脱扣型剩余电流动作保护装置的原理：正常时 YA 的线圈中没有电流，永久磁铁将衔铁吸合，断路器合闸。故障时，YA 线圈中有交流电流通过，产生的交变磁通与原永久磁通叠加产生去磁作用，衔铁被弹簧拉开，断路器跳闸。

电磁脱扣型剩余电流动作保护装置以电磁脱扣器作为中间机构，当发生剩余电流时，零序电流互感器的二次回路输出电压不经任何放大，直接激励剩余电流脱扣器使机构脱扣断开电源，其动作功能与线路电压无关。其优点是电磁元件抗干扰性强和抗冲击（过电流和过电压的冲击）能力强，不需要辅助电源，零电压和断相后的漏电特性不变。

电子脱扣型剩余电流动作保护装置结构原理如图 6-48 所示。

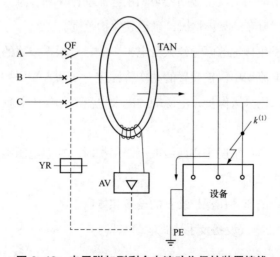

图 6-48　电子脱扣型剩余电流动作保护装置接线

TAN—零序电流互感器；AV—电子放大器；QF—断路器；YR—自由脱扣机构

电子脱扣型剩余电流动作保护装置原理：正常时，零序电流互感器 TAN 线圈中没有电流，电子放大器 AV 无信号发出，断路器处于合闸状态。故障时，线圈中的电信号经电子放大器 AV 放大后，接通脱扣机构 YR，使断路器跳闸，从而也起到剩余电流动作保护的作用。

电子脱扣型剩余电流动作保护装置以晶体管放大器作为中间机构，零序电流互感器的二次回路和脱扣器之间接入一个电子放大电路，当发生漏电时，互感器二次回路的输出电压经过电子电路放大后再激励剩余电流脱扣器，由继电器控制开关使其断开电源，其动作功能与线路电压有关。其优点是灵敏度高（约 5mA）、整定误差小、制作工艺简单、成本低。缺点是抗环境干扰性能差；需要辅助工作电源，使漏电特性受工作电压波动的影响；当主回路缺相时，保护器会失去保护功能。

2. 剩余电流动作保护装置安装的场合与要求

（1）对电气火灾的防护：为防止电气设备或线路因绝缘损坏形成接地故障引起的电气火灾，应装设当接地故障电流超过预定值时，能发出报警信号或自动切断电源的剩余电流动作保护装置。为防止电气火灾发生而安装剩余电流动作电气火灾监控系统时，应对建筑物内防火区域做出合理的分布设计，确定适当的控制保护范围。其剩余动作电流的预定值和预定动作时间，应满足分级保护的动作特性相配合的要求。

（2）分级保护：低压供用电系统中为了缩小发生人身电击事故和接地故障切断电源时引起的停电范围，剩余电流动作保护装置应采用分级保护。应根据用电负载和线路具体情况的需要选择分级保护方式，一般可分为两级或三级保护。各级剩余电流动作保护装置的动作电流值与动作时间应协调配合，实现具有动作选择性的分级保护。分级保护应以末端保护为基础。住宅和末端用电设备必须安装剩余电流动作保护装置。末端保护上一级保护的保护范围应根据负载分布的具体情况，确定其保护范围。

为防止配电线路发生接地故障导致人身电击事故，可根据线路的具体情况，采用分级保护。电源端的剩余电流动作保护装置的动作特性应与线路末端保护协调配合。企事业单位的建筑物和住宅应采用分级保护，电源端的剩余电流动作保护装置应满足防接地故障引起电气火灾的要求。

低压配电线路根据具体情况采用两级或三级保护时，在总电源端、分支线首端或线路末端安装剩余电流动作保护装置。

（3）必须安装剩余电流动作保护装置的设备和场所

1）属于 I 类移动式电气设备及手持式电动工具；

2）生产用的电气设备；

3）施工工地的电气机械设备；

4）安装在户外的电气装置；

5）临时用电的电气设备；

6）机关、学校、宾馆、饭店、企事业单位和住宅等除壁挂式空调电源插座外的其他电源插座或插座回路；

7）游泳池、喷水池、浴池的电气设备；

8）安装在水中的供电线路和设备；

9）医院中可能直接接触人体的电气医用设备；

10）其他需要安装剩余电流动作保护装置的场所。

3. 剩余电流动作保护装置的选择

剩余电流动作保护装置有 DZL18-20、DZL3、DBK2、DZL43、E4FL、F360、ZSLL1、SZB45LE、ZS108L1-32 等系列。剩余电流动作保护装置可以按其保护功能、结构特征、安装方式、运行方式、极数和线数、动作灵敏度等分类。触／漏电断路器一般分为二极、三极、四极，分别应用于不同的线路中，只有正确选择与使用才能起到应有的作用。

（1）不同的保护方式。保护方式有直接接触保护和间接接触保护。

直接接触保护主要用于保护人身安全，必须选择能够自动切断电源的保护器。一般厨房、浴室、游泳池、水池等触电危险性较大的地方。

间接接触保护是为了防止用电设备发生绝缘损坏时，在金属外壳等外露可导电金属部件上呈现危险的接触电压。如水泵、碾米机、磨粉机等人容易接触的机电设备。

（2）不同的使用环境。潮湿有水汽的地方适宜选用安装 10mA 或 30mA，并能在 0.1s 内可靠动作的剩余电流保护器。在用电设备使用过程中，人体的大部分要浸没在水中时，如在游泳池时的照明电路等，考虑发生触电后不仅会引起心室颤动的危险，而且还伴有溺死的危险。应选用 6mA 或 10mA 动作电流和 0.1s 动作时间的剩余电流动作保护器。

经常移动的设备为防止电缆绝缘破损，或因用电设备受雨水、凝露等影响而发生触电事故，应安装 10mA 或 30mA 并在 0.1s 内快速动作的剩余电流动作保护器。

特殊场所，操作人员在金属物体上工作，应选用 30mA 动作电流和 0.1s 动作时间的剩余电流动作保护器。

（3）三级保护系统的选择（见图 6-49）。末级保护主要以防止人身直接接触触电为主要目的，要求选择高灵敏快速动作的剩余电流动作保护器。剩余电流动作保护器额定动作电流小于等于 30mA、额定分断时间小于 0.1s。

分支保护的目的是，防止分支线路包括进户线发生接地漏电故障或用电设备外壳漏电等，引起间接接触触电及电气火灾。选择剩余电流动作保护器时，其额定动作电流应大于电网正常剩余电流的 2 倍以上，剩余电流应是在恶劣的气候条件下测出的电网最大剩余电流值。延时动作时间应选 0.2 ~ 0.4s。

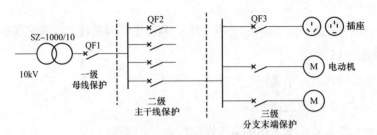

图 6-49　三级配电系统结构形式示意图（放射式配电）

第一级保护：额定剩余动作电流为 300 ~ 500mA ；剩余分断时间为 0.6s ≤ t ≤ 0.8s。

第二级保护：额定剩余动作电流为 100 ~ 300mA ；剩余分断时间为 0.2s ≤ t ≤ 0.4s。

三级保护：额定剩余动作电流为 30mA 或更小；剩余分断时间为 t ≤ 0.1s 或更快。

报警式剩余电流动作保护装置的应用：对一旦发生剩余电流超过额定值切断电源时，因停电造成重大经济损失及不良社会影响的电气装置或场所，应安装报警式剩余电流动作保护装置。如：

1）公共场所的应急电源、通道照明；

2）确保公共场所安全的设备；

3）消防设备的电源，如消防电梯、消防通道照明等；

4）防盗报警的电源；

5）其他不允许停电的特殊设备和场所。

为防止人身电击事故，上述场所的负荷末端保护不得采用报警式剩余电流动作保护装置。

4. 触 / 漏电断路器安装的正确接线方式

（1）触 / 漏电保护装置的安装要求

1）触 / 漏电保护装置的额定值应能满足被保护供电线路和设备的安全运行要求。

2）触 / 漏电保护装置只能起附加保护作用，因此，安装触 / 漏电保护装置后不能破坏原有安全措施的有效性。

3）触 / 漏电保护装置的电源侧和负载侧不得接反。

4）所有的工作相线（包括中性线）必须都通过触 / 漏电保护装置，所有的保护线不得通过触 / 漏电保护装置。

5）触 / 漏电保护装置安装后应操作试验按钮试验 3 次，带负载分合 3 次，确认动作正常后，才能投入使用。

（2）安装接线。触 / 漏电断路器的安装接线应正确，在不同的系统接地形式的单相、三相三线、三相四线供电系统中，触 / 漏电断路器的正确接线方式见图 6-50。

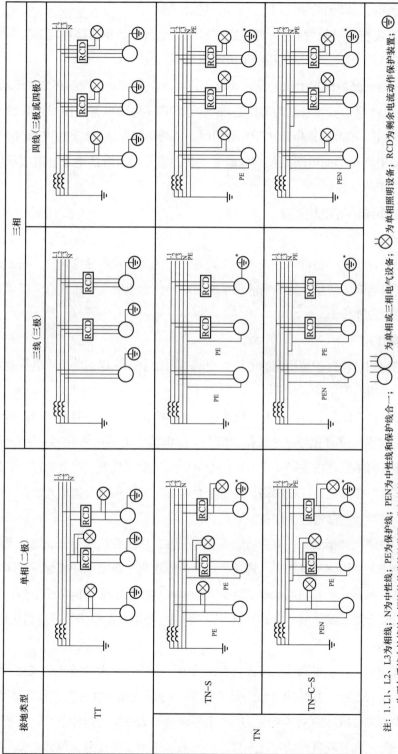

图 6-50 触 / 漏电断路器的接线方式

注: 1. L1、L2、L3 为相线; N 为中性线; PE 为保护线; PEN 为中性线和保护线合一; ⊕ 为单相或三相电气设备; ⊗ 为单相照明设备; RCD 为剩余电流动作保护装置; ⏚ 为保护接地用。
⏚ 为不与系统中性线接地点相连的单独接地装置, 作保护接地用。
2. 单相负载或三相中性线不同的接地保护方式接线图中, 左侧设备为未装有 RCD, 中间和右侧为装用 RCD 的接线图。
3. 在 TN-C-S 系统中使用 RCD 的电气设备, 其外露可接近导体的保护接近线应接在单独接地装置上面。如 TN-C-S 系统接线方式图中的右侧设备带 * 的接线图。
4. 表中 TN-S 及 TN-C-S 接地形式, 单相和三相负荷的接线图中的中间和右侧接线方式图中根据现场情况, 可任选其一接地一接地方式。

（3）安装触 / 漏电断路器对低压电网的要求。

1）触 / 漏电断路器负载侧的中性线，不得与其他回路共用。

2）当电气设备装有高灵敏度的触 / 漏电断路器时，电气设备单独接地装置的接地电阻最大可放宽到 500Ω，但预期接触电压必须限制在允许的范围内。

3）装有触 / 漏电断路器保护的线路及电气设备，其泄漏电流必须控制在允许范围内，同时应满足触 / 漏电断路器安装和运行 GB/T 13955—2017《剩余电流动作保护装置安装和运行》第 5.4 的规定。当其泄漏电流大于允许值时，必须更换绝缘良好的供电线路。

4）安装触 / 漏电断路器的电动机及其他电气设备在正常运行时的绝缘电阻值不应小于 $0.5M\Omega$。

二、低压配电系统的等电位连接

（一）等电位连接

等电位连接是将建筑物中各电气装置和其他装置外露的金属及可导电部分、人工或自然接地体用导体连接起来，使整个建筑物的正常非带电导体处于电气连通状态，以达到减少电位差，称为等电位连接。

1. 等电位连接作用

等电位连接的作用是使保护范围内的电位处在同一电位上，从而避免产生电位差发生的事故。主要保护作用如下：

（1）雷击保护。IEC 标准中指出，等电位连接是内部防雷措施的一部分。当雷击建筑物时，雷电传输有梯度，垂直相邻层金属构架节点上的电位差可能达到 10kV 量级，危险极大。但等电位连接将本层柱内主筋、建筑物的金属构架、金属装置、电气装置、电信装置等连接起来，形成一个等电位连接网络，可防止直击雷、感应雷或其他形式的雷，避免雷击引发的火灾、爆炸、生命危险和设备损坏。

（2）静电防护。静电是指分布在电介质表面或体积内，以及在绝缘导体表面处于静止状态的电荷。传送或分离固体绝缘物料、输送或搅拌粉体物料、流动或冲刷绝缘液体、高速喷射蒸汽或气体，都会产生和积累危险的静电。静电电量虽然不大，但电压很高，容易产生火花放电，引起火灾、爆炸或电击。等电位连接可以将静电电荷收集并传送到接地网，从而消除和防止静电危害。

（3）电磁干扰防护。在供电系统故障或直击雷放电过程中，强大的脉冲电流对周围的导线或金属物形成电磁感应，敏感电子设备处于其中，可以造成数据丢失、系统崩溃等。通常，屏蔽是减少电磁波破坏的基本措施，在机房系统分界面做的等电位连接，由于保证所有屏蔽和设备外壳之间实现良好的电气连接，最大限度减小了电位差，外部电流不能侵入系统，得以有效防护了电磁干扰。

（4）触电保护。浴室等电位连接就是保护你不会在洗澡的时候被电着。电热水器、坐浴盆、电热墙，浴霸以及传统的电灯等都有漏电的危险，电气设备外壳虽然与 PE 线连接，但仍可能会出现足以引起伤害的电位，发生短路、绝缘老化、中性点偏移或外界雷电而导致浴室出现危险电位差时，人受到电击的可能性非常大，倘若人本身有心脑方面疾病，后果更严重。等电位连接使电气设备外壳与楼板墙壁电位相等，可以极大地避免电击的伤害，其原理类似于站在高压线上的小鸟，因身体部位间没有电位差而不会被电击。

（5）接地故障保护。若相线发生完全接地短路，PE 线上会产生故障电压。有等电位连接后，与 PE 线连接的设备外壳及周围环境的电位都处于这个故障电压，因而不会产生电位差引起的电击危险。

2. 总等电位连接（MEB）

在建筑物进线处，将保护线与电气装置接地干线、各种金属管道（水管等）及金属构件等都接向总等电位连接端子，使它们都具有基本相等的电位，如图 6-51 所示。

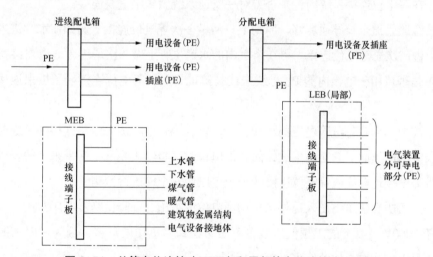

图 6-51　总等电位连接（MEB）和局部等电位连接（LEB）

3. 局部等电位连接（LEB）

在远离总等电位连接处、非常潮湿、触电危险性大的局部地区内进行的等电位连接（如浴室等），见图 6-51。

（二）等电位连接的连接线要求

等电位连接主母线的截面积，规定不应小于装置中最大 PE 线或 PEN 线的一半，但采用铜线时截面积不应小于 $6mm^2$，采用铝线时截面积不应小于 $16mm^2$。采用铝线时，必须采取机械保护，且应保证铝线连接处的持久导通性。如果采用铜导线做连接线，其截面积可不超过 $25mm^2$。如采用其他材质导线时，其截面积应能承受与之相当的载流量。

连接装置外露可导电部分与装置外可导电部分的局部等电位连接线,其截面积不应小于相应 PE 线的一半。而连接两个外露可导电部分的局部等电位连接线,其截面积不应小于接至该两个外露可导电部分的较小 PE 线的截面积。

(三)等电位连接中的几个具体问题

(1)两金属管道连接处缠有黄麻或聚乙烯薄膜,是否需要做跨接线?

由于两管道在做螺纹连接时,上述包缠材料实际上已被损伤而失去了绝缘作用,因此管道连接处在电气上依然是导通的,所以除了自来水管的水表两端需做跨接线外,金属管道连接处一般不需跨接。

(2)现在有些管道系统以塑料管取代金属管,塑料管道系统要不要做等电位连接?

做等电位连接的目的在于使人体可同时触及的导电部分的电位相等或相近,以防人身触电。而塑料管是不导电物质,不可能传导或呈现电位,因此不需对塑料管道做等电位连接,但对金属管道系统内的小段塑料管需做跨接。

(3)在等电位连接系统内,是否需对一管道系统做多次重复连接?

只要金属管道全长导通良好,原则上只需做一次等电位连接。例如在水管进入建筑物的主管上做一次总等电位连接,再在浴室内的水道主管上做一次局部等电位连接就行了。

(4)是否可用配电箱内的 PE 母线来代替接地母线和等电位连接端子板来连接等电位连接线?

由于配电箱内有带危险电压的相线,在配电箱内带电检测等电位连接和接地时,容易不慎触及危险电压而引起触电事故,而若停电检测又将给工作和生活带来不便。因此应在配电箱外另设接地母线或等电位连接端子板,以便安全地进行检测。

(5)是否需在建筑物出入口处采用均衡电位的措施,以降低跨步电压?

对于 1000V 及以下的工频低压装置不必考虑跨步电压的危害,因为一般情况下其跨步电压不足以构成对人体的伤害。

【技能训练】

某家庭的配电电路如图 6-52 所示,请问以下故障如何检修?

(1)照明灯全无电;

(2)插上某用电器,断路器 QF3 就跳闸。

分析与检修:共有 10 个支路,总电源处不装剩余电流动作保护器。这主要是由于房间面积大,支路多,剩余电流不容易与总剩余电流动作保护器匹配,容易引起误动或拒动。另外,还可防止支路漏电引起总剩余电流动作保护器跳闸,从而使整个住房停电。而在支路上装设剩余电流动作保护器就可克服上述缺点。

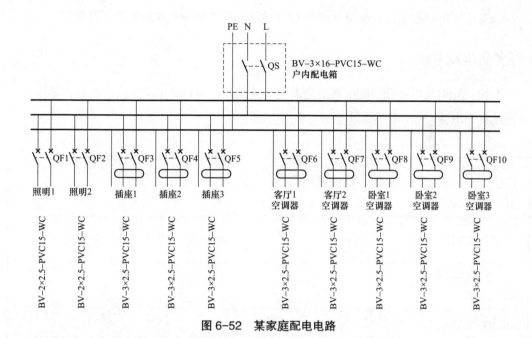

图 6-52　某家庭配电电路

各支路中都装有支路断路器。一方面在支路发生短路时不会影响其他电路的正常供电，方便检修电路；另一方面使供电的可靠性大大提高。照明电路分为两路，一路用于日常工作，另一路备用。

插座分 3 路，分别将电压送至客厅、卧室、厨房和卫生间，以防线路超负荷。插座由于经常改变用途，要装带剩余电流动作保护的断路器（如 DZL30 或 DLK 型）。客厅内装柜式空调器，应采用带剩余电流动作保护的断路器；卧室空调器采用挂壁式，可采用不带剩余电流动作保护的断路器。

总开关采用模数化双极 63A 隔离开关，如 HY122-63A/2P；在照明支路上安装 6A 双极断路器，如 D23 0-6A/2P，空调器支路根据容量不同可选用 15A 或 20A 双极断路器；插座支路可选用 10A 或 15A 的断路器。电路进线采用 16mm² 塑料铜线，其他支路都采用 2.5mm² 塑料铜线。

该电路出现照明灯全无电故障的检修方法如下：

（1）照明灯所在的支路断路器 QF1 跳闸。应检查照明线路是否有短路现象。

（2）断路器 QF1 的连接导线在安装时压接不牢，导线接头处氧化变质或接线松脱。应将变质氧化的导线剪掉，接好连接导线。

（3）QF1 的公共连接导线折断（一般在转角处）。应将折断的导线接好、焊牢。

该电路出现插上某用电器后断路器 QF3 就跳闸的故障时，一般可按照以下方法进行检修。

（1）插上的用电器有短路故障。应查出短路故障并予以修复。

（2）该用电器漏电，使漏电断路器 QF3 跳闸。应查出漏电故障并予以修复。

【任务实施及考核】

分组讨论电气设备低压配电系统的剩余电流动作保护与等电位连接的要求，低压配电系统的剩余电流动作保护与等电位连接的使用方法。

姓名		专业班级		学号	
任务内容及名称					
1. 任务实施目的			2. 任务完成时间：1 学时		
3. 任务实施内容及方法步骤					
4. 分析结论					
指导教师评语（成绩）				年　月　日	

通过本任务的学习，让学生掌握低压配电系统的剩余电流动作保护与等电位连接及其要求；并在工作中熟练运用。

*任务 6.7　变配电站综合自动化

【任务描述】

变配电站综合自动化就是利用微机技术将变电站的二次设备（包括控制、信号、测量、保护、自动装置及远动装置）进行功能的重新组合和结构的优化设计，对变电站进行自动监视、测量、控制和协调的一种综合性的自动化系统。本次任务是在了解介绍变电站综合自动化系统的基本概念、组成结构、工作原理和通信方式的基础上，熟悉无人值班变电站的运行特征和管理模式。

【相关知识】

一、变电站综合自动化系统及其特点

1. 变电站综合自动化系统的定义

变配电站综合自动化系统是利用先进的计算机技术、现代电子技术、通信技术和信息

处理技术等实现对变配电站二次设备（包括继电保护、控制、测量、信号、故障录波、自动装置及远动装置等）的功能进行重新组合、优化设计，对变配电站全部设备的运行情况进行监视、测量、控制和协调的一种综合性的自动化系统。通过变配电站综合自动化系统内各设备间相互交换信息，数据共享，完成变配电站运行监视和控制任务。变配电站综合自动化系统替代了常规二次设备，它将传统的变电站内各种分立的自动装置集成在一个综合系统内实现，并具有运行管理上的功能，包括制表、分析统计、防误操作、生成实时和历史数据流、安全运行监视、事故顺序记录、事故追忆、实现就地及远方监控，简化了变配电站二次接线。变配电站综合自动化是提高变电站安全稳定运行水平、降低运行维护成本、提高经济效益、向用户提供高质量电能的一项重要技术措施，也为变电站无人值班提供了技术支持。

变配电站综合自动化的优点如下：

（1）控制和调节由计算机完成，降低了劳动强度，避免了误操作。

（2）简化了二次接线，使整体布局紧凑，减少了占地面积，降低了变配电站建设投资。

（3）通过设备监视和自诊断，延长了设备检修周期，提高了运行可靠性。

（4）变电站综合自动化以计算机技术为核心，具有发展、扩充的余地。

（5）减少了人的干预，使人为事故大大减少。

（6）提高经济效益。减少占地面积，降低了二次建设投资和变电站运行维护成本；设备可靠性增加，维护方便；减轻和替代了值班人员的大量劳动；延长了供电时间，减少了供电故障。

2. 变电站综合自动化的特点

变电站自动化综合应用了计算机硬件和软件技术、数字通信技术，根据以上变电站自动化系统的基本功能，可概括变电站自动化的特点如下：

（1）功能综合化。变电站自动化将传统变电站的监控、保护、自动控制等功能集成，综合了变电站内除一次设备和交、直流电源以外的全部二次系统，并通过信息交换和共享实现了某些综合控制功能，使变电站的监控、保护和控制整体功能明显提高。

（2）系统结构微机化、网络化。变电站自动化系统内各子系统及各功能模块，均由不同配置的单片机或微型机系统构成，通过网络、总线将各子系统连接起来，实现变电站全部二次系统功能的微机化以及结构的网络化。

（3）测量显示数字化。变电站自动化系统的微机化，使反应一次系统运行状态的信息全部数字化，彻底改变了原有的测量、显示手段。以数据采集系统代替传统的测量仪表和仪器，显示器代替传统的指针表盘，因而克服了模拟测量装置和显示的误差，提高了准确度，并且数字显示直观、明了，同时打印机代替了传统的人工抄表记录、报表。

（4）操作监视屏幕化。变电站自动化系统，用彩色屏幕显示器代替了传统的庞大的模拟屏和诸多操作屏。操作人员通过显示器可以监视全变电站的实时运行情况；操作人员面对显示器，利用鼠标或键盘就可以完成断路器的跳合闸操作，中央信号全部为屏幕画面闪烁及文字或语音提示。

（5）运行管理智能化。变电站运行管理智能化是通过一系列软件实现的，即通过计算机程序运行实现变电站的管理功能。例如实现变电运行班组管理、继电保护和自动装置定值管理、变电站故障诊断及故障恢复、变电站安全运行管理、变电站运行设备管理、变电站运行方式管理等。另外通过变电站仿真培训系统，操作人员可进行日常操作和事故处理等模拟训练。以上对提高变电站的运行管理水平和安全水平都有十分重要的意义。

二、变电站综合自动化系统的典型硬件结构

目前，变电站综合自动化系统基本上按模块化设计。不同的功能模块，其硬件结构基本上是大同小异，所不同的是软件及硬件模块化的组合与数量不同。不同的功能用不同的软件来实现，不同的使用场合按不同的模块化组合方式构成。一套变电站综合自动化系统功能模块的典型硬件结构如图 6-53 所示，主要包括模拟量输入/输出回路、微型机系统、开关量输入/输出回路、人机对话接口回路、通信回路和电源等。

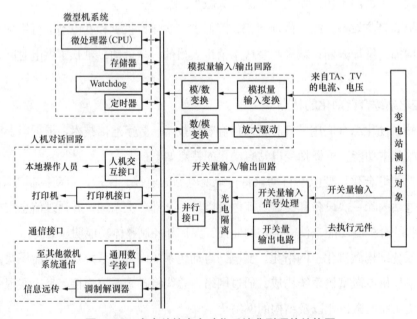

图 6-53　变电站综合自动化系统典型硬件结构图

1. 微机系统

变电站综合自动化系统硬件系统的数字核心部分组成，目前电力自动化装置市场上呈

现是多种多样、各不相同的，但它们具有一定的共性，一般由 CPU、存储器、定时器／计数器、Watchdog（俗称看门狗）等组成。

（1）CPU（中央处理器）。CPU 是微机系统自动工作的指挥中枢，计算机程序的运行依赖于 CPU 来实现。因此，CPU 的性能好坏在很大程度上决定了计算机系统性能的优劣。当前应用于电力系统中的自动化装置所采用的 CPU 多种多样，且多为 8 位或 16 位 CPU，如 Intel 公司的 8086/8088、8031 系列及其兼容产品、8098、8096 以及 80C196 系列等。这一类 CPU 均是 20 世纪 80、90 年代的主流 CPU。其中，80C196 系列是目前国内自动化装置中最常用的一种 CPU，是因为这一系列 CPU 具有较高的性能价格比，且其指令、结构以及寻址方式等均与早期较流行的 8098/8096 相似，使早期基于 8098/8096 的自动化装置可以较顺利地移植到 80C196 上来。随着微电子技术近几年来突飞猛进的发展，新一代 32 位的 CPU 伴随着大规模／超大规模集成电路的广泛应用而被新一代自动化装置普遍采用。这一类 CPU 品种较多，如 Motorola 公司的 MC863×× 系列就是目前使用较多的一类。另一方面，随着数字信号处理器（DSP）的广泛应用，自动化装置采用 DSP 来完成装置功能、实现装置功能算法已成为一种发展趋势，逐步应用于实际。

（2）存储器。计算机利用存储器把程序和数据保存起来，使计算机可以在脱离人的干预下自动地工作，它的存储容量和访问时间直接影响着整个计算机系统的性能。在自动化装置中，常见的存储器包括 E′PROM（紫外线擦除可编程只读存储器）、EEPROM（电擦除可编程只读存储器）、SRAM（静态随机存储器）、FLASH（快擦写存储器）以及 NVRAM（非易失性随机存储器）等。自动化装置运行程序和一些固定不变的数据通常保存在 EPROM 中，这是由于 EPROM 的可靠性较高，通常只有紫外线长时间照射才可以擦除保存在 EPROM 中的内容。由于 EEPROM 可以在运行时在线改写，而且掉电后又可以保证内容不丢失，因此在自动化装置中通常用来保存整定值。SRAM 主要作用是保存程序运行过程中临时需要暂存的数据。NVRAM 和 FLASH 都是近几年来迅速发展的非易失性存储器，由于它们具有掉电后数据不丢失，而且读写简单方便等优势，在自动化装置中通常将它们用来保存故障数据，以便事后分析事故用。还有一些新的自动化装置将 FLASH 替代 EPROM 作为保存运行程序和固定参数用。随着大规模集成电路和存储技术的长足发展，半导体存储器的集成度成倍地提高，现在已有不少 CPU 将 SRAM、FLASH、EPROM 等集成在一起，一方面降低了 CPU 外围电路的复杂性，另一方面也加强了整个系统的抗干扰能力。

（3）定时器／计数器。定时器／计数器在自动化装置中十分重要，除计时作用外，它还有两个主要用途：一是用来触发采样信号，引起中断采样；二是在 V/F 变换式 A/D 中，定时器／计数器是把频率信号转换为数字信号的关键部件。

（4）Watchdog（看门狗）。电力自动化装置通常运行在强电磁干扰的环境中。当自动化装置受到干扰导致微机系统运行程序出轨后，装置可能陷入瘫痪。Watchdog 的作用就是监视微机系统程序的运行情况，若自动化装置受到干扰而失控，则立即动作使程序重新开始工作。Watchdog 的工作原理如图 6-54 所示。图中可被清除的定时脉冲发生器通常由单触发器或计数器构成。若无 CLR 清除脉冲信号，则定时脉冲发生器按一定频率输出脉冲。通常将此输出脉冲引到微机系统的复位端。当程序正常运行时，不断发出 CLR 清除脉冲信号，使脉冲发生器没有输出。当运行程序受到干扰失控后，无法按时发出 CLR 清除脉冲信号，于是脉冲发生器产生输出，自动复位微机系统，使微机系统重新开始执行程序，进入正常运行轨道。

图 6-54　Watchdog 工作原理

在微型计算机系统中，CPU 微处理器执行放在 EPROM 中的程序，对由数据采集环节输入至 RAM 区的原始数据进行分析处理，以完成各种相应的功能。

2. 模拟量输入 / 输出回路

来自变电站测控对象的电压、电流信号等是模拟量信号，即随时间连续变化的物理量。由于微机系统是一种数字电路设备，只能接受数字脉冲信号，识别数字量，所以就需要将这一类模拟信号转换为相应的微机系统能接受的数字脉冲信号。同时，为了实现对变电站的监控，有时还需要输出模拟信号，去驱动模拟调节执行机构工作，这就需要模拟量输出回路。

3. 开关量输入 / 输出回路

开关量输入 / 输出回路由并行口、光电耦合电路及有触点的中间继电器等组成，主要用于人机接口、发跳闸信号等的告警信号以及闭锁信号等。

4. 人机对话接口回路

人机对话接口回路主要包括打印、显示、键盘及信号灯、音响或语言告警等，其主要功能用于人机对话，如调试、定值整定、工作方式设定、动作行为记录与系统通信等。

5. 通信回路

变电站综合自动化系统可分为多个子系统，如监控子系统、微机保护子系统、自动控制子系统等，各子系统之间需要通信，如微机重合闸装置动作跳闸，监控子系统需要知道，即子系统间自动化装置需要通信。同时，有些子系统的动作情况还要远传给调度（控制）中心。所以通信回路的功能主要是完成自动化装置间通信及信息远传。

6. 电源

供电电源回路提供了整套变电站综合自动化系统中功能模块所需要的直流稳压电源，一般是利用交流电源经整流后产生不同电压等级的直流，以保证整个装置的可靠供电。

三、变电站综合自动化系统的基本功能

变配电站综合自动化系统可以完成多种功能，它们的实现主要依靠以下四个子系统。

1. 监控子系统功能

在变电站自动化系统中，监控子系统完成常规的测量和控制系统的任务，取代指针仪表显示；取代常规的告警、报警、中央信号、光字牌等信号；取代控制屏操作；取代常规的远动装置等。监控子系统是变电站综合自动化的核心系统，而监控系统最重要的功能就是"四遥"，"四遥"是指：遥测、遥信、遥控、遥调。

（1）遥测：遥测就是将变电站内的交流电流、电压、功率、频率，直流电压，主变压器温度、挡位等信号进行采集，上传到监控后台，便于运行人员进行工况监视。

（2）遥信：遥信即状态量，是为了将断路器、隔离开关、中央信号等位置信号上送到监控后台。综合自动化系统应采集的遥信包括：断路器状态、隔离开关状态、变压器分接头信号、一次设备告警信号、保护跳闸信号、预告信号等。

（3）遥控：遥控由监控后台发布命令，要求测控装置合上或断开某个断路器或隔离开关。遥控操作是一项非常重要的操作，为了保证可靠，通常需要反复核对操作性质和操作对象。这就是"遥控返校"。

（4）遥调：遥调是监控后台向测控装置发布变压器分接头调节命令。一般认为遥调对可靠性的要求不如遥控高，所以遥调大多不进行返送校核。

监控子系统是完成模拟量输入、数字量输入、控制输出等功能的系统，一般应用测量和控制器件对站内线路和变压器的运行参数进行测量、监视；以及对断路器、隔离开关、变压器分接头等设备进行投切和调整。监控子系统可以实现的功能主要有以下几种：

（1）数据采集功能。定时采集全站模拟量、开关量和脉冲量等信号，经滤波，检出事故、故障、状态变位信号和模拟量参数变化，实时更新数据库，为监控系统提供运行状态的数据。

（2）控制操作功能。操作人员可通过 CRT 屏幕执行对断路器、隔离开关、电容器组投切、变压器分接头进行远程操作。

（3）人机联系功能。远程终端 CRT 能为运行人员提供人机交互界面，调用各种数据报表及运行状态图、参数图等。

（4）事件报警功能。在系统发生事故或运行设备工作异常时，进行音响、语音报警，推出事件画面，画面上相应的画块闪光报警，并给出事件的性质、异常参数，也可推出相

应的事件处理指导。

（5）故障录波、测距功能。能把故障线路的电流、电压的参数和波形进行记录，也可以计算出测量点与故障点的阻抗、电阻、距离和故障性质。

（6）系统自诊断功能。系统具有在线自诊断功能，可以诊断出通信通道、计算机外围设备、I/O 模块、工作电源等故障，故障时立即报警、显示，以便及时处理，从而保证了系统运行的较高可靠性。

（7）数据处理和参数修改功能。对收集到的各种数据实时进行动态计算和处理，分析运行设备是否处于正常状态，并能根据需要通过 CRT 修改系统所设置的上、下限参数值。

（8）报表与打印功能。根据运行要求进行运行参数打印、运行日志打印、操作记录打印、事件顺序记录（SOE）打印、越限打印等。

2. 保护子系统

在综合自动化系统中，继电保护由微机保护所替代，保护系统是变电站综合自动化系统中最基本、最重要的系统。微机保护子系统应包括全变电站主要设备和连接线路的全套保护。

（1）线路的主保护和后备保护；

（2）主变压器的主保护和后备保护；

（3）无功补偿电容器组的保护；

（4）母线保护；

（5）非直接接地系统的单相接地选线。

微机保护是变电站自动化系统的关键环节，其功能和可靠性在很大程度上影响了整个自动化系统的性能。因此，要求微机保护子系统中的各保护单元，除了具有独立完整的保护功能外，还必须具备某些附加功能，例如：保护功能模块独立，工作不受监控系统和其他子系统影响；故障记录功能；统一时钟对时功能；储存多种保护定值，并能够当地显示、多处观察和授权修改定值；保护管理与通信功能；故障自诊断、闭锁和恢复功能。

3. 自动装置子系统功能

自动装置对变电站的安全、可靠运行起着重要作用，是其他子系统无法取代的。在变电站自动化系统中，微机型自动装置取代常规自动装置，就地实现控制。重要的自动装置有备用电源自动投入控制（其他自动装置设在系统综合功能中），其作用和工作原理在相关章节介绍。

4. 电压和无功综合控制子系统

在电力系统中为了将供电电压维持在规定的范围内，保持电力系统稳定和无功功率的平衡，需要对电压进行调节，对无功功率进行补偿，以保证在电压合格的前提下电能损耗最小。在变电站中，对电压和无功功率的控制一般采用调节有载变压器分接头位置和自动控制无功补偿设备（如电容器组、电抗器组及调相机）的投切或控制其运行工况。该功能可通过挂在网络总线上的电压无功控制装置实现。

四、变电站综合自动化系统的类型

目前运行的变电站自动化按系统结构可分为集中式、分布式和分散分布式三种类型。

1. 集中式变电站自动化系统结构

集中式是指，集中采集信息、集中运算处理，微机保护与微机监控集成一体，实现对整个变电站设备的保护和监控。集中式变电站自动化系统结构框图如图 6-55 所示。

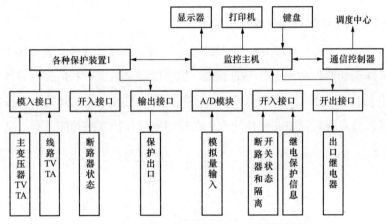

图 6-55　集中式变电站自动化系统结构框图

集中式变电站自动化系统通常为以监控主机为中心的放射形网络结构，但多数的微机保护功能、微机监控与调度通信两部分由分别的微机系统完成。特点是结构简单、价格低，但容易产生数据传输的瓶颈问题，扩展性和维护性较差，一般用于小型变电站。

2. 分布式变电站自动化系统结构

分布式是指，按功能模块设计，采用主从 CPU 协同工作方式，各功能模块之间无通信，而是监控主机与各功能子系统通信。集中组屏的分布式变电站自动化系统结构框图如图 6-56 所示，图中"总控"为通信控制器或通信扩展装置，总控 A 与总控 B 互为备用，切换使用。

分布式结构的优点是系统扩展方便，局部故障不影响其他功能模块工作，数据传输的瓶颈问题得到解决，提高了系统实时性。但由于按功能组屏，屏内有不同间隔的装置，给维护带来不便，且连接电缆繁杂。

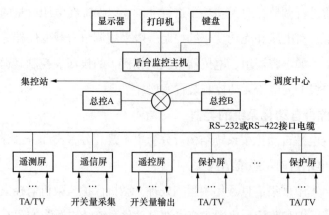

图 6-56　集中组屏的分布式变电站自动化系统结构框图

3. 分散分布式变电站自动化系统结构

分散分布式变电站自动化系统，根据现场设备的分散地点分别安装现场单元，现场单元可以是微机保护和监控功能二合一的装置，也可以是微机保护和监控部分各自独立。分散分布式变电站自动化系统结构框图如图 6-57 所示，在各间隔（开关柜）按功能面向对象一体化组屏，独立完成保护和监控功能；在控制室或保护室按功能分别组屏。

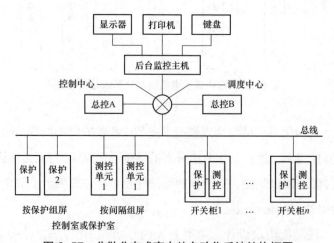

图 6-57　分散分布式变电站自动化系统结构框图

分散分布式结构的优点是明显压缩了二次设备及繁杂的二次电缆、节省占地，系统配置灵活、容易扩展，检修维护方便，经济效益好。适用于各种电压等级的变电站。

五、变电站综合自动化系统的通信系统

通信是变电站综合自动化系统非常重要的基础功能。借助于通信，各断路器间隔中保护测控单元、变电站计算机系统、电网控制中心自动化系统得以相互交换信息和信息共享，提高了变电站运行的可靠性，减少了连接电缆和设备数量，实现变电站远方监视和控

制变电站综合自动化系统的信息流通图（见图 6-58）。变电站自动化系统通信主要涉及以下几个方面的内容。

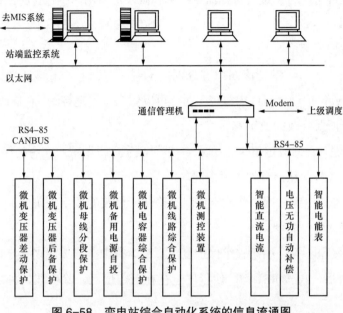

图 6-58　变电站综合自动化系统的信息流通图

实现变电站综合自动化的主要目的不仅仅是用以微机为核心的保护和控制装置来代替传统变电站的保护和控制装置，关键在于实现信息交换。通过控制和保护互联、相互协调，允许数据在各功能块之间相互交换，可以提高它们的性能。通过信息交换，互相通信，实现信息共享，提供常规的变电站二次设备所不能提供的功能，减少变电站设备的重复配置，简化设备之间的互联，从整体上提高自动化系统的安全性和经济性，从而提高整个电网的自动化水平。因此，在综合自动化系统中，网络技术、通信协议标准、数据共享等问题是综合自动化系统的关键问题。

【技能训练】

综合自动化系统的人机界面分为两部分：一部分为测控和保护装置的人机界面，另一部分为后台机的人机界面。

一、测控和保护装置的人机界面

测控和保护装置的人机界面，如微机保护的界面，与 PC 机几乎相同甚至更简单，它包括小型液晶显示屏、键盘和打印机。它把操作内容菜单结合在一起，使微机保护的调试和校验比常规保护更加简单明确。

液晶显示屏在正常运行时可显示时间，实时负荷电流、电压及电压超前电流的相角，保护整定值等，在保护动作时，液晶屏幕将自动显示最新一次的跳闸报告。

1. 人机界面的操作

键盘与液晶屏幕配合可进行选择命令菜单和修改定值用。微机保护的键盘多数已被简化为七至九个键：+、−、→、←、↑、↓、RST（复位）、SET（确认）、Q（退出）。各个键的功能大致如下：

（1）→、←、↑、↓键。该四个键分别用于左、右、上、下移动光标、移动显示信息。如故障报告或保护动作事件内容较多时，可以用↑、↓键翻阅。在修改定值时，用→、←键将光标移在所要修改的数字上。

（2）+和−键。在修改定值时，用+、−键对数字进行增减。在有的保护中没有+和−键而用↑、↓键代替，从而节省了两个键。

（3）SET（确认）键。用于修改定值时，确认所修改的数字正确并退回上一级菜单或在翻阅菜单时确认某一命令。

（4）RST（复位）键。用于整组保护复位。在运行中整定拨轮切换定值时，选择了所需定值整定页号后，再按RST键，使程序运行在新定值区。除上述两种功能外，平时一般不用该键。

2. 定值、控制字与定值清单

微机保护的定值都有两种类型，一类是数值型定值，即模拟量，如电流、电压、时间、角度、比率系数、调整系数等。另一类是保护功能的投入退出控制字，称为开关型定值。

3. 保护菜单的使用

利用菜单可以进行查询定值、开关量的动作情况、保护各CPU的交流采样值、相角、相序、时钟、CRC循环冗余码自检。

修改定值时，首先使人机接口插件进入修改状态，即将修改允许开关打在修改位置，并进入根状态—调试状态，再将各保护CPU插件的运行—调试小开关打至调试位，然后在菜单中选择要修改的CPU进入子菜单，显示保护CPU的整定值。

定值的拷贝，在多定值区修改时，可节省修改定值时间。先从原始定值区进入调试状态，再将定值拨轮打到所需定值区并进行定值修改、固化。这样原本要修改的全部内容，现在只需进行某些内容的修改即可。

二、后台机的人机界面

就目前来说，变电站综合自动化系统的后台监控系统都是基于个人计算机利用Windows操作平台的后台监控系统，利用国际标准，多窗口、多任务系统，运行于汉化的MS Windows操作系统环境与所有的以Windows为基础的软件一样，综合自动化系统的监控系统使用菜单、对话框和图标，操作简便易学。下面以 PWS-9200 型综合自动化系统后台软件的软件界面操作为例，简单介绍后台机的人机界面。

PWS-9200 型综合自动化系统后台机软件是基于 Windows98 的组态软件。该软件包括四部分，第一部分主要完成数据采集、网络通信及各种数据处理；第二部分主要完成工程参数设置、通信数据监视；第三部分主要完成图形、报表编辑，它是设计图形报表必不可少的工具；第四部分为人机界面部分，它完成数据信号的监视和各种操作及各种报表图形的打印。这四部分构成了强大的电力系统组态平台，工程设计人员可以很方便地设计自己的数据库，设计自己的画面和报表。

PWS-9200 型后台机人机界面软件名为 MM. Exe，用于完成人机对话，如遥测、遥信监视、遥控操作、报表打印、各种事件记录的浏览与打印等。在计算机进入 Windows98 之后，先运行主程序 Net. Exe 后，再运行 MM. Exe，便进入界面中，界面中菜单项提供系统的所有操作功能、工具条提供菜单的简捷操作、状态条显示系统的当前状态、显示区显示画面。

1. 菜单详解

菜单共分九项，分别是"文件""版面""综合图""接线图""棒形图""曲线图""其他""操作""窗口"。

"文件"菜单主要能完成调图（直接按文件名显示在图形编辑软件中绘制的图形或报表）、关闭、打印等功能。

"版面"菜单用于设置界面上的工具条、状态条、是否显现以及图形背景、图形缩放、回到上级等功能。

"综合图"菜单用于显示综合图（如地理图、报表等）。

"接线图"菜单用于显示系统接线图。

"棒形图"菜单用于显示棒形图。

"曲线图"菜单用于显示曲线图，如昨日曲线、今日曲线、计划曲线等。

"其他"菜单用于显示趋势图、日负荷曲线、月负荷曲线，设置各种修改口令等。

"操作"可以完成恢复系统正常状态、修改调度员口令、遥控遥调、遥信对位、遥测、检查电度量、遥信、线路检修设置、选择定时打印报表等多项操作功能。

"窗口"菜单用于设置多个窗口之间的层叠、纵向平铺、排列图标等项目。

2. 工具条操作

工具条能方便用户的操作，工具条上有用户最常用的操作，这些操作所对应的功能在系统菜单中均有相应菜单项与之对应，但用工具条操作会比菜单中选择菜单项操作方便快捷。工具条包括读图、关闭窗口、图形缩放、移图、趋势图、历史曲线、多视图、允许修改、事项浏览、报表打印、屏幕拷贝、系统信息等内容。

【任务实施及考核】

分组讨论变电站综合自动化系统及其特点、变电站综合自动化系统的典型硬件结构、变电站综合自动化系统的基本功能、变电站综合自动化系统的类型、变电站综合自动化系统的通信系统的应用，会操作变电站综合自动化系统。

姓名		专业班级		学号	
任务内容及名称					
1.任务实施目的			2.任务完成时间：1学时		
3.任务实施内容及方法步骤					
4.分析结论					
指导教师评语（成绩）					年　　月　　日

通过本任务的学习，让学生掌握变电站综合自动化系统及其要求；并在工作中熟练运用。

【思考与练习】

1. 电力系统继电保护有什么作用？

2. 电力系统对继电保护有哪些基本要求？

3. 继电保护和自动装置的基本构成有哪几部分？各部分的作用是什么？

4. 电磁式电流继电器、时间继电器、信号继电器和中间继电器在继电保护装置中各起什么作用？各自的图形符号和文字符号如何表示？

5. 配电系统微机保护有什么功能？试说明其硬件结构和软件系统。

6. 微机保护有哪些特点？

7. 电力线路的过电流保护装置的动作电流、动作时间如何整定？

8. 电力线路的电流速断保护动作电流如何整定？

9. 瞬时电流速断保护怎样整定动作电流？保护范围与什么有关？

10. 限时电流速断保护怎样与相邻线路瞬时电流速断保护配合？

11. 定时限过电流保护怎么整定动作电流？时限特性是怎样的？

12. 三段式电流保护怎样构成？怎样利用动作电流和动作时间实现选择性？

13. 变压器一般应配置哪些保护？

14. 叙述电力变压器气体保护的工作原理。

15. 电力变压器差动保护的工作原理是什么？

16. 电力变压器的过电流保护和电流速断保护的动作电流如何整定？其过负荷保护的动作电流和动作时间又如何整定？

17. 避雷针、避雷线、避雷带、避雷网各主要用于哪些场所？

18. 避雷器的功用如何？主要有几种？各有何特点？

19. 什么称为工作接地和保护接地？什么称为保护接零？为什么在同一系统中，不允许对一部分设备外壳采取接地保护，对另一部分设备外壳采取接零保护？

20. 装设剩余电流动作保护器的目的是什么？试分别说明电磁脱扣型和电子脱扣型 RCD 的工作原理。

21. 什么是剩余电流动作保护器多级保护系统？

22. 为什么低压系统中装设 RCD 时 PE 线和 PEN 线不得穿过零序电流互感器的线圈？

23. 什么称为总等电位连接 MEB 和局部等电位连接 LEB？它们的功能是什么？各应用在哪些场合？

24. 什么是变电站综合自动化？

25. 变电站自动化有哪些特点？

26. 变电站综合自动化系统有哪些基本功能？

27. 变电站自动化按系统结构可分为哪几类？各有什么特点？

项目 7 供配电系统的二次回路

【项目描述】

二次回路是指用来控制、指示、监测和保护一次电路运行的电路，亦称二次系统，包括控制系统、信号系统、监测系统及继电保护和自动化系统等。

二次回路在供电系统中虽是其一次电路的辅助系统，但它对一次电路的安全、可靠、优质、经济的运行有着十分重要的作用，因此必须予以重视。

本项目包含六个工作任务，主要介绍变电站常见的二次设备及工作方式，二次回路接线图，断路器控制回路，6～35kV 线路开关柜的二次回路，电测量仪表与绝缘监视装置，备用电源自动投入装置的组成、功能、工作原理、接线方式，为今后从事相关职业岗位工作奠定坚实的基础。通过学习，能识读备用电源自动投入装置等电气控制原理图，在变电站现场能认识开关柜中的器件，具有上述电路运行、维护与操作能力。并根据电路图，完成接线与调试任务。

【知识目标】

1. 了解二次回路的基本概念。

2. 掌握二次回路的安装接线要求。

3. 熟悉工厂供配电系统的二次回路及自动装置。

4. 熟悉断路器的控制回路和信号回路。

5. 掌握变电站测量仪表配置与接线的基本知识。

6. 掌握 6～10kV 母线绝缘监视的基本知识。

7. 了解备用电源自动投入装置。

【能力目标】

1. 能正确识读二次回路图，能识读高压开关柜电气控制原理图。

2. 能根据二次回路图进行正确接线。

3. 能对电测量仪表进行配置和选择，能对变电站的测量仪表进行安装接线和正确读数。

4.能对 6～10kV 母线的绝缘监视进行分析，能根据故障信号和仪表读数完成判断故障任务。

5.能对工厂备用电源自动投入装置具有调整动作参数的能力。

任务 7.1　变电站常见的二次设备及工作方式

【任务描述】

供配电系统的二次回路是指为保证一次电路安全，正常、经济合理运行而装设的具有控制、保护、测量、监察、指示功能的电路，它对一次电路的安全、可靠、优质及经济运行有着十分重要的作用。本次任务主要是掌握变电站二次系统的概念、组成和作用，理解微机型保护与微机型测控的工作方式，掌握微机型保护、测控与操作箱的联系及工作方式。

【相关知识】

一、变电站常见的二次设备和二次回路

工厂变配电站的电气系统，按其作用分为一次系统和二次系统。一次系统是直接生产、传输和分配电能的设备及相互连接的电路。在电能生产和使用的过程中，对一次电力系统的发电、输配电以及用电的全过程进行监视、控制、调节、调度，以及必要时的保护等作用的设备称为二次设备，二次设备及其相互间的连接电路称为二次系统或二次回路，二次设备通过电压互感器或电流互感器与一次设备建立电的联系，如图 7-1 所示。可见，二次回路也是电力系统正

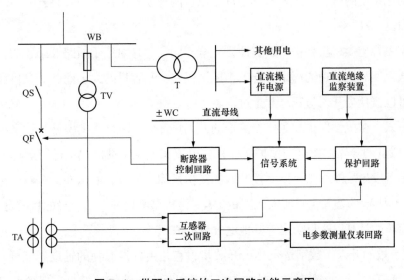

图 7-1　供配电系统的二次回路功能示意图

常、安全运行的必不可少的部分。

二次系统或二次回路主要包括继电保护、自动装置、测量仪表、控制、信号和操作电源等子系统。

（1）继电保护和自动装置系统。由互感器、变换器、各种继电保护装置和自动装置、选择开关及其回路接线构成，实现电力系统故障和异常运行时的自动处理。

（2）控制系统。由各种控制开关和控制对象（断路器、隔离开关）的操动机构组成，实现对开关设备的就地和远方跳、合闸操作，满足改变一次系统运行方式和故障处理的需要。

（3）测量及监测系统。由各种电气测量仪表、监测装置、切换开关及其回路接线构成，实现指示或记录一次系统和设备的运行状态和参数。

（4）信号系统。由信号发送机构、接收显示元件及其回路接线构成，实现准确、及时显示一次系统和设备的工作状态。

（5）调节系统。由测量机构、传送设备、执行元件及其回路接线构成，实现对某些设备工作参数的调节。

（6）操作电源系统。由直流电源设备和供电网络构成，实现供给以上二次系统工作电源。

二、微机型二次设备的工作方式

1. 微机型保护与微机型测控的工作方式

微机型保护是根据所需功能配置的。不同的电力设备配置的微机型保护是不同的，但各种微机型保护的工作方式是类似的。一般可概括为开入与开出两个过程。事实上，整个变电站自动化系统的所有二次设备几乎都是以这两种模式工作的，只是开入与开出的信息类别不同而已。

微机型测控与微机型保护的配置原则完全不同，它是对应于断路器配置的，所以，几乎所有的微机型测控的功能都是一样的，区别仅在于其容量的大小而已。微机型测控的工作方式也可以概括为开入与开出两个过程。

（1）开入。微机型保护和微机型测控的开入量都分为两种：模拟量和数字量。

1）模拟量的开入。微机型保护需要采集电流和电压两种模拟量进行运算，以判断其保护对象是否发生故障。微机型测控开入的模拟量除了电流、电压外，有时还包括温度量（主变压器测温）、直流量（直流电压测量）等。微机型测控开入模拟量的目的是获得数值，同时进行简单的计算以获得功率等其他电气量数值。

2）数字量的开入。数字量也称为开关量，它是由各种设备的辅助触点通过开/闭转换提供的，只有1、0两种状态。对于110kV及以下电压等级的微机型保护而言，微机型保护对外部数字量的采集一般只有开放 / 闭锁条件一种，这个回路一般是电压为直流 24V 的弱电回路。

微机型测控对数字量的采集主要包括断路器机构信号、隔离开关及接地开关状态信号等。这类信号的触发装置（即辅助开关）一般在距离主控室较远的地方，为了减少电信号在传输过程中的损失，通常采用电压为直流 220V 的强电回路进行传输。同时，为了避免强电系统对弱电系统的干扰，在进入微机型测控单元前，需要使用光耦单元对强电信号进行隔离、转换而变成弱电信号。

（2）开出。对微机型保护而言，开出指的是微机型保护动作后，按照预先设定好的程序自动发出的操作指令、信号输出等。

对微机型测控而言，开出指的是人为发出的对断路器及各类电动机构（隔离开关、接地开关）操作指令。

1）操作指令。一般来讲，微机型保护只针对断路器发出操作指令。对线路保护而言，这类指令有跳闸或者重合闸两种；对主变压器保护、母线差动保护而言，这类指令只有跳闸一种。

在某些情况下，微机型保护也会对一些电动设备发出指令，如"主变压器过负荷启动风机"会对主变压器风冷控制箱内的风机控制回路发出启动命令；对其他微机型保护或自动装置发出指令，如"母线差动保护动作闭锁线路保护重合闸""主变压器保护动作闭锁内桥备用自动投入装置"等。微机型保护发出的操作指令属于自动范畴。

微机型测控发出的操作指令可以针对断路器和各类电动机构，这类指令也只有两种，对应断路器的跳闸、合闸或者对应电动机构的分、合。微机型测控发出的操作指令必然是人为作业的结果。

2）信号输出。微机型保护输出的信号只有两种，保护动作和重合闸动作。线路保护同时具备这两种信号，主变压器保护只输出保护动作一种信号。至于"装置断电"之类的信号属于装置自身故障，严格意义上讲不属于保护范畴。

微机型测控是将自己采集的开关量信号进行模式转换后通过网络传输给监控系统。

2. 微机型保护、测控与操作箱的联系及工作方式

操作箱内安装的是针对断路器的操作回路，用于执行微机型保护、微机型测控对断路器发出的操作指令。一台断路器配置一台操作箱。一般来说，在同一电压等级中，所有类型的微机型保护配套的操作箱都是一样的。在 110kV 及以下电压等级的二次设备中，由于断路器的操作回路相对简单，目前已不再设置独立的操作箱，而是将操作回路与微机型保护整合在一台装置中。需要明确的是，尽管安装在一台装置中且有一定的电气联系，操作回路与微机型保护回路在功能上仍然是完全独立的。

对于一个含断路器的设备间隔，其二次设备系统均由 3 个独立部分组成：微机型保护、微机型测控和操作箱，这个系统的工作方式有 3 种。

方式 1：在后台机上使用监控软件对断路器进行操作。操作指令通过网络触发微机型测控里的控制回路，控制回路发出的对应指令通过控制电缆到达微机型保护里的操作箱，操作箱对这些指令进行处理后通过控制电缆发送到断路器机构箱内的控制回路，最终完成操作。动作流程：微机型测控—操作箱—断路器。

方式 2：在微机型测控屏上使用操作把手对断路器进行操作。操作把手的控制接点与微机型测控里的控制回路是并联的，操作把手发出的操作指令通过控制电缆到达微机型保护里的操作箱，操作箱对这些指令进行处理后通过控制电缆发送到断路器机构箱内的控制回路，最终完成操作。使用操作把手操作也称为强电手操，它的作用是防止监控系统发生故障（如后台机死机）时无法操作断路器。所谓强电是指断路器操作的启动回路在直流 220V 电压下完成，而使用后台机操作时，启动回路在后台机的弱电回路中。动作流程：操作把手—操作箱—断路器。

方式 3：微机型保护在保护对象发生故障时发出的操作指令。操作指令通过装置内部接线到达操作箱，操作箱对这些指令进行处理后通过控制电缆发送到断路器机构箱内的控制回路；最终完成操作。动作流程：微机型保护—操作箱—断路器。

微机型测控与操作把手的动作都是需要人为操作的；微机型保护的动作是自动进行的。操作类型的区别对于某些自动装置联锁回路的动作逻辑是重要的判断条件。

3. 二次设备的分布模式

（1）110kV 电压等级二次设备的分布模式。目前国内各大厂商已将微机型保护与操作箱整合为一台装置，即操作箱不再以独立装置的形式配置。如许继电气的 FCK-801 为 110kV 线路的微机型测控，WXH-811 为微机型保护和操作箱整合为一台装置；南瑞继保的 RCS-9607 为 110kV 线路的微机型测控，RCS-941A 为微机型保护和操作箱整合为一台装置。

从组屏方案上来看，微机型保护和信号复归按钮安装在 110kV 线路保护屏上，微机型测控、操作把手及切换把手安装在 110kV 线路测控屏上。

（2）35/10kV 电压等级二次设备的分布模式。针对 35/10kV 电压等级设备，各大厂商均已将其二次设备系统整合为一台装置（即一次设备为开关柜时，二次设备全部安装在开关柜上），推荐就地安装模式以节省控制电缆。例如，对于 10kV 线路，许继电气配置的设备型号是 WXH-821，南瑞继保配置的设备型号是 RCS-9611，它们都是保护、测控和操作箱一体化的装置。一般来讲，35kV 线路与 10kV 线路使用的二次设备型号是相同的，这是因为其继电保护配置相同。

【任务实施及考核】

任务内容	检查电气二次回路的接线盒电缆走向	学时	2
计划方式	实操		
任务目的	通过学习会检查电气二次回路的接线盒，并能判断控制电缆的走向		
任务准备	办理第二种工作票、工器具准备		
实施步骤	实施内容		
1	二次回路接线的检查	（1）检查接线是否松动。防止发生电流互感器开路运行而将电流互感器烧掉	
		（2）检查控制按钮、控制开关等的触点及其连接，应与设计要求一致，辅助开关触点的转换应与一次设备或机械部件的动作相对应	
2	控制电缆的检查	（1）检查控制电缆的固定是否牢固	
		（2）检查电缆标示牌字迹是否清楚	
		（3）检查电缆有无发热现象	
		（4）检查电缆进入沟道、隧道等构筑物和屏、柜内以及传入管子时，出口密封是否良好	
考核内容	1. 制作 PPT 进行演示		
	2. 写出实训报告		
注意事项	控制电缆的编号由安装单位（安装设备）符号及数字组成。数字编号为三位数字，以不同用途分组		

任务 7.2　二次回路接线图

【任务描述】

供配电系统的二次回路对一次电路的安全、可靠、优质及经济运行有着十分重要的作用。图纸是工程的语言，作为一名电工人员，首先应能识读二次回路图，然后才能到现场维修。因此本任务主要是学会二次回路图的识图方法和二次回路安装接线要求。

【相关知识】

一、电气图形符号和文字符号

反映二次回路间关系的图称为二次回路图或二次接线图。二次接线图是用国家标准规定的电气设备图形符号与文字符号绘制的，用来表示二次回路元件相互连接关系及其工作原理的电气简图，包括原理接线图、展开接线图和安装接线图三大类，常用的二次设备图形符号和文字符号见表 7-1、表 7-2 所示。微机型继电保护及自动装置无法完全采用归总式原理接线图和展开式原理接线图，可采用逻辑框图表明其工作原理和各组成部分之间的关系，采用交流回路展开图表明电流、电压输入回路。

表 7-1 二次电路图常用的图形符号

序号	名称	图形符号 新	图形符号 旧	序号	名称	图形符号 新	图形符号 旧
1	一般继电器及接触器线圈			12	切换片		
2	电铃			13	接触器动合触点		
3	蜂鸣器			14	接触器动断触点		
4	按钮开关（动合）			15	指示灯		
5	按钮开关（动断）			16	位置开关的动合触点		
6	动合（常开）触点			17	位置开关的动断触点		
7	延时闭合的动合触点			18	熔断器		
8	延时断开的动合触点			19	非电量继电器的动合触点		
9	动断（常闭）触点			20	非电量继电器的动断触点		
10	延时闭合的动断触点			21	气体继电器		
11	延时断开的动断触点			22	接通的连接片断开的连接片		

表 7-2　二次电路图常用的文字符号

序号	元件名称	新符号	旧符号	序号	元件名称	新符号	旧符号
1	电流继电器	KA	LJ	26	按钮	SB	AN
2	电压继电器	KV	YJ	27	复归按钮	SB	FA
3	时间继电器	KT	SJ	28	音响信号解除按钮	SB	YJA
4	中间继电器	KM	ZJ	29	试验按钮	SB	YA
5	信号继电器	KS	XJ	30	连接片	XB	LP
6	温度继电器	KT	WJ	31	切换片	XB	QP
7	气体继电器	KG	WSJ	32	熔断器	FU	RD
8	继电保护出口继电器	KCO	BCJ	33	断路器及其辅助触点	QF	DL
9	自动重合闸继电器	KRC	ZCJ	34	隔离开关及其辅助触点	QS	G
10	合闸位置继电器	KCC	HWJ	35	电流互感器	TA	LH
11	跳闸位置继电器	KCT	TWJ	36	电压互感器	TV	YH
12	闭锁继电器	KCB	BSJ	37	直流控制回路电源小母线	+　－	+KM　－KM
13	合闸保持继电器	KLC	HBJ				
14	跳闸保持继电器	KLT	TBJ	38	直流信号回路电源小母线	700　－700	+KM　－KM
15	合闸线圈	YC	HQ				
16	合闸接触器	KM	HC	39	直流合闸电源小母线	+　－	+HM　－HM
17	跳闸线圈	YT	TQ				
18	控制开关	SA	KK	40	预告信号小母线（瞬时）	M709　M710	1YBM　2YBM
19	转换开关	SM	ZK				
20	一般信号灯	HL	XD	41	事故音响信号小母线（不发遥信）	M708	SYM
21	红灯	HR	HD				
22	绿灯	HG	LD	42	辅助小母线	M703	FM
23	光字牌	HL	GP	43	"掉牌未复归"光字牌小母线	M716	PM
24	蜂鸣器	HA	FM				
25	电铃	HA	DL	44	闪光母线	M100（+）	（+）SM

二、原理接线图

原理接线图简称原理图。在原理图上，各种电器以整体形式出现，其相互联系的电流回路、电压回路和直流回路都综合在同一张图上，因此清楚、形象地表示继电保护、自动装置和测量仪表等的动作原理和连接关系。例如，线路过电流保护的原理图如图 7-2 所示。

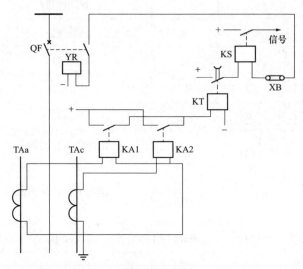

图 7-2　线路过电流保护的原理图

1. 归总式原理图的特点

（1）二次接线与一次系统接线的相关部分画在一张图上，电气元件的线圈与触点以整体形式表示，表明各二次设备构成、数量、电气连接关系，直观、形象。

（2）电气元件采用统一的文字符号，按动作顺序画出。

（3）缺点是不能表明电气元件的内部接线、二次回路的端子号、导线的实际连接方式。

2. 归总式原理图的应用

归总式原理图可用来分析保护动作行为。例如，根据线路过电流保护的工作原理，利用图 7-2 分析线路发生短路时保护的动作过程：

（1）短路电流通过电流互感器 TAa 和 TAc，变换后流入 KA1 和 KA2，当电流大于继电器动作值时，KA1 和 KA2 动作，动合触点闭合。

（2）KA1 和 KA2 的触点接通时间继电器 KT 的线圈电源，经过整定延时其延时闭合的动合触点闭合。

（3）KT 的触点经信号继电器 KS 的线圈、断路器 QF 辅助触点接通跳闸线圈 YR 电源，使 QF 跳闸，同时 KS 发出保护动作信号。

由图 7-2 可知，原理接线图中的一次设备和二次设备都以完整的图形符号来表示，这样能够使人们对整套保护装置的工作原理有一个整体概念。例如相互连接的电流回路、电压回路、直流回路等，都综合在一起。因此，这种接线图的特点是能够使读图者对整个二次回路的构成以及动作过程都有一个明确的整体概念。其缺点是对二次回路的细节表示不够，不能表示各元件之间接线的实际位置，未反映各元件的内部接线及端子编号、回路编号等，不便于现场的维护与调试，对于较复杂的二次回路读图比较困难。因此在实际使用中，广泛采用展开式原理图。

三、展开接线图

展开接线图简称展开图，如图 7-3 所示为图 7-2 对应的展开接线图。它以分散的形式表示二次设备之间的电气连接关系，通常是按功能电路来绘制，如控制回路、保护回路、信号回路等，方便对电路的工作原理和动作顺序进行分析。但由于同一设备可能具有多个功能，因而属于同一设备或元件的不同线圈和不同触点可能画在不同的回路中。展开接线图的绘制有很强的规律性，掌握了这些规律看图就会很容易。

展开式原理图的接线清晰，易于阅读，便于掌握整套继电保护及二次回路的动作过程、工作原理，特别是在复杂的继电保护装置的二次回路中，用展开式原理图表示其优点更为突出。

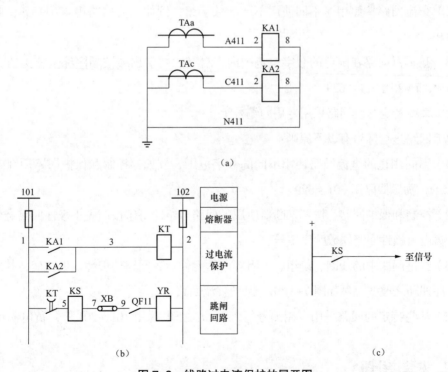

图 7-3　线路过电流保护的展开图

（a）交流电流回路；（b）保护直流回路；（c）信号回路

1. 展开式原理图的特点

（1）按不同电源回路划分成多个独立回路，例如交流电流回路、交流电压回路、控制回路、合闸回路、保护回路、测量回路、信号回路等，在这些回路中，交流回路按照 A、B、C 相序，直流回路各电气元件（继电器、装置等）按动作顺序自上而下、从左到右排列。

（2）将同属于一个元件的电流线圈、电压线圈以及触点分别画在不同的回路中，为了避免混淆，属于同一元件的线圈、触点等，在图形上方采用相同的文字符号表示。

（3）各导线、端子有统一规定的回路编号和标号。

由于展开接线图按电气元件的实际连接顺序排列，接线清晰、易于阅读和分析、便于分类查线，可用于了解整套装置的动作程序和工作原理，尤其是复杂电路其优点更为突出，是二次回路工作的依据。

2. 展开式原理图的回路标号

为了便于安装、运行维护，在二次回路中设备之间的所有连接线均需要标号，标号采用数字或与文字组合，表明回路的性质和用途。

交流回路进行标号有以下原则：

（1）交流回路按相别顺序标号，例如图 7-3（a）交流电流回路中的 A411、C411、N411。

（2）交流回路按照用途不同使用不同的数字组，例如电流回路用 400～599、电压回路用 600～799。

（3）互感器回路在限定的数字组范围内，自互感器引出端按顺序编号。例如 TA1 用 411～419、TV2 用 621～629。

（4）某些特定交流回路采用专用的编号组。

直流回路进行标号有以下原则：

（1）不同用途的直流回路使用不同的数字范围，例如：控制和保护回路用 001～099 及 1～599，励磁回路用 601～699。

（2）控制和保护回路，按照熔断器所属的回路分组，每组按照先正极性回路奇数顺序编号，再由负极性回路偶数顺序编号。

（3）经过回路中的线圈、绕组、电阻等电压元件后，回路的极性发生改变，其编号的奇偶顺序即随之改变，例如图 7-3（b）保护直流回路。

（4）某些特定的回路采用专用编号组，例如：正电源用 101、201 等，负电源用 102、202 等。

四、安装接线图

安装接线图简称安装图，是二次回路设计的最后阶段，是制造厂加工制造屏（台）和现场施工安装必不可少的图纸，是二次系统运行、调试、检修等的主要参考图纸。安装图中的各种电器和连接线，按照实际图形、位置和连接关系依一定比例绘制。

1. 安装图的组成

安装接线图包括屏面布置图、屏背面接线图、端子排图。

屏面布置图是从屏正面看，将各安装设备的实际安装位置按比例画出的正视图，是屏背面接线图的依据。

屏背面接线图是从屏背面看，表明屏内安装设备在背面引出端子之间的连接关系，以及与端子排之间的连接关系的图纸。

端子排图是从屏背面看，屏内安装设备接线所需的各类端子排列，表明屏内设备连接与屏顶设备、屏外设备连接关系的图纸。

2. 安装图的标号

安装接线图也需要回路编号和对设备进行标志，安装接线图对设备的标志内容有，安装单位编号和设备顺序编号（与屏面布置图一致）；设备文字符号（与展开接线图一致）；设备型号。

在安装接线图中，通常采用相对编号表示二次设备之间的连接关系，即，如果甲、乙两个端子（设备端子、端子排等）应该用导线连接，那么在甲端子旁标出乙端子的编号、在乙端子旁标出甲端子的编号，即甲、乙两个端子的编号相对应。采用相对编号法，在屏上的每一个端子都能找到它的连接对象。如果某一个端子旁没有编号，说明其没有连接对象；如果某一个端子旁有两个编号，说明其有两个连接对象。图 7-3（a）交流电流回路对应的安装图如图 7-4 所示。利用这种方法很容易查找导线的走向，由已知的一端便可知另一端接至何处。例如，I1-2 表示连接到屏内安装单位为 I，设备序号为 1 的第 2 号接线

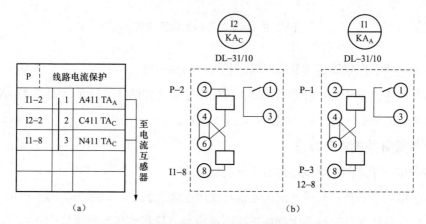

图 7-4　线路过电流保护交流电流回路安装图

（a）端子排图；（b）屏背面接线图

端子。按照相对标号法，屏内设备 I1 的第 2 号接线端子侧应标 P-1，即端子排 P 中顺序号为 1 的端子。

五、接线端子的表示方法

控制柜内的二次设备与控制柜外二次回路的连接，同一控制柜上各安装单位之间的连接，必须通过端子排。端子排由专门的接线端子排组合而成。接线端子排分为普通端子、连接端子、试验端子和终端端子等形式。

普通端子排用来连接由控制柜外引至控制柜上或由控制柜上引至控制柜外的导线。

连接端子排有横向连接片，可与邻近端子排相连，用来连接有分支的导线。

试验端子排用来在不断开二次回路的情况下，对仪表、继电器进行试验。如图 7-5 所示两个试验端子，将工作电流表 PA1 与电流互感器 TA 连接起来。当需要换下工作电流表 PA1 进行试验时，可用另一备用电流表 PA2 分别接在试验端子的接线端子的螺钉 2 和 7 上，如图中虚线所示。然后拧开螺钉 3 和 8，使工作电流表拆除，就可进行试验了。PA1 校验完毕后，再接在螺钉 3 和 8 上就好了。最后拆下备用电流表 PA2，整个电路又恢复原状运行。

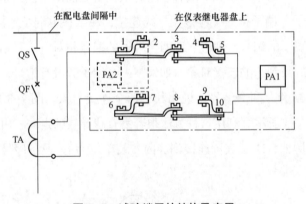

图 7-5　试验端子的结构及应用

终端端子排是用来固定或分隔不同安装项目的端子排。

在接线图中，端子排中各种形式端子排的符号标志如图 7-6 所示，端子排的文字代号为 X，端子的前缀符号为"："如图 7-7（b）所示。

六、连接导线的表示方法

接线图中端子之间的导线连接有两种表示方法。

（1）连续线表示法：端子之间的连接导线用连续线表示，如图 7-7（a）所示。

（2）中断线表示法：端子之间的连接不连线条。只在需相连的两端子处标注对面端子的代号。即表示两端子之间需相互连接，故又称"对面标号法"或称"相对标号法"，如

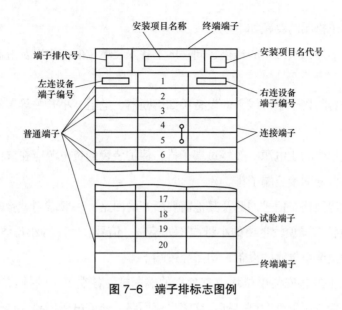

图 7-6　端子排标志图例

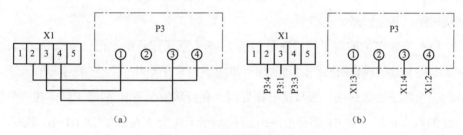

图 7-7　连接导线的表示方法

（a）连续线表示法；（b）中断线表示法

图 7-7（b）所示。

　　在接线图上控制柜内设备之间及设备与互感器或小母线之间的导线连接，如果用连续线来表示，当连线比较多时就会使接线图相当复杂，不易辨认。所以目前二次接线图中导线连接方法用得较多的是"对面标号法"。

【技能训练】

一、识读端子排图的要领

　　端子排图是一系列的数字和文字符号的集合，把它与展开接线图结合起来看就可以清楚地了解它的连接回路。

　　图 7-4（a）是图 7-3（a）交流电流回路对应的端子排图，图中右列的标号是表示连接电缆的去向和电缆所连接设备接线柱的标号。例如，A411、B411、N411 是由 10kV 电流互感器来的，并用编号为 1 的二次电缆将 10kV 电流互感器和端子排 P 连接起来的。

　　端子排图中间列的编号 1～20 是端子排中端子的顺序号。

总之，看端子排图的要领如下：

（1）屏内与屏外二次回路的连接、同一屏上各安装单位的连接以及过渡回路等均应经过端子排。

（2）屏内设备与接于小母线上的设备（如熔断器、电阻、小开关等）的连接一般应经过端子排。

（3）各安装单位的正电源一般经过端子排，保护装置的负电源应在屏内设备之间接成环形，环的两端再分别接至端子排。

（4）交流电源回路、信号回路及其他需要断开的回路，一般需用试验端子。

（5）屏内设备与屏顶较重要的小母线（如控制、信号、电压等小母线）或者在运行、调试中需拆卸的接至小母线的设备，均需经过端子排。

（6）同一屏上的各安装单位均应有独立的端子排。各端子排的排列应与屏面设备的布置相配合，一般按照下列顺序排列：交流电流回路、交流电压回路、信号回路、控制回路、转接回路、其他回路。

（7）每一安装单位的端子排应在最后留 2～5 个端子作备用。正、负电源之间，经常带电的正电源与跳闸或合闸回路之间的端子排应不相邻或者以一个空端子隔开。

（8）一个端子的每一端一般只接一根导线，在特殊情况下 Bl 型端子最多接两根导线。连接导线的截面面积，对 B1 型和 D1-20 型的端子不应大于 $6mm^2$，对 D1-10 型的端子不应大于 $2.5mm^2$。

二、二次图纸的分类及看图顺序

二次图纸的分类与二次设备工作方式的分类是对照的，可以将它们简单地分为：电流电压回路图（模拟量开入）、信号采集回路图（数字量开入）、控制及操作回路图（开出）等。

由于图纸是与装置对应的，所以在拿到一张二次图纸时，首先要明确这张图纸是对应于哪个装置的，这个装置的作用是什么，这张图纸显示的是这个装置的哪一部分功能，这部分功能的动作逻辑是什么，这些逻辑是通过哪些回路一步步地完成的。按照这个顺序，就可以从整体到细节地看明白一张二次图纸了。

在看二次图纸时，需要多张图纸一起看，这是由于回路之间的交叉联系造成的。在看图时，应该按照某一个功能把所有相关的图纸全部找出来，按照动作逻辑逐张看完。例如，在研究断路器的控制回路时，需要微机测控的控制回路图、操作箱的操作回路图、断路器端子箱的端子排图、断路器机构箱的操作回路图。这样就能比较容易地把这个回路的各个部分联系在一起，彻底地明白这个回路的动作原理。

【任务实施及考核】

二次回路的识读训练

任务内容	二次回路的识读训练	学时	2
计划方式	阅读、学生讲解		
任务目的	1.能识读二次回路接线图和展开图。 2.熟悉常用二次设备		
电路图	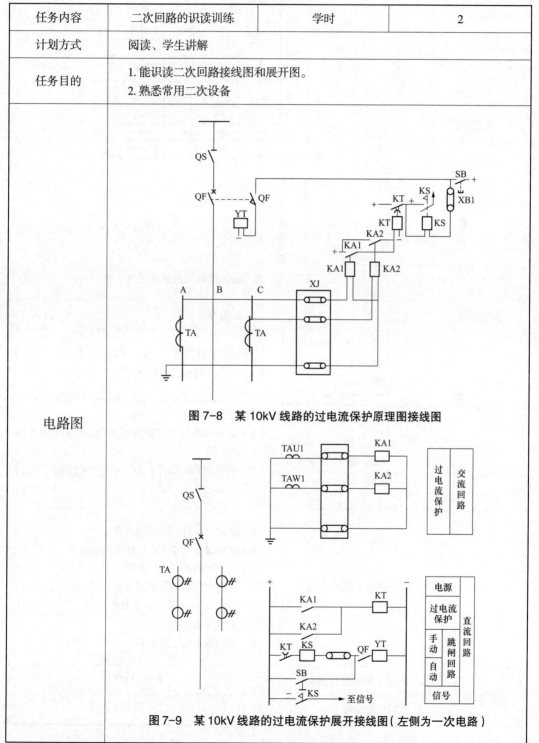		

图 7-8　某 10kV 线路的过电流保护原理图接线图

图 7-9　某 10kV 线路的过电流保护展开接线图（左侧为一次电路）

电路图	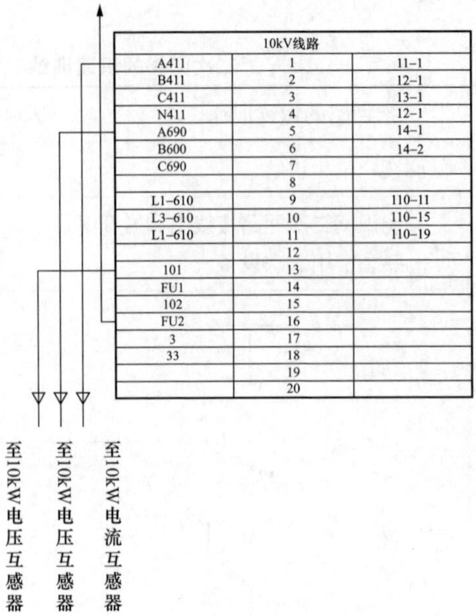 图 7-10　某 10kV 线路三列式端子排

实施步骤	实施内容	
1	识读二次回路	识读二次回路原理接线图（见图 7-8）	（1）认识图中各种元件，了解其作用。 （2）学会分析动作过程
		识读二次回路展开图（见图 7-9）	采用分回路阅读： （1）交流回路阅读。交流回路的电源是电流互感器的二次电流。 （2）直流回路的阅读。直流回路的电源是变电站的直流操作电源"±WC"
2	看端子排（见图 7-10）		（1）屏内与屏外二次回路的连接。 （2）屏内设备与接于小母线上的设备。 （3）二次回路的"±"电源。 （4）交流回路、信号回路及其他需要断开的回路。 （5）屏内设备与屏顶较重要的控制、信号、电压等小母线的设备。 （6）同一屏上的安装设备
考核内容	1. 制作 PPT 进行演示		
	2. 写出实训报告		

本任务的核心是看懂二次回路图，并能按图进行正确接线。通过本任务的学习和实践，学生应能理解和识读二次回路图并能进行接线。

任务 7.3　断路器控制回路

【任务描述】

断路器的控制回路就是控制（操作）断路器分、合闸的回路。操动机构有手力式、电磁式和弹簧式。信号回路是用来指示一次设备运行状态的二次系统，分断路器位置信号、事故信号和预告信号。本任务就来学习常用控制回路和信号回路的功能及工作原理。了解高压断路器控制和信号回路的要求；掌握采用不同操动机构断路器的控制回路；能对高压断路器进行分合操作（模拟）；能根据灯光信号判断断路器的位置。

【相关知识】

断路器控制回路，是通过控制断路器操动机构，实现断路器分、合闸动作的电气控制回路。通过断路器控制回路，可以实现二次设备对一次设备的操控。

一、断路器控制的操作方式

对断路器的控制操作，可分为下列五种方式，如图 7-11 所示。

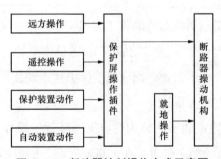

图 7-11　断路器控制操作方式示意图

（1）远方操作：在主控制室，通过控制屏上的操作把手将操作命令传递到保护屏操作插件，再由保护屏操作插件将操作信号传递到开关机构箱，驱动断路器操动机构动作。

（2）遥控操作：调度端发遥控命令，通过通信设备、远动设备将操作信号传递至变电站远动屏，远动屏将控制信号传递到保护屏，实现断路器的分、合闸操作。

（3）就地操作：通过断路器操动机构箱上的操作按钮，进行就地分、合闸操作。

（4）保护装置动作：断路器控制回路配备的保护装置动作，发分、合闸命令至操作插件，使断路器进行分、合闸操作。

（5）自动装置动作：备投、重合闸、低频减载等自动装置动作，引起断路器分、合闸。

由图 7-11 可以看出，前三种为人为操作，后两种为自动操作。对断路器的控制，按控制地点可分为就地控制和集中控制。就地控制是在断路器安装地点进行控制；集中控制是集中在控制室进行控制。

按照对控制电路监视方式的不同，有灯光监视控制和音响监视控制之分。由控制室集中控制和就地控制的断路器，一般多采用灯光监视的控制电路，只在重要情况下才采用音响监视的控制电路。

二、断路器的控制回路

变电站内所有的微机型保护和自动装置动作的最终结果，是使断路器跳闸或者使断路器合闸。断路器在变电站中的作用是如此之大，以至于变电站的大部分二次回路都是围绕对断路器的控制展开的。

SF_6 断路器是 110kV 电压等级最常用的开关电器。以下选用西安西开高压电气股份有限公司生产的 LW25-126 型 SF_6 绝缘弹簧机构断路器为例进行讲解。LW25-126 型断路器广泛应用于 110kV 电压等级，运行经验丰富，具有一定的代表性。其他产品控制回路大同小异，只要弄懂基本电路，参照产品说明书，就能做到熟练掌握。

LW25-126 型断路器操动机构的二次回路图如图 7-12 所示。主要元件的符号与名称对应关系如表 7-3 所示。

断路器的控制回路主要包括断路器的跳、合闸操作回路以及相关闭锁回路。一个完整的断路器控制回路由微机型保护（或自动装置）、微机型测控、操作把手、切换把手、操作箱和断路器机构箱组成。至于为什么把微机型保护和自动装置归为一类，这是由它们在断路器控制回路中的工作方式决定的。

断路器操作按照操作地点的不同分为远方操作和就地操作。就地和远方相对于"远方/就地"切换把手所安装的那个位置。在 110kV 断路器的操作回路中，一般有两个切换把手，一个安装在微机型测控屏，一个安装在断器机构箱。对微机型测控屏的切换把手 43LR 而言，使用微机型测控屏上的操作把手进行操作就属于就地，来自综合自动化后台软件或集控站通过远动户系统传来的操作命令都属于远方；对断路器机构箱内的切换开关 43LR 而言，在机构箱使用操作按钮进行操作属于就地，一切来自主控室的操作命令都属于远方。

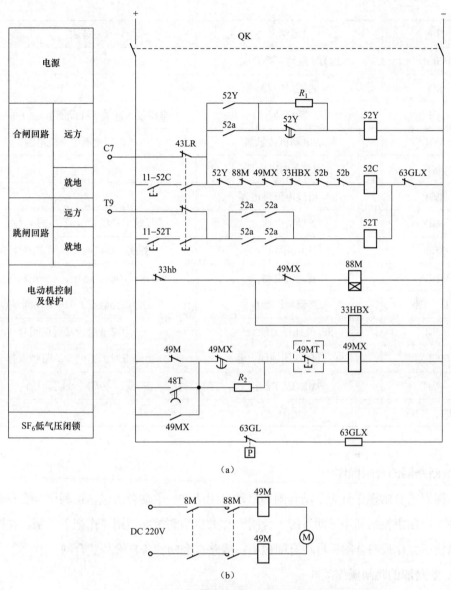

图 7-12 LW25-126 型断路器操动机构的二次回路图
（a）断路器操动机构控制回路；（b）电动机回路

表 7-3 主要元件的符号与名称对应关系

符号	名称	备注
11-52C	合闸操作按钮	手动合闸
11-52T	分闸操作按钮	手动跳闸
52C	合闸线圈	
52T	分闸线圈	

符号	名称	备注
43LR	远方 / 就地切换开关	
52Y	防跳继电器	
8M	断路器	电源投入开关（在储能电动机回路）
88M	储能电动机接触器	动作后接通电动机电源
48T	电动机超时继电器	
49M	电动机过电流继电器	
49MX	辅助继电器	反映电动机过电流、过热故障
33hb	合闸弹簧限位开关	弹簧未储能时，其触点闭合
33HBX	辅助继电器	弹簧未储能时，通电，动断触点打开
52a、52b	断路器辅助触点	52a 为动合触点，52b 为动断触点
63GL	SF_6 气压压力触点	压力降低时，其触点闭合
63GLX	SF_6 低气压闭锁继电器	压力降低时，通电，动断触点打开
49MT	49MX 复归按钮	复归 49MX，现场增加
R1，R2	电阻	

1. 断路器的合闸操作

断路器的合闸操作分为手动合闸和自动合闸两种。手动合闸包括：利用综合自动化后台软件（或在集控站利用远动系统）合闸、在微机型测控屏使用操作把手合闸、在断路器机构箱使用操作按钮合闸；自动合闸包括：线路重合闸和备自投装置合闸。

2. 断路器的跳闸操作

断路器的跳闸操作分为手动跳闸和自动跳闸两种。手动跳闸包括：利用综合自动化后台软件（或在集控站利用远动系统）跳闸、在微机测控屏使用操作把手跳闸、在断路器机构箱使用操作按钮跳闸。自动跳闸包括：自身保护（该断路器所在间隔配置的微机型保护）动作跳闸、外部保护（母线保护或外间隔配置的微机型保护）动作跳闸、自动装置（备自投装置、低频减载装置等）动作跳闸、偷跳（由于某种原因断路器自己跳闸）。

3. 断路器操作的闭锁回路

断路器操作的闭锁回路，根据断路器电压等级和工作介质的不同可以分为两类：操作动力闭锁和工作介质闭锁。

操作动力闭锁指的是断路器操作所需动能的来源发生异常，禁止断路器进行操作。例如，弹簧机构断路器的"弹簧未储能，禁止合闸"等。

工作介质闭锁指的是断路器操作所需绝缘介质浓度异常，为避免发生危险而禁止断路器操作。例如，SF_6 断路器的"SF_6 压力低禁止操作"等。

三、断路器合闸回路

1. 就地合闸

43LR 在就地状态时，合闸回路由 11-52c、52Y 动断触点、88M 动断触点、49MX 动断触点、33HBX 动断触点、52b 动断触点、52C 合闸线圈和 63GLX 动断触点组成。合闸回路处于准备状态（按下 52C 即可合闸）时，需要满足以下条件：

（1）52Y 动断触点闭合。52Y 是防跳继电器。防跳是指防止在手合断路器于故障线路且发生手合开关触点粘连的情况下，由于"线路保护动作跳闸"与"手合开关触点粘连"同时发生造成断路器在跳闸与合闸之间发生跳跃的情况。从图 7-12 中可以看出，按下手合按钮 11-52C 合闸后，如果 11-52C 在合闸后发生粘连，则 52Y 线圈通过 11-52C 的粘连触点、断路器动合触点 52a、52Y 动断触点得电，然后 52Y 通过自身动合触点、11-52C 的粘连触点和电阻 R1 实现自保持。同时，52Y 动断触点断开合闸回路。也就是说，在发生"手合按钮粘连"的情况下，52Y 的防跳功能即由断路器的合闸操作启动（至于断路器是否合闸于故障线路对此完全没有影响），即合闸之后，断路器合闸回路已经被闭锁，这就是 LW25-126 防跳回路的动作原理。

由于是用 11-52C 合闸，切换开关 43LR 必然在就地位置，当合闸于故障线路时"保护跳闸命令"根本无法传输到断路器机构箱内的跳闸回路。这个错误是十分严重的，且会造成无法跳闸的后果，必然造成越级跳闸从而使事故范围扩大。所以在将断路器投入运行的时候，必须在远方操作，不仅仅是因为保护人身安全的需要。

那么，断路器机构箱内的防跳回路到底是如何起作用的呢？将切换把手 43LR 置于远方位置，若使用测控屏上的操作把手 1SA 合闸后发生合闸触点粘连，那么 52Y 的动作情况就会与刚才分析的一样，并且起到了防跳功能，而不是上文提到的仅仅形成"断路器合闸回路被闭锁"的状态。

可以看出将 52Y 的动断触点串入合闸回路的目的在于，可以在手合断路器后且发生手合开关触点粘连的情况下，断开断路器的合闸回路。

（2）88M 动断触点闭合。88M 是合闸弹簧储能电动机的接触器，它是由合闸弹簧限位开关 33hb 的动断触点控制的。断路器机构内有两条弹簧，分别是合闸弹簧与跳闸弹簧。合闸弹簧依靠电动机牵引进行储能（拉伸），跳闸弹簧依靠合闸弹簧释放（收缩）时的势能储能。断路器的合闸操作是通过合闸弹簧势能释放带动相关机械部件完成的。断路器合闸动作结束后，合闸弹簧失去势能，即合闸弹簧处于未储能状态，合闸弹簧限位开关

33hb 动断触点闭合。33hb 动断触点闭合后 88M 线圈得电，88M 动合触点闭合接通电动机电源使电动机运转给合闸弹簧储能。同时，88M 动断触点打开从而断开合闸回路，实现闭锁功能。

电动机转动将合闸弹簧拉伸到一定程度后（即储能完成），33hb 动断触点打开使 88M 失电，88M 动合触点打开从而断开电动机电源使其停止运转，合闸弹簧由定位销卡死。同时，88M 动断触点闭合，解除对合闸回路的闭锁。在合闸弹簧再次释放前，电动机均不再运转。88M 动断触点闭合表示电动机停止运转。在排除电动机故障的情况下，电动机停止运转在一定程度上表示合闸弹簧已储能。

将 88M 的动断触点串入合闸回路的目的在于，防止在弹簧正在储能的那段时间内（此时弹簧尚未完全储能）进行合闸操作。

（3）49MX 动断触点闭合。49MX 是一个中间继电器，是由电动机过电流继电器 49M 或电动机超时继电器 48T 启动的，概括地说，它代表的是电动机故障。在电动机发生故障后，49M 或 48T 通过 49MX 的动断触点使 49MX 线圈得电，而后 49MX 通过自身动合触点及电阻 R2 实现自保持。同时，49MX 动断触点打开从而断开合闸回路，实现闭锁功能。49MX 动断触点闭合表示电动机正常。

从图 7-12 中可以看出，在 49MX 的自保持回路接通以后，存在无法复归的问题。即使电动机故障已经排除，49M 和 48T 已经复归，49MX 仍然处于动作状态，其动断触点一直断开合闸回路。最初，检修人员只能断开断路器操作回路的电源开关使 49MX 复归；现在，在 49MX 的自保持回路中串接了一个复归按钮（如图 7-12 中虚线框内的 49MT），解决了这个问题。

合闸弹簧释放（即合闸动作完成）后，将自动启动电动机进行储能。如果电动机存在故障，则合闸弹簧就不能正常储能，从而导致无法进行下一次合闸操作。例如，手动合闸 110kV 线路断路器成功后，如果电动机故障造成合闸弹簧储能失败而断路器继续运行，则在线路发生故障时，重合闸必然失败。

将 49MX 的动断触点串入合闸回路的目的在于防止将合闸弹簧已储能但储能电动机已经发生故障的断路器合闸。

（4）33HBX 动断触点闭合。33HBX 是一个中间继电器，它是由合闸弹簧限位开关 33hb 的动断触点控制的。33hb 动断触点闭合表示的是合闸弹簧未储能，它同时使电动机接触器 88M 线圈得电和合闸弹簧未储能继电器 33HBX、88M 的动合触点接通电动机电源回路进行储能，33HBX 的动断触点打开从而断开合闸回路，实现闭锁功能。33HBX 的动断触点闭合表示的是合闸弹簧已储能。

将 33HBX 的动断触点串入合闸回路的目的在于，防止在弹簧来储能时进行合闸操作，若无此动断触点断开合闸回路，则会由于操作箱中的合闸保持继电器 KLC 的作用导致合闸线圈 52C 持续通电而被烧毁。

（5）断路器的动断辅助触点 52b 闭合。断路器的动断辅助触点 52b 闭合表示的是断路器处于分闸状态。从图 7-12 中可以看出，有两个 52b 的动断触点串联接入了合闸回路，这和传统控制回路图纸中的一个动断触点的画法是不一致的。这是因为，断路器的辅助触点和断路器的状态在理论上是完全对应的，但是在实际运行中，由于机件锈蚀等原因都可能造成断路器变位后辅助触点变位失败的情况。将两对辅助触点串联使用，可以确保断路器处于这种触点所对应的状态。

将断路器动断辅助触点 52b 串入合闸回路的目的在于，保证断路器此时处于分闸状态，更重要的是，52b 用于在合闸操作完成后切断合闸回路。

（6）63GLX 的动断触点闭合。63GLX 是一个中间继电器，它是由监视 SF$_6$ 密度的气体继电器 63GL 的动断触点控制的。由于泄漏等原因都会造成断路器内 SF$_6$ 的密度降低，无法满足灭弧的需要，这时就要禁止对断路器进行操作以免发生事故，通常称为 SF$_6$ 低气压闭锁操作。63GLX 得电后，其动断触点打开，合闸回路及跳闸回路均被断开，断路器即被闭锁操作。

与前面几对闭锁触点不同的是，63GLX 闭锁的不仅仅是合闸回路。从图 7-12 中，可以明显地看出，这对触点闭锁的是合闸及跳闸两个回路，所以它的意义是闭锁操作。

将 63GLX 的动断触点串入操作回路的目的在于，防止在 SF$_6$ 密度降低不足以安全灭弧的情况下进行操作而造成断路器损毁。

在满足以上 6 个条件后，断路器的合闸回路即处于准备状态，可以在接到合闸指令后完成合闸操作。

2. 远方合闸

对断路器而言，远方合闸是指一切通过微机操作箱发来的合闸指令，它包括微机线路保护重合闸、自动装置合闸、使用微机型测控屏上的操作把手合闸、使用综合自动化系统后台软件合闸、使用远动功能在集控中心合闸等，这些指令都是通过微机操作箱的合闸回路传送到断路器机构箱内的合闸回路的。

这些合闸指令其实就是一个高电平的电信号（我们也可以简单地认为它就是直流正电源），当 43LR 处于远方状态时，它通过 43LR 以及断路器机构箱内的合闸回路与负电源形成回路，启动 52C 完成合闸操作。

断路器的远方合闸回路，除了 43LR 在远方位置且无 11-52C 外，与就地合闸回路是一样的。

四、断路器的跳闸回路

1. 就地跳闸

43LR 在就地状态时，跳闸回路由跳闸按钮 11-52T、52a 动合触点、52T 和 63GLX 动断触点组成。跳闸回路处于准备状态（按下 11-52T 即可成功跳闸）时，断路器需要满足以下条件：

（1）断路器的动合辅助触点 52a 闭合。断路器的动合辅助触点 52a 闭合表示的是"断路器处于合闸状态"。从图 6-12 中可以看出，跳闸回路使用了 52a 的四对动合触点。每两对动合触点串联，然后再将它们并联，这样既保证了辅助触点与断路器位置的对应关系，又减少了辅助触点故障对断路器跳闸造成影响的几率。

将断路器动合辅助触点 52a 串入跳闸回路的目的在于，保证断路器处于合闸状态，更重要的是，52a 用于在跳闸操作完成后切断跳闸回路。

（2）63GLX 的动断触点闭合。同本节三、1.（6）中所述。

2. 远方跳闸

对断路器而言，远方跳闸是指一切通过微机操作箱发来的跳闸指令，包括微机保护跳闸、自动装置跳闸、使用微机测控屏上的操作把手跳闸、使用综合自动化系统后台软件跳闸、使用远动功能在集控中心跳闸等，这些指令都是通过微机操作箱的跳闸回路传送到断路器的。

这些跳闸指令其实就是一个高电平的电信号，在 43LR 处于远方状态时，它通过 43LR 以及断路器机构箱内的跳闸回路与负电源形成回路，启动 52T 完成跳闸操作。

【技能训练】

导通法进行电缆查线（对线）。导通法指依据二次回路接线图、端子排图、屏柜接线图等，利用万用表、试灯等查线仪器，对实际的二次回路每一根电缆的连接情况进行检查，确定电缆接线的正确性，确保无寄生回路存在。

测试的顺序是按展开图从上到下、从左到右依次进行，每测试完一根连接线，就在展开图上用铅笔做个记号，以防遗漏。测试时应将连接线两端拆除，保证无其他连接回路存在，否则，导线有可能通过盘内的其他元件的触点、二极管的正向电阻、元件的小电阻线圈等造成指示灯误导通而发亮，造成错误判断。以下仅以电缆对线说明应用方法。

在实际工作中，对于同一工作地点之间的连接电缆，一人可以完成查线。对于不同工作地点之间的连接电缆，需两人配合查线，可通过以接地网为公共端，或选取某一电缆芯为公共端进行查线。以下是利用电路导通原理在不同工作地点之间双人配合查线的常用方法，俗称对线，图 7-13 所示为测试示意图。

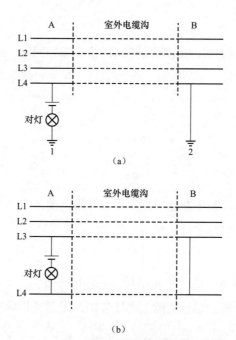

图 7-13　导通法测试二次接线正确性示意图
（a）步骤 1；（b）步骤 2

图 7-13 中分为三个部分，分别为工作地点 A、室外电缆沟、工作地点 B，假设被测对象为四芯电缆。为确保对线的正确性，A 地工作人员（简称 A）和 B 地工作人员（简称 B）要建立通信联系，近距离可以采用直接对话，远距离可以通过对讲机、变电站内部通信电话来保证通信联络。在已通过绝缘试验，确保电缆芯对地绝缘良好的情况下，可以采用以下步骤查线：

步骤 1：如图 7-13（a）所示，B 选择其中一根电缆芯（如选择 L4 芯线）短接至变电站的接地网上，然后通知 A 利用对灯查找 L4 芯线。A 将对灯的一端接地，另外一端在 L1 至 L4 中逐一查找，如果只有一根芯线使对灯点亮，则此根芯线必为 L4；如果有两根以上的芯线点亮，则说明电缆芯短路，需要进一步查找短路地点。

步骤 2：如图 7-13（b）所示，B 将 L3 号芯线与 L4 号芯线短接，A 将对灯一端连接在 JA 芯线上，另一端在 L1 至 L3 芯线上逐根查找 L3 芯线，如只有一根芯线使对灯点亮，则此芯线即为 L3 芯线；如有两根以上芯线使对灯点亮，则其中有一根芯线为 L3，剩下的芯线与 L3 发生了短路。

以此类推，分别查出芯线 L2、L1。显然，重复步骤 1，同样可以查出 L3、L2、L1。

以上方法是现场常用的一种查线方法，现场还可使用其他方法，基本上都是利用电路导通原理，这里不再赘述。

【任务实施及考核】

本任务的核心是会分析高压断路器的控制回路和信号回路，理解"不对应原理"的含义。熟悉断路器的位置信号、事故信号、预告信号，并能对断路器进行分合操作。

1. 实施地点

教室、专业实训室。

2. 实施所需器材

（1）多媒体设备。

（2）断路器操动机构，高压断路器控制和信号回路图纸。

（3）常用电工工具，安装工具和常用配件等。

3. 实施内容与步骤

（1）学生分组。3～4人一组，指定组长。工作始终各组人员尽量固定。

（2）教师布置工作任务。学生阅读工作任务书，了解工作内容，明确工作目标，制定实施方案。

（3）教师通过图片、实物或多媒体分析演示让学生了解高压断路器的操动机构、动作过程，教师讲解高压断路器的控制和信号回路，学生能根据具体情况分析各种操动机构的高压断路器的控制和信号回路。会根据断路器的控制和信号回路判断故障，指导学生自学，并及时指导，提出问题。

（4）发放断路器控制和信号回路图纸，学习阅读，将阅读结果填写表7-4中。

表7-4　某断路器控制和信号回路读图记录表

操作电源	控制开关触点表	操动机构	合闸过程	自动分闸过程

4. 评价标准

教师根据学生阅读图纸结果及提问，按表7-5给予评价。

表 7-5　任务综合评价表

项目	内容	配分	考核要求	扣分标准	得分
实训态度	1. 实训的积极性。 2. 安全操作规程地遵守情况。 3. 纪律遵守情况。 4. 完成自我评估、技能训练报告	30	积极参加实训，遵守安全操作规程劳动纪律，有良好的职业道德；有较好的团队合作精神，技能训练报告符合要求	违反操作规程扣 20 分；不遵守劳动纪律扣 10 分；自我评估、技能训练报告不符合要求扣 10 分	
读图	断路器控制回路和信号回路	40	读图方法，读图正确性	读图方法不正确扣 10 分；读图过程一个错误扣 5 分	
故障判断	事故，不正常运行	20	根据音响信号和灯光信号判断故障	判断中出现一次错误扣 5 分	
工具的整理与环境卫生	环境清洁情况	10	要求工具排列整齐，工作台周围无杂物	工具排列不整齐 1 件扣 1 分；有杂物 1 件扣 1 分	
合计		100			
说明：各项配分扣完为止					

任务 7.4　6～35kV 线路开关柜的二次回路

【任务描述】

本工作任务，主要介绍 6～35kV 线路开关柜的二次回路等电气控制原理、安装、调试与维护的相关专业知识与职业岗位技能。通过学习，能识读高压开关柜电气控制原理图，现场认识变电室开关柜中的高压器件，具有调整各高压开关柜继电保护动作参数的能力，能根据继电保护及二次回路图，完成接线与调试任务。

【相关知识】

一、高压进线柜的器件认识与保护作用

如图 7-14 所示，某变电室两路电源进线（Ⅰ段进线、Ⅱ段进线），分别由 2 号进线柜、5 号进线柜进入，请思考如下问题：

（1）图中的 2 号进线柜、5 号进线柜中有哪些高压器件？有何作用？

（2）上述高压线路为架空线进线（或电缆线进线），相与相之间的短

路故障是由何原因造成的？

（3）前面我们学习的高压电流互感器的二次侧接的是什么？

（4）高压进线柜过流继电保护的二次电路有哪些器件？

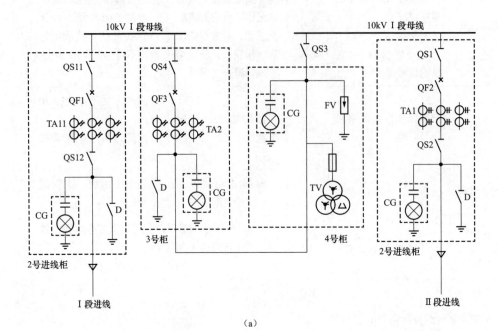

（a）

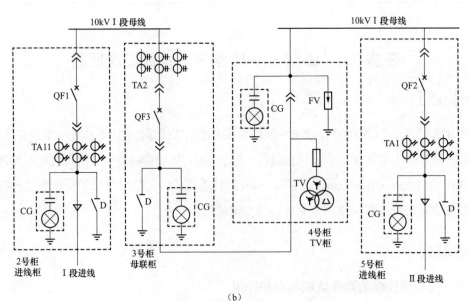

（b）

图7-14　高压进线柜认识图

（a）固定式开关柜；（b）手车式开关柜

QF1、QF2、QF3—高压断路器；TA11、TA1、TA2—电流互感器；D—检修接地开关；CG—带电显示器；

FV—避雷器（过电压保护）；QS1、QS2、QS3、QS4、QS11、QS12—高压隔离开关

通过思考，我们知道固定式开关柜的2号进线柜、5号进线柜中有上隔离开关、下隔离开关、高压断路器、电流互感器、带电显示器、检修接地开关。手车式开关柜的2号进线柜、5号进线柜中有高压断路器、电流互感器、带电显示器、检修接地开关。

高压电流互感器的一个二次侧线圈接电流表，检测高压侧电流；另一个二次侧线圈接过流继电器线圈，当高压线路发生相间短路时，过流继电器动作，使高压断路器跳闸。

高压断路器、高压隔离开关、电流互感器等组成高压进线柜过流继电保护的一次设备。

当高压进线如电缆线或架空线路发生相与相之间的短路故障时，高压进线柜中的过流保护继电电路动作，使高压断路器跳闸，断开电路，同时发出报警信号。这就是高压进线柜开关柜的相间短路保护作用。

6～35kV电压等级同属小电流接地系统，即电力变压器中性点不接地或不直接接地系统。工厂企业中多采用户内布置的开关柜组成。根据不同的用途，可分为线路（出线）开关柜、电容器开关柜、接地（站用）变压器开关柜、母联（分段）开关柜、母联（分段）隔离柜、电压互感器柜等。不同的开关柜装设的一次设备不同，与之对应的二次设备和二次回路也有所不同。本节以中置式线路开关柜为例叙述。

6～35kV线路开关柜装设的一次设备有手车式断路器（又称为小车开关）、电流互感器、母线、引线、避雷器和接地开关等。手车式断路器一般安装在开关柜的中部，称为中置式开关柜。手车式断路器，手车是一个带轮子的可以滑动的平板，断路器安装在手车上就可以移动。因此手车式断路器的作用包括断路器和隔离开关的作用，隔离开关的作用由小车的插头与插座代替，以手车的工作位置、试验位置表示断路器与一次主电路的连接情况。

综合自动化变电站中，6～35kV线路采用的微机型保护测控装置，一般都具有保护、测量、控制和通信功能。在分层分布式综合自动化系统中，作为间隔层的设备就地布置在开关柜上，依靠网络通信和综合自动化系统进行联系。

二、开关柜上二次设备的布置

在开关柜上，设计有继电器室，专门用于安装继电器或保护测控装置，以及控制开关、信号灯、保护出口连接片、开关状态显示器、电能表和端子排等二次设备。

1. 继电器室面板上安装的设备

图7-15是6～35kV线路开关柜继电器室的面板布置图。

继电器室的面板上安装的设备有KZQ开关状态显示器、CSC-211微机线路保护装置（1X）、断路器储能指示灯（1BD）、远方就地切换开关（1KSH）、断路器控制开关（1KK）、电气编码锁（1BS）、柜内照明开关（1HK）、断路器储能开关（HK）、柜内加热开

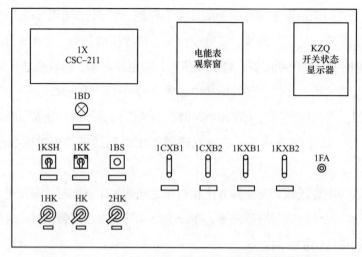

图 7-15　6 ~ 35kV 线路开关柜继电器室的面板布置图

关（2HK）、保护跳闸出口连接片（1CXB1）、重合闸出口连接片（1CXB2）、低频减载投入连接片（1KXB1）、装置检修状态投入连接片（1KXB2）和装置复归按钮（1FA）。在面板上开有用于观察电能表的玻璃窗。

2. 继电器室内后板上安装的设备

在继电器室的内部，一般在底板上安装端子排，在后板上安装小型断路器、电能表等。图 7-16 是 6 ~ 35kV 线路开关柜继电器室的后板布置图。其中有电能表（DSSD331）、保护回路直流电源开关（1Q1）、控制回路直流电源开关（1Q2）、交流电压回路开关（1Q3）、储能电源开关（2Q）、开关状态显示器电源开关（3Q）和交流电源开关（4Q）等。

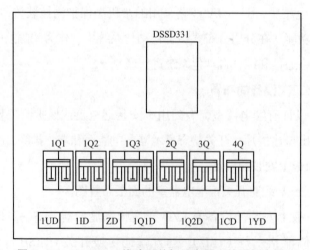

图 7-16　6 ~ 35kV 线路开关柜继电器室的后板布置图

三、开关柜的交流电流、电压回路

1. 电流互感器的配置

6～35kV 的小电流接地系统中，线路的电流互感器按规定采用两相式布置，即在 A、C 相装设，线路开关柜的一次接线及电流互感器配置如图 7-17 所示。电流互感器二次绕组一般配三组。一组供保护用，准确度级别为保护专用的 5P10 级（5P10 的含义是指在电流互感器 10 倍额定电流时，其电流比误差不超过 5%）；一组供测量用，准确度级别为 0.5 级（0.5 的含义是指在电流互感器额定电流时，其电流比误差不超过 0.5%）；一组供电能表计量用，准确度级别为 0.2 级（0.2 的含义是指在电流互感器额定电流时，其电流比误差不超过 0.2%）。6～35kV 线路还装设一只套管式零序电流互感器，作为小电流接地选线用。

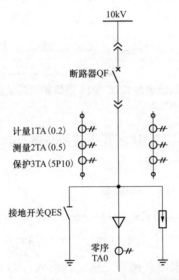

图 7-17 线路开关柜的一次接线及电流互感器配置

2. 保护测控装置的交流电流回路接线

图 7-18 是 6～35kV 线路选用 CSC-211 型保护测控装置的交流电流回路接线图。图中保护、测量的电流回路都采用两相不完全星形接线，这种接线方式适合于小电流接地系统，可以反映各种相间故障。CSC-211 型保护装置具有小电流接地选线功能，一般变电站装设的消弧线圈自动消谐装置也具有接地选线功能，在运行中可以并行使用。它们采集的零序电流来自专用的套管式零序电流互感器。

图 7-18～图 7-21 中，1UD1、1UD2…是电压回路端子排的编号；1ID1、1ID2…是电流回路端子排的编号；ZD1、ZD2…是直流电源端子排的编号；1QID1、1QID2…是强电开入回路端子排的编号；1Q2D1、1Q2D2…是操作控制回路端子排的编号；1CD1、1CD2…是

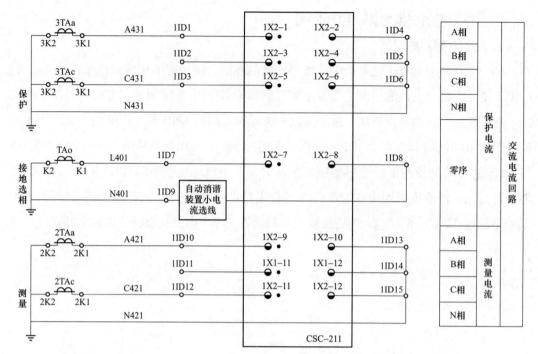

图 7-18　6～35kV 线路选用 CSC-211 型保护测控装置交流电流回路接线图

出口回路端子排的编号；1YD1、1YD2…是遥信回路端子排的编号；1X1、1X2…是保护装置背板端子的编号；1K1、1K2、2K1、2K2…是电流互感器二次绕组端子的编号。

3. 保护测控装置的交流电压回路接线

图 7-19 是 6～35kV 线路选用 CSC-211 型保护测控装置的交流电压回路接线图。图中保护和测量的交流电压共用一组电压小母线，它所接的电压互感器二次绕组准确度级别为 0.5 级，从该线路所接母线的电压互感器二次绕组引入，如 I 段母线引自 1YM（630）的一组电压小母线，II 段母线引自 2YM（640）的一组电压小母线。小电流接地选线所用的零序电压引自电压互感器开口三角绕组 L630 或 L640 回路。

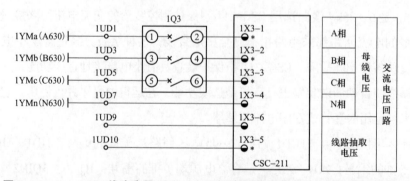

图 7-19　6～35kV 线路选用 CSC-211 型保护测控装置的交流电压回路接线图

4. 电能表的电流、电压回路接线

图 7-20 是 6～35kV 线路电能表的电流、电压回路接线图。电能表采用两相式接线，接入 A、C 相电流和 AB、BC 电压。为保证电能计量的精度，电流回路接在专用的 0.2 级电流互感器绕组上，电压回路接计量专用的一组电压小母线 630′ 或 640′，其电压互感器二次绕组准确度级别为 0.2 级。

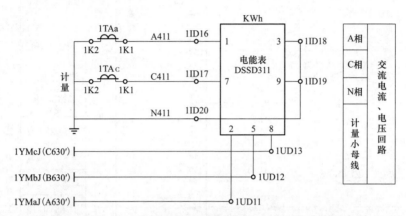

图 7-20　6～35kV 线路电能表的电流、电压回路接线图

四、保护测控装置的直流控制与信号回路

目前使用的 6～35kV 保护测控装置具有保护、测量、控制和信号等功能。断路器的控制与信号回路一般由跳、合闸回路，防跳回路，位置信号，开入信号等部分组成。

图 7-21 是 6～35kV 线路的直流控制与信号回路接线图。回路中的主要设备有 CSC-211 型线路保护测控装置、1KSH 就地与远方控制的切换开关、1KK 控制开关、IBS 电气编码锁、断路器的操动机构等。

1. 断路器的操动机构

保护测控装置对断路器的操作控制是通过操动机构来实现的。操动机构是断路器的组成部分，包括机械和电气两部分。图 7-22 是 VS1 型抽出式断路器操动机构的电气原理接线图，图中各主要元件及其功能如下：

YC 为合闸线圈，用来使合闸电磁铁励磁，产生电磁力，将储能弹簧储存的能量释放，推动操动机构运动，完成断路器的合闸过程。

GZ1 为整流器，为储能电动机提供整流回路。

GZ2 为整流器，可为合闸线圈提供整流回路，使之既可用于直流操作，也可用于交流操作。

GZ3 为整流器，为分闸线圈提供整流回路。

YT 为分闸线圈，用来使分闸电磁铁励磁，产生电磁力，推动操动机构运动，完成断

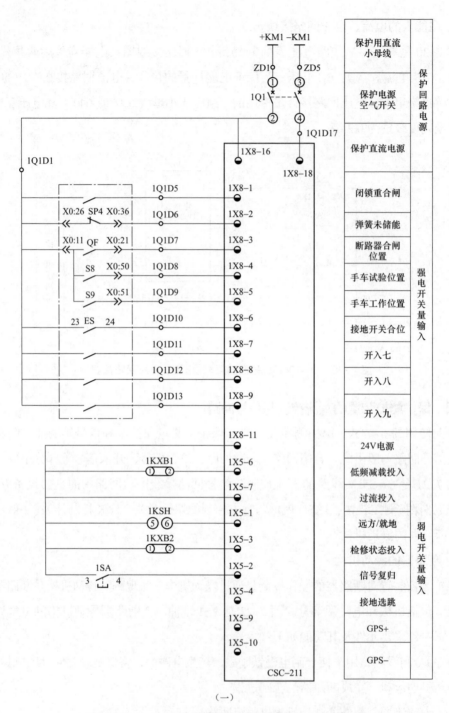

图 7-21 6 ~ 35kV 线路的直流控制与信号回路接线图

路器的分闸过程。

M 为储能电动机，用来拉伸储能弹簧，使之储存能量用于完成断路器的合闸操作。

QF 为断路器的辅助开关，图中断路器的主触点 QF 与辅助触点 QF 用一条虚线连接，

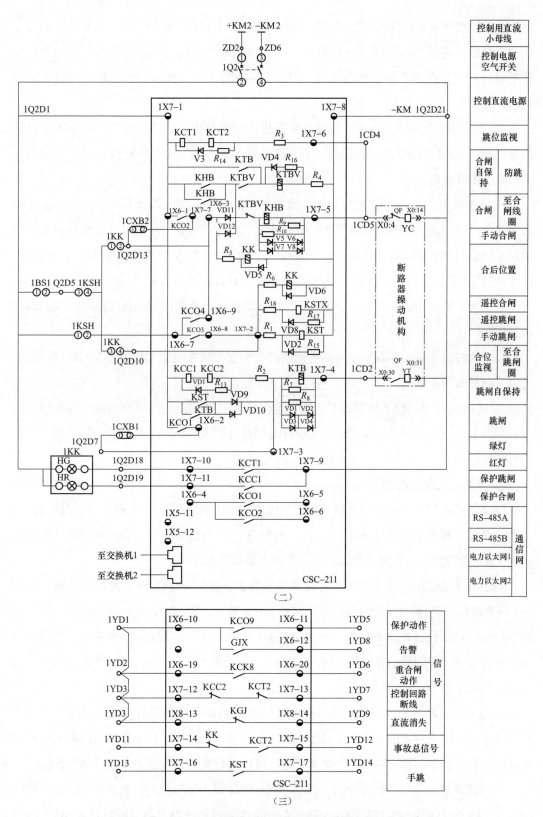

图 7-21 6 ~ 35kV 线路的直流控制与信号回路接线图（续）

表示辅助触点与主触点的运动过程是同步的。图中和主触点一致的（向左打开）辅助触点是动合触点，它始终与主触点状态保持一致；和主触点相反的（向右封闭）辅助触点是动断触点，它始终与主触点状态相反，即当主触点打开它是闭合的，主触点闭合它是打开的。

S8、S9 为底盘车辅助开关，装在手车推进机构底盘内。当断路器手车拉出处于试验位置时 S8 辅助开关的触点闭合接通；当断路器手车推入处于接通运行位置时，S9 辅助开关的触点闭合接通。

SP1 ~ SP4 为微动开关，它们受控于储能弹簧的状态。当储能弹簧处于拉伸状态能量聚集储存，微动开关的动合触点是闭合接通状态；当储能弹簧处于收缩状态能量释放，微动开关的动断触点是闭合接通状态。在回路中使用时，一般 SP1 用来切断储能电动机的运转；SP3 用来控制合闸回路；SP2、SP4 用于储能过程结束发信号。

1KC 为中间继电器（图中未示出），是断路器机构内部的防跳闭锁继电器。其防跳过程在后面叙述。

GT1 为过电流脱扣器线圈，当需要选用时，将它串联在电流互感器二次回路中，发生过电流时使断路器跳闸。

X0 为航空插座的插头位置编号。断路器及手车二次回路引出线分别接在航空插座的不同插头上，插座端的引线按照回路的设计分别接在开关柜的端子排上。当断路器及手车需要拉出检修时，二次回路可以从航空插座处断开。

2. 断路器的就地控制

断路器就地与远方控制的切换，是通过操作 1KSH 切换开关来实现的。断路器的就地控制，是通过操作 1KK 控制开关来实现。控制开关的面板和触点导通图如图 7-23 所示，图中 "X" 的触点表示为接通位置；"–" 的触点表示为断开位置。

切换开关 1KSH 的操作手柄正常有两个位置，手柄置于垂直位置是远方控制，触点3-4 打开，切断就地控制回路的正电源；触点 5-6 打开，撤销对远方控制的闭锁，通过监控主机实现对断路器的远方操作。手柄向左旋转 90° 呈水平位置时是就地控制，触点 5-6 闭合接通远方操作闭锁的开关量，对远方控制进行闭锁；触点 3-4 闭合为就地进行分、合闸操作接通正电源。

就地控制回路受电气编码锁 1BS 的闭锁，电气编码锁是在线防止电气误操作系统中的一个元件，图中所示的触点 1-2 是用来插入程序钥匙的。当运行条件符合断路器的操作程序时，插入程序钥匙，触点 1-2 之间接通，可以进行断路器的就地分、合闸操作。

对断路器进行就地合闸操作时，切换开关 1KSH 置于就地位置，触点 3-4 闭合。将控制开关 1KK 向右旋转 45°，其触点 1-2 闭合，正电通过防跳继电器动断触点 KTBV，经合

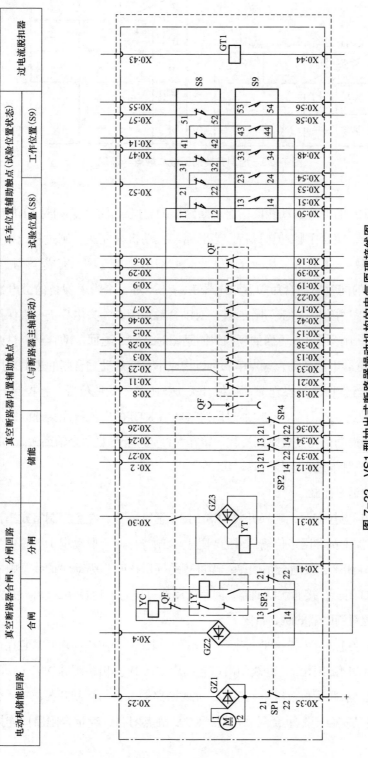

图 7-22 VS1 型抽出式断路器器操动机构的电气原理接线图

1KK LW21–16D/49.6201.2触点位置表

运行方式 ╲ 触点	1–2 5–6	3–4 7–8
预合 合后	↑	—	—
合	↗	×	—
预分 分后	←	—	—
分	↙	—	×

1KSH LW21–16D/9.2208.2触点位置表

运行方式 ╲ 触点	1–2 3–4	5–6 7–8
远方	↑	—	—
就地	←	×	×

图 7-23　控制开关的面板和触点导通图

闸保持继电器 KHB 的电流启动线圈，启动断路器的合闸线圈 YC，同时 KHB 动作，其动合触点 KHB 闭合，使合闸脉冲自保持，当断路器操动机构完成合闸过程，接在 YC 前的断路器动断辅助触点 QF 打开，切断合闸脉冲，使 KHB 失电返回，完成合闸过程。

在进行合闸的同时启动合后位置继电器 KK，KK 是一个带磁保持的继电器。当接在 R5 后面的启动线圈励磁时，KK 动作，其一对动合触点闭合，失电后仍一直保持在动作位置，只有在进行跳闸操作 R6 后面的复归线圈励磁时，它才返回，动合触点打开。它的动合触点与跳闸位置继电器的动合触点串联可以构成不对应启动重合闸的逻辑来用。

对断路器进行就地跳闸操作时，切换开关 1KSH 置于就地位置，将控制开关 1KK 向左旋转 45°，其触点 3-4 闭合，正电通过防跳继电器 KTB 的电流线圈接通断路器的跳闸线圈 YT，当断路器操动机构完成跳闸过程，接在 YT 前的断路器动合辅助触点 QF 打开，切断跳闸脉冲，完成跳闸过程。

3. 断路器的远方控制

断路器进行远方控制时，切换开关 1KSH 置于远方位置，在主控制室或集控中心用鼠标操作，通过监控主机和网络传输信号。当进行合闸操作时，驱动保护装置中的远方合闸继电器触点 KC04 闭合，接通合闸回路；当进行跳闸操作时，驱动保护装置中的远方跳闸继电器触点 KC03 闭合，接通跳闸回路。回路的动作过程与就地控制的动作过程完全相同。

4. 保护装置对断路器的跳、合闸

当保护装置通过对接入模拟量的测量、计算，判断保护应该动作时，装在逻辑插件上的跳闸继电器 KC01 触点闭合，经跳闸出口连接片 1CXB1 发出跳闸脉冲。

当断路器跳闸后跳闸位置继电器动作，此时断路器位置与控制开关位置（合后）不对应，逻辑构成启动重合闸。重合闸动作后，KC02 触点闭合，经重合闸出口连接片 1CXB2 发出合闸脉冲。

当进行手动跳闸时，KK 复归线圈励磁，其动合触点打开，即使跳闸后跳闸位置继电

器触点闭合也不会构成启动重合闸的逻辑。需要撤除重合闸时，打开连接片 1CXB2 断开重合闸出口回路。外回路需要解除重合闸时，在强电开入回路 1X8-1 送入正电，在逻辑中将重合闸闭锁。

5. 断路器的防跳回路

防跳就是防止断路器在合闸过程中发生连续跳闸、合闸的跳跃现象。长时间跳跃会造成断路器损坏。使断路器产生跳跃的原因很多，如手动合闸到故障线路上，操作人员未及时使控制开关复归，或合闸触点有卡住现象等，都会出现断路器的跳跃。一般断路器都要求有电气防跳回路。

（1）保护装置操作回路的防跳回路。防跳回路的核心是防跳继电器，这里防跳由两个继电器来构成，KTB 作为电流启动继电器，KTBV 作为电压保持继电器。当手动合闸到故障线路上，保护动作发出跳闸脉冲通过防跳的电流启动继电器 KTB 的电流线圈，使 KTB 动作，其一对动合触点 KTB 闭合自保持。另一对动合触点 KTB 闭合，启动防跳的电压保持继电器 KTBV，其动合触点 KTBV 闭合自保持，动断触点 KTBV 保持在打开状态，切断合闸脉冲。保证断路器可靠完成跳闸过程。

（2）断路器操动机构的防跳回路。在断路器的操动机构中装设有防跳继电器，见图 7-22 中的 1Y，当断路器进行合闸操作时，储能弹簧处于拉伸状态微动开关 SP2 的动合触点 13-14 闭合，动断触点 21-22 打开。1Y 继电器处于失电状态，其动断触点闭合。断路器在合闸操作前，QF 动断触点也在闭合状态。回路具备合闸条件，使合闸线圈 YC 励磁，断路器进行合闸。当完成合闸过程，储能弹簧能量释放处于收缩状态，SP2 触点切换 13-14 打开，21-22 闭合。若此时合闸脉冲依然存在，将通过 SP2 的 21-22 触点启动 1Y 继电器，1Y 继电器的动合触点闭合使其自保持，1Y 继电器的两对动断触点断开，切断合闸线圈 YC 回路，防止此时断路器如果跳闸，发生再次合闸的现象。当断路器完成合闸过程后，QF 动断触点也将打开，切断合闸线圈 YC 回路。当合闸脉冲撤销，1Y 继电器返回，为下次合闸做好准备。

在运行中，保护装置操作回路的防跳与断路器机构的防跳只允许投入一处，一般推荐采用断路器机构中的防跳回路。

6. 信号输出回路

合闸位置继电器的动合触点 KCC1 和跳闸位置继电器的动合触点 KCT1，分别接通装在控制开关面板上的红灯和绿灯，表示断路器在合闸或分闸位置。同时，红灯亮监视了断路器分闸回路的完好，绿灯亮则监视断路器合闸回路的完好。

图 7-21（三）中保护装置的合闸、跳闸、装置告警、直流消失和控制回路断线等信号，可以通过这些继电器的空触点送往常规变电站的中央信号回路。对于综合自动化变电站，这些信号不再由触点传输，而是转换为数字量，通过网络送到监控主机。由于装置直

流消失会造成系统通信中断,一般设计中将此信号汇集成小母线,送至公用测控装置,显示开关柜就地装设的保护测控装置发生直流消失的告警。

7. 信号输入回路

变电站的断路器、隔离开关、继电器等常处于强电场中,电磁干扰比较严重,若要采集这些强电信号,必须采取抗干扰措施。抗干扰的方法有很多,最简单有效的方法是采用光电隔离。

光耦合器由发光二极管和光敏晶体管组成,发光二极管和光敏晶体管之间是绝缘的,两者都封装在一起。光电隔离原理如图 7-24 所示,当有强电输入时,发光二极管导通发光,使光敏晶体管饱和导通,有电位输出。在光耦合器中,信息传输介质为光,但输入和输出都是电信号。

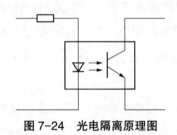

图 7-24 光电隔离原理图

信息的传送和转换过程都是在不透光的密闭环境下进行的,它既不会受电磁信号的干扰,也不会受外界光的影响,具有良好的抗干扰性能。

早期保护测控装置的强电信号输入的光耦合器,是装设在保护装置外面,布置在屏柜面板或端子排上。目前的保护测控装置的光耦合器都是装设在装置箱体内部,强电输入均采用直流 220V,输出直流 24V。为了保证抗干扰的可靠性,要经过两级光隔离,即将变换为 24V 的信号再经过一级光电隔离,变换为 SV 的信号送入 CPU 芯片。一般屏柜内部信号采用弱电输入,如保护装置的功能连接片、远方就地切换开关及信号复归按钮等,输入采用直流 24V。

在图 7-21(一)中,强电信号输入接有断路器合闸位置、手车开关的试验位置和工作位置、接地开关 ES 合闸位置和操动机构弹簧未储能信号。这些输入信号可以通过保护测控装置转换为数字量,经网络传输在监控主机的显示器上显示。

【任务实施及考核】

6～35kV 线路开关柜的二次回路控制电路通调通试

1. 项目描述

根据图 7-18～图 7-21 所示 6～35kV 线路开关柜的二次控制电路图,完成电路的识图接线任务，能对控制电路和继电保护回路进行通调通试。

2. 教学目标

（1）能识读电路原理图与接线图；能够查阅图纸、器件等的相关参数。

（2）能对线路进行检查，并排查故障。

（3）能正确整定动作参数、正确使用继电保护校验仪、模拟断路器、继电保护实训系统对电路进行通电调试。

（4）具备团结协作精神与语言表达能力。

3. 学时与教学实施

2 学时；教学采用教、实操、做一体，学生分小组展开动手实践教学过程。

4. 训练设备

6～35kV 线路开关柜控制电路所需元件组装模块、供配电实训装置、电源总控柜、直流屏控制装置、继电保护校验仪、模拟断路器、负载柜等。

5. 项目评价标准

项目评价标准如表 7-6 所示。

表 7-6　任务综合评价表

项目评价标准		配分	得分
知识与技能（30 分）	能够识读开关柜的二次控制电路原理图	10	
	正确认识并使用器件	10	
	会用万用表检查电路	5	
	能够正确调整动作参数	5	
接线与调试（40 分）	在规定时间内正确接线，完成所有内容	20	
	正确检查线路，并独立排查故障	10	
	独立调试，方法正确，通电调试成功	10	
	参数选择错误，每一处扣 5 分		
	电路图每一处错误扣 5 分		
	不会检查电路扣 10 分		
协作组织（10 分）	任务实施，全勤，团结协作，分工明确，积极完成任务	10	
	不动手，或迟到早退，或不协作，每有一处，扣 5 分		
分析报告（10 分）	按时交实训总结报告，内容书写完整、认真、正确	10	
安全文明意识（10 分）	任务结束后清扫工作现场，并将工具摆放整齐	10	
	任务结束不清理现场扣 10 分；不遵守操作规程扣 5 分		

任务 7.5　电测量仪表与绝缘监视装置

【任务描述】

供配电系统的测量和绝缘监视回路是二次回路的重要组成部分。本次任务主要是学会查阅电气测量规范，能根据要求正确配置电测量仪表，并会对测量仪表进行安装接线。运行人员必须依靠测量仪表装置了解配电系统的运行状态，监视电气设备的运行参数。

为了监视交直流系统的绝缘状况，通常都设有绝缘监视装置。因此本次任务主要是了解绝缘监视的目的，读懂绝缘监视装置的电路图，能进行绝缘监视装置的接线，并会判断接地故障。

【相关知识】

一、电测（计）量仪表

（一）电测（计）量仪表任务与要求

为了监视供电系统一次设备（电力装置）的运行状态和计量一次系统消耗的电能，保证供电系统安全、可靠、优质、经济、合理地运行，工厂供电系统的电力装置中必须装设一定数量的电测量仪表。

1. 电测（计）量仪表任务

在电力系统和供配电系统中，进行电气测量的目的有三个：

（1）计费测量，主要计量用电单位的用电量，如有功电能表、无功电能表。

（2）对供电系统中运行状态、技术经济分析所进行的测量，如电压、电流、有功功率、无功功率及有功电能、无功电能测量等。

（3）对交直流系统的安全状况如绝缘电阻、三相电压是否平衡等进行监测。

2. 电测（计）量仪表的要求

（1）对电测量仪表的要求。

1）能正确反映电力装置的运行参数，能随时监测电力装置回路的绝缘状况。

2）交流回路仪表的精确度等级，除谐波测量仪表外，不应低于 2.5 级；直流回路仪表的精确度等级，不应低于 1.5 级。

3）互感器的精度要高于仪表的精度，1.5 级和 2.5 级的常用测量仪表，应配用不低于 1.0 级的互感器。

4）适当选择电流互感器变流比，以满足仪表的指示在标度尺的 70%～100% 处。

5）对有可能过负荷运行的电力装置回路，仪表的测量范围，宜留有适当的过负荷裕度。

6）对重载启动的电动机和运行中有可能出现短时冲击电流的电力装置回路，宜采用具有过负荷标度尺的电流表。对有可能双向运行的电力装置回路，应采用具有双向标度尺的仪表。

（2）对电能计量仪表的要求。

1）月平均用电量在 1×10^6 kWh 及以上的电力用户电能计量点，应采用 0.5 级的有功电能表。月平均用电量小于 1×10^6 kWh，在 315kVA 及以上的变压器高压侧计费的电力用户电能计量点，应采用 1.0 级的有功电能表。在 315kVA 以下的变压器低压侧计费的电力用户电能计量点、75kW 及以上的电动机以及仅作为企业内部技术经济考核而不计费的线路和电力装置，均应采用 2.0 级有功电能表。

2）在 315kVA 及以上的变压器高压侧计费的电力用户电能计量点和并联电力电容器组，均应采用 2.0 级的无功电能表。在 315kVA 以下的变压器低压侧计费的电力用户电能计量点及仅作为企业内部技术经济考核而不计费的电力用户电能计量点，均应采用 3.0 级的无功电能表。

3）0.5 级的有功电能表，应配用 0.2 级的互感器。1.0 级的有功电能表、1.0 级的专用电能计量仪表、2.0 级计费用的有功电能表及 2.0 级的无功电能表，应配用不低于 0.5 级的互感器。仅作为企业内部技术经济考核而不计费的 2.0 级有功电能表及 3.0 级的无功电能表，宜配用不低于 1.0 级的互感器。

（二）电气测量仪表配置原则

测量变配电站电气设备和线路的运行参数，如电流、电压、功率、电能、频率和功率因数等，就需配置相应的电流表、电压表、功率表、电能表、功率因数表等。

变电站变配电装置中各部分仪表的配置原则如下：

（1）在用户的电源进线上，或经供电部门同意的电能计量点，必须装设计费的三相三线（三相四线）智能电能表或有功电能表和无功电能表。为了解负荷电流，进线上还应装设一只电流表。

（2）变配电站的每段母线上，必须装设电压表测量电压。在中性点不接地系统中，各段母线上还应装设绝缘监视装置。在中性点不接地系统中，各段母线上还应装设绝缘监视装置。

（3）35~110/6~10kV 的电力变压器，应装设电流表、有功功率表、无功功率表、有功电能表和无功电能表各一只或智能电能表，装在哪一侧视具体情况而定。6~10/0.4kV 的变压器，在高压侧装设电流表和有功电能表各一只，如为单独经济核算单位的变压器，还应装设一只无功电能表。

（4）3～10kV 的配电线路，应装设电流表、有功电能表和无功电能表各一只。如不是送往单独经济核算单位时，可不装无功电能表。

（5）380V 的电源进线或变压器低压侧，各相应装一只电流表。如果变压器高压侧未装电能表时，低压侧还应装设有功电能表一只。

（6）低压动力线路上，应装设一只电流表。低压照明线路及三相负荷不平衡率大于 15% 的线路上，应装设三只电流表分别测量三相电流。如需计量电能，应装设一只三相四线有功电能表。对负荷平衡的三相动力线路，可只装设一只单相有功电能表，实际电能按其计度的三倍计。

（7）并联电力电容器组的总回路上，应装设三只电流表，分别测量三相电流，并装设一只无功电能表。

（三）电气测量仪表接线

图 7-25 所示为 6～10kV 高压线路上装设的电测量仪表电路图。

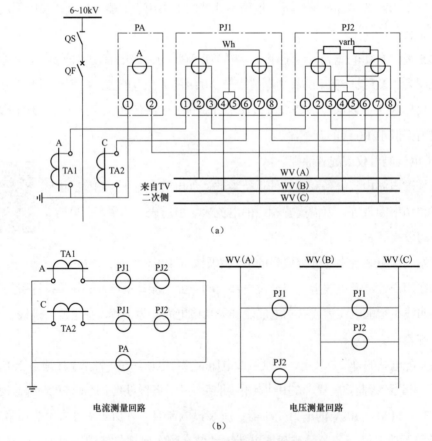

（a）

电流测量回路 电压测量回路

（b）

图 7-25 6～10kV 高压线路电测量仪表电路

（a）接线图；（b）展开图

TA1、TA2—电流互感器；TV—电压互感器；PA—电流表；PJ1—三相有功电能表；PJ2—三相无功电能表；

WV（A）、WV（B）、WV（C）—电压小母线

图 7-26 所示为低压 220/380V 照明线路上装设的电测量仪表电路图。

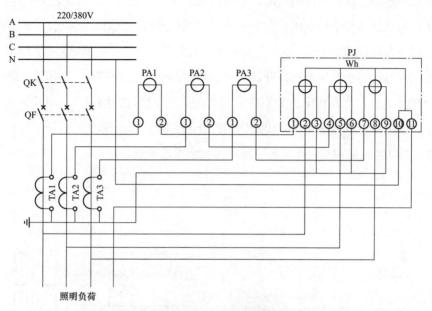

图 7-26　低压 220/380V 照明线路电测量仪表电路
TA1 ~ TA3—电流互感器；PA1 ~ PA3—电流表；PJ—三相四线有功电能表

（四）三相三线／三相四线智能电能表应用

随着电子技术的迅猛发展，智能电能表得到广泛的应用。智能电能表具有测量精度高，过载能力强，功率消耗低，性能稳定可靠，体积小，重量轻，操作简便，易于实现管理功能的扩展、一表多用等特点。上述电路中所有测量只用一只智能电能表即可。

智能电能表具有 A、B、C 各元件和合元的正向有功、反向有功、四个象限无功这六类基本电能的计量功能，以及组合有功、组合无功 1、组合无功 2 这三类组合电能的计算功能。最大需量计量功能、分时计量、测量功能，本仪表能测量合元及 A、B、C 各分元件的视在功率、有功功率、无功功率、功率因数，能测量 A、B、C 各分元件的电压、电流，能测量电网频率，并且能显示电流、功率和功率因数的方向。

二、绝缘监视装置

在中性点非直接接地系统中（小电流接地系统），若发生一相接地，由于线电压不变，所以可以继续运行。但是，由于故障相对地电压升高，可能使某些绝缘薄弱的地方造成击穿，形成相间短路，所以在供配电系统中通常都设有交流绝缘监视装置。当发生一相接地时，立即发出报警信号，通知维修人员及时处理。

绝缘监视装置主要用来监视小电流接地系统相对地的绝缘状况。绝缘监视装置可采用三个单相三线圈电压互感器或一个三相五芯柱三线圈电压互感器接成 YNYnd（开口三角形）接线。

此电压互感器二次侧有两组线圈，一组接成星形。在它的引出线上接三只电压表，系统正常运行时，反映各个相电压；在系统发生一相接地时，则对应相的电压表指零，而另两只电压表读数升高到线电压。另一组接成开口三角形，用于供给绝缘监察的电压继电器。系统正常工作时，三相电压对称，开口三角形两端的电压接近于零，继电器不动作；在系统发生一相接地时，接地相电压为零，另两相电压相量叠加，则使开口处出现近 100V 的零序电压，使电压继电器动作，发出报警的灯光和音响信号。

图 7-27 为装于 6～35kV 母线的电压测量和绝缘监视电路。

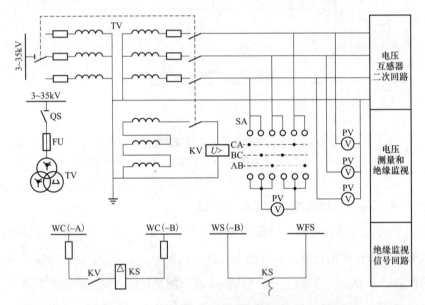

图 7-27 6～35kV 母线的电压测量和绝缘监视电路

TV—电压互感器；QS—高压隔离开关及其辅助触点；SA—电压转换开关；
PV—电压表；KV—电压继电器

上述绝缘监视装置能够监视小电流接地系统的对地绝缘，值班人员根据信号和电压表指示可以知道发生了接地故障且知道故障相别，但不能判别是哪一条线路发生了接地故障。如果高压线路较多时，采用这种绝缘监察装置还是不够的。由此可见，这种装置只适用于线路数目不多的供配电系统。

【任务实施及考核】

1. 实施地点

教室、专业实训室。

2. 实施所需器材

（1）多媒体设备。

（2）绝缘监视装置，电测量仪表。

（3）常用电工工具、安装工具和常用配件等。

3. 学时与教学实施

2学时；教学采用教、实操、做一体，学生分小组展开动手实践教学。

4. 实施内容与步骤

（1）学生分组。3~4人一组，指定组长。工作始终各组人员尽量固定。

（2）教师布置工作任务。学生阅读工作任务书，了解工作内容，明确工作目标，制定实施方案。

（3）教师通过图片、实物或多媒体分析演示让学生了解绝缘监视装置的结构、动作过程、仪表接线，指导学生自学，老师并及时指导，提出问题。

（4）以某一相高压系统接地为例（模拟），观察绝缘监视系统的仪表指示和继电器动作情况，并将观测结果填入表7-7中。

表7-7　交流绝缘监视装置动作情况记录表

运行状态	继电器 KV 的电压	各相电压表的读数	各线电压表的读数	信号继电器的动作情况
正常运行				
单相接地				

5. 评价标准

教师根据学生读图、接线、分析观察绝缘监视装置现象及提问，按表7-8给予评价。

表7-8　任务综合评价表

项目	内容	配分	考核要求	扣分标准	得分
实训态度	1. 实训的积极性。 2. 安全操作规程地遵守情况。 3. 纪律遵守情况。 4. 完成自我评估、技能训练报告	40	积极参加实训，遵守安全操作规程劳动纪律，有良好的职业道德；有较好的团队合作精神，技能训练报告符合要求	违反操作规程扣20分； 不遵守劳动纪律扣10分； 自我评估、技能训练报告不符合要求扣10分	
电工工具的使用	正确选用电工工具	10	工具选用得当	电工工具使用不正确一次扣5分	

续表

项目	内容	配分	考核要求	扣分标准	得分
绝缘监视回路接线	1. 仪表的连接。 2. 故障分析	40	1. 接线正确，规范化操作。 2. 故障判断正确	接线不正确扣 20 分； 布线不整齐扣 5 分； 故障判断不正确扣 20 分	
工具的整理与环境卫生	环境清洁情况	10	要求工具排列整齐，工作台周围无杂物	工具排列不整齐 1 件扣 1 分； 有杂物 1 件扣 1 分	
合计		100			

＊任务 7.6　备用电源自动投入装置的原理与调试

【任务描述】

本次任务主要是介绍备用电源自动装置的结构和工作原理，让学生掌握备用电源自动投入装置的工作过程，并能够实地进行正确的自动装置的安装调试和运行维护，对一些简单的故障进行分析和维修。

【相关知识】

一、备用电源自动投入的作用

备用电源自动投入装置（简称 APD）就是当工作电源因故障自动跳闸后，自动迅速地将备用电源投入的一种自动装置。备用电源自动投入装置动作时，通过合备用线路断路器或备用变压器断路器实现备用电源的投入。

二、对备用电源自动投入装置的基本要求

针对一次系统的接线，备用电源自动投入装置的一次接线方案不同，但都必须满足一些基本要求。参照有关规程，对备用电源自动投入装置的基本要求可归纳如下。

（1）应保证工作电源断开后，备用电源才能投入。这一要求的目的是防止将备用电源投入到故障上，造成各自动投入装置动作失败，甚至扩大故障，加重设备损坏。

（2）工作母线不论任何原因电压消失，备用电源均应投入。手动断开工作回路时，不启动自动投入装置。工作母线失压的原因包括供电电源故障、供电变压器故障、母线故障、出线故障没有断开、断路器误跳闸等，这些情况造成工作母线失压时，备用电源自动投入装置均应动作。但当备用电源无电压时备用电源自动投入装置不应动作。

（3）备用电源只能投入一次。备用电源自动投入装置动作，如果合闸于持续性故障，则备用电源或备用设备的继电保护会加速将备用电源或备用设备断开。此时若再投入备用电源，不但不会成功，而且使备用电源或备用设备、系统再次遭受故障冲击，可能造成扩大事故、损坏设备等严重后果。

（4）备用电源投于故障时，继电保护应加速动作。

（5）电压互感器二次断线时装置不应动作。工作母线失压时备用电源自动投入装置均应动作，而备用电源自动投入装置是通过电压互感器测量母线电压的。当电压互感器二次断线时，备用电源自动投入装置感受为母线失压，但此时实际母线电压正常，因此备用电源自动投入装置不应动作。

另外，备用电源自动投入装置动作时间应该以负荷停电时间尽可能短为原则，以减少电动机的自启动时间。但故障点应有一定的去游离和恢复绝缘时间，以保证装置的动作成功。

三、备用电源自动投入的一次接线方案

备用电源自动投入的一次接线方案型式多样，按照备用方式可以分为明备用和暗备用。明备用指正常情况下有明显断开的备用电源、备用设备或备用线路；暗备用指正常情况下没有断开的备用电源或备用设备，而是工作在分段母线状态，靠分段断路器取得相互备用。

根据我国变电站的一次主接线情况，备用电源自动投入装置主要接线方案有以下几种：

1. 低压侧母线分段备用电源自动投入装置接线

低压侧母线分段备用电源自动投入装置接线如图 7-28 所示，正常运行时，母联断路器 QF3 断开，断路器 QF1、QF2 闭合，母线分段运行，1 号电源和 2 号电源互为备用，是暗备用方式。可以称 1 号电源为 Ⅰ 段母线的主供电源、Ⅱ 段母线的备用电源；2 号电源为 Ⅱ 段母线的主供电源、Ⅰ 段母线的备用电源。因此，备用电源自动投入装置的动作过程可以描述为：主供电源失电或供电变压器故障跳闸时，跳开主供电源断路器。在确认断路器跳开后，判断备用电源正常运行，闭合分段断路器，具体可分为以下两种情况：

Ⅰ 段母线任何原因失电（如 1 号电源失电或变压器 T1 故障）时，跳开 QF1，确认进线无电流，再判断 Ⅱ 段母线正常运行时闭合 QF3。

Ⅱ 段母线任何原因失电（如 2 号电源失电或变压器 T2 故障）时，跳开 QF2，确认进线无电流，再判断 Ⅰ 段母线正常运行时闭合 QF3。

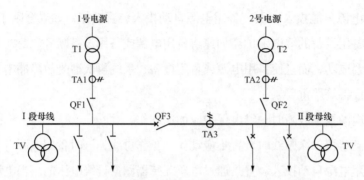

图 7-28　低压母线备用电源自动投入装置一次接线

2. 变压器备用电源自动投入装置接线

变压器备用电源自动投入装置一次接线如图 7-29 所示。

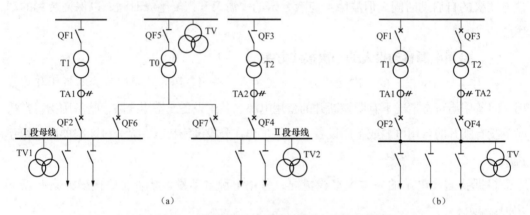

（a）　　　　　　　　　　　　　　　（b）

图 7-29　变压器备用电源自动投入装置一次接线

（a）T0 为 T1 和 T2 的备用时；（b）T2 为 T1 的备用时

图 7-29（a）中，T1 和 T2 为工作变压器，T0 为备用变压器，是明备用方式。正常运行时，Ⅰ段母线和Ⅱ段母线分别通过变压器 T1 和 T2 获得电源，即 QF1 和 QF2 合闸，QF3 和 QF4 合闸，QF5、QF6 和 QF7 断开；当Ⅰ段（或Ⅱ段）母线任何原因失电时，断路器 QF2 和 QF1（或 QF4 和 QF3）跳闸，若母线进线无电流、备用母线有电压，QF5、QF6（或 QF5、QF7）合闸，投入备用变压器 T0，恢复对Ⅰ段母线（或Ⅱ段母线）负荷的供电。

图 7-29（b）中，T1 为工作变压器，T2 为备用变压器，是明备用方式。正常运行时，通过工作变压器 T1 给负荷母线供电；当 T1 故障退出后，投入备用变压器 T2。

3. 进线备用电源自动投入装置

图 7-30（a）为单母线不分段接线，断路器 QF1 和 QF2 一个合闸（作为工作线路），另一个断开（作为备用线路），显然是明备用方式。

图 7-30（b）为单母线分段接线，有三种运行方式：①线路 1 工作带Ⅰ段和Ⅱ段母线

负荷，QF1 和 QF3 合闸状态，线路 2 备用，QF2 断开状态，是明备用方式；②线路 2 工作带Ⅰ段和Ⅱ段母线负荷，QF2 和 QF3 合闸状态，线路 1 备用，QF1 断开状态，是明备用方式；③线路 1 和线路 2 都工作，分别带Ⅰ段和Ⅱ段母线负荷，QF1 和 QF2 合闸状态，QF3 断开状态，即母线工作在分段状态，是暗备用方式，当任一母线失去电源时通过分段断路器合闸从另一供电线路取得电源。

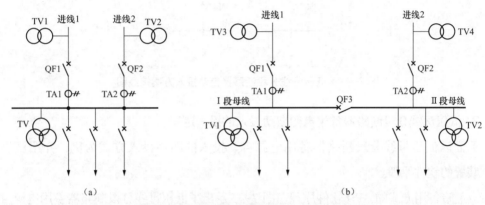

图 7-30　进线备用电源自动投入装置一次接线

（a）单母线不分段；（b）单母线分段

四、备用电源自动投入逻辑

1. 低压母线分段断路器备用电源自动投入装置的投入方式

低压母线分段断路器自动投入方式主接线如图 7-31 所示。由图可看出，该备用电源自动投入有以下工作方式：

（1）方式 1：正常时，T1、T2 同时运行，QF5 断开。当 T1 故障或Ⅰ段母线失压时，保护跳开 QF1 和 QF2，$\dot{I}_1$ 无电流，并且母线Ⅳ有电压，QF5 由 APD 装置动作而自动合上，母线Ⅲ由 T2 供电。

（2）方式 2：当发生与方式 1 相类似的原因，Ⅳ母线失压，$\dot{I}_2$ 无流，并且Ⅲ段母线有压时，即断开 QF3 和 QF4，合上 QF5，母线Ⅳ由 T1 供电。

上述两种方式是暗备用接线方案。

（3）方式 3：正常时，QF5 合上，QF4 断开，母线Ⅲ和母线Ⅳ由 T1 供电；当 QF2 跳开后，QF4 由 APD 装置动作自动合上，母线Ⅲ和母线Ⅳ由 T2 供电。

（4）方式 4：正常时，QF5 合上，QF2 断开，母线Ⅲ和母线Ⅳ由 T2 供电；当 QF4 跳开后，QF2 由 APD 装置动作自动合上，母线Ⅲ和母线Ⅳ由 T1 供电。

上述两种方式是明备用接线方案。

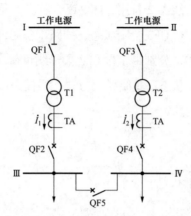

图 7-31　低压母线分段断路器自动投入方案接线图

2. 低压母线分段断路器备用电源自动投入的投入逻辑

下面以低压母线分段断路器备用电源自动投入的四种投入方式为例，介绍微机型 APD 装置的软件原理。

（1）暗备用方式的 APD 软件原理。图 7-32 示出了低压母线分段断路器备用电源自动投入的方式 1、方式 2 的 APD 软件逻辑框图。现以方式 1，即图 7-31 的 T1、T2 分列运行，QF2 跳开后，QF5 由 APD 装置动作自动合上，母线Ⅲ由 T2 供电为例，说明 APD 的工作原理。

1）APD 装置的启动方式。图 7-32 以方式 1 正常运行时，QF1、QF2 的控制开关必在投入状态，变压器 T1 和 T2 分别供电给母线Ⅲ和母线Ⅳ。在 t_3 时间元件经 10～15s 充足电后，只要确认 QF2 已跳闸，在母线Ⅳ有电压情况下，Y9、H4 动作，QF5 就合闸。这说明工作母线受电侧断路器的控制开关（处合闸位）与断路器位置（处跳闸位）不对应，要启动 APD 装置（在备用母线有电压情况下）。即 APD 的不对应启动方式，是 APD 的主要启动方式。

然而，当系统侧故障使工作电源失去电压，不对应启动方式不能使 APD 装置启动时，应考虑其他启动方式辅助不对应启动方式。在实际应用中，使用最多的辅助启动方式是采用低电压来检测工作母线是否失去电压。在图 7-32（a）中，电力系统内的故障导致工作母线Ⅲ失压，母线Ⅲ进线无电流，备用母线Ⅳ有电压，通过 Y2 启动 t_1 时间元件，跳开 QF2，APD 动作。可见图 7-32（a）是低电压启动 APD 部分，是 APD 的辅助启动方式。这种辅助启动方式能反映工作母线失去电压的所有情况，但这种辅助启动方式的主要问题是如何克服电压互感器二次回路断线的影响。

可见，APD 启动具有不对应启动和低电压启动两部分，实现了工作母线任何原因失电均能启动 APD 的要求。同时也可以看出，只有在 QF2 跳开后，QF5 才能合闸，实现了

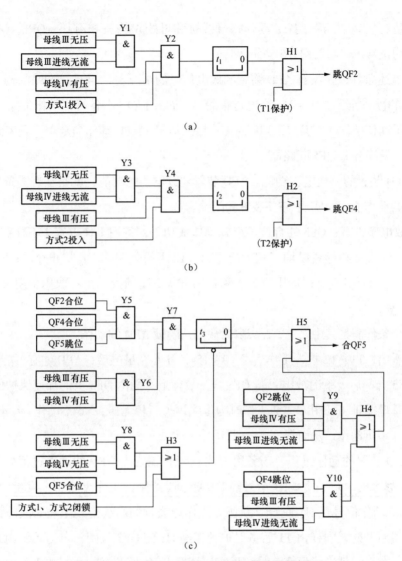

图 7-32　方式 1、方式 2 的 APD 软件逻辑框图

（a）QF2 跳闸逻辑框图；（b）QF4 跳闸逻辑框图；（c）QF5 合闸逻辑框图

工作电源断开后 APD 才动作的要求；工作母线（母线Ⅲ）与备用母线（母线Ⅳ）同时失电无压时，APD 不动作；备用母线（母线Ⅳ）无压时，根据图 7-32 的逻辑框图，APD 不动作。

2）APD 装置的"充电"过程。为了保证微机型备用电源自动投入装置正确动作且只动作一次，在逻辑中设计了类似自动重合闸装置的充电过程（10～15s）。只有在充电完成后，APD 装置才进入工作状态。如图 7-32（c）所示，要使 APD 进入工作状态，必须要使时间元件 t_3 充足电，充电时间需 10～15s，这样才能为 H5 动作准备好条件。

APD 装置的充电条件是：变压器 T1、T2 分列运行，即 QF2 处合位、QF4 处合位、

QF5 处跳位，所以"与"门 Y5 动作；母线 Ⅲ 和母线 Ⅳ 均三相有压（QF1、QF3 均合上，工作电源均正常），"与"门 Y6 动作。

满足上述条件，在没有 APD 装置的放电信号的情况下，"与"门 Y7 的输出对时间元件 t_3 进行充电。当经过 10~15s 充电过程后，"与"门 Y10 准备好了动作条件，即 APD 装置准备好了动作条件。"与"门 Y10 的另一输入信号（APD 动作命令）一旦来到，APD 装置就动作，最终合上 QF5 断路器。

3）APD 装置的"放电"功能。APD 装置"放电"的功能，就是在有些条件下要取消 APD 装置的动作能力，实现 APD 装置的闭锁。

t_3 的放电条件有：QF5 处合位（APD 动作成功后，备用工作方式 1 不存在了，t_3 不必再充电）；母线 Ⅲ 和母线 Ⅳ 均三相无压（T1、T2 不投入工作，t_3 禁止充电；T1、T2 投入工作后，t_3 才开始充电）；备用方式 1 和备用方式 2 闭锁投入（不取用备用方式 1、备用方式 2）。

这三个条件满足其中之一，t_3 会瞬时放电，闭锁 APD 的动作。

可以看出，T1、T2 投入工作后经 10~15s，等 t_3 充足电后，APD 才有可能动作。APD 动作使 QF5 合闸后 t_3 瞬时放电；若 QF5 合于故障上，则由 QF5 上的加速保护使 QF5 立即跳闸，此时母线 Ⅲ（备用方式 2 工作时为母线 Ⅳ）三相无压，Y6 不动作，t_3 不可能充电。于是，APD 不再动作，从而保证 APD 只动作一次。

4）APD 装置的动作过程。当备用方式 1 运行 15s 后，APD 的动作过程如下：若工作变压器 T1 故障时，T1 保护动作信号经 H1 使 QF2 跳闸；工作母线 Ⅲ 上发生短路故障时，T1 后备保护动作信号经 H1 使 QF2 跳闸；工作母线 Ⅲ 的出线上发生短路故障而没有被该出线断路器断开时，同样由 T1 后备保护动作经 H1 使 QF2 跳闸；电力系统内故障使母线 Ⅲ 失压时，在母线 Ⅲ 进线无流、母线 Ⅳ 有压情况下经时间 t_1 使 QF2 跳闸；QF1 误跳闸时，母线 Ⅲ 失压、母线 Ⅲ 进线无流、母线 Ⅳ 有压情况下经时间 t_1 使 QF2 跳闸，或 QF1 跳闸时联跳 QF2。

QF2 跳闸后，在确认已跳开（断路器无电流）、备用母线有压情况下，与"门"Y10 动作，QF5 合闸。当合于故障上时，QF5 上的保护加速动作，QF5 跳开，APD 不再动作。可见，图 7-32 所示的 APD 逻辑框图完全满足 APD 的基本要求。

（2）明备用方式的 APD 软件原理。图 7-33 为低压母线分段断路器备用电源自动投入的方式 3、方式 4 的 APD 软件逻辑框图。方式 3 和方式 4 是一个变压器带母线 Ⅲ 和母线 Ⅳ 运行（QF5 必处合位），另一个变压器备用的工作方式，是明备用的备用方式。

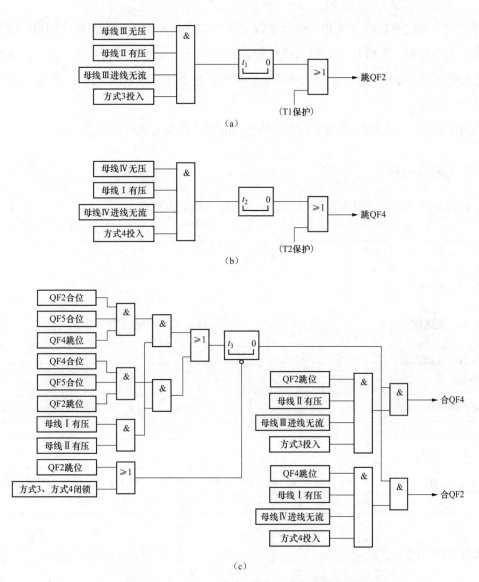

图 7-33　方式 3、方式 4 的 APD 软件逻辑框图

（a）QF2 跳闸逻辑框图；（b）QF4 跳闸逻辑框图；（c）QF4、QF2 合闸逻辑框图

在母线 Ⅰ、母线 Ⅱ 均有电压的情况下，QF2、QF5 均处合位而 QF4 处跳位（方式 3），或者 QF4、QF5 均处合位而 QF2 处跳位（方式 4）时，时间元件 t_3 充电，经 10～15s 充电完成，为 APD 动作准备了条件。可以看出，QF2 与 QF4 同时处合位或同时处跳位时，t_3 不可能充电，因为在这种情况下 APD 无法实现方式 3、方式 4；同样，当 QF5 处跳位时，t_3 也不可能充电，理由同上；此外，母线 Ⅱ 或母线 Ⅰ 无电压时，t_3 也不充电，说明备用电源失去电压时，APD 不可能动作。

当然，QF5 处跳位或方式 3、方式 4 闭锁投入时，t_3 瞬时放电，闭锁 APD 的动作。

与图 7-32 相似，图 7-33 所示的 APD 同样具有工作母线受电侧断路器控制开关与断路器位置不对应的启动方式和工作母线低电压启动方式。因此，当出现任何原因使工作母线失去电压时，在确认工作母线受电侧断路器跳开、备用母线有电压、方式 3 或方式 4 投入情况下，APD 动作，负荷由备用电源供电。由上述可以看出，图 7-33 满足 APD 基本要求。

对于其他一次系统接线和运行方式的备用电源自动投入逻辑，可参照实现。

【任务实施及考核】

根据备用电源自动投入装置原理逻辑图，简述其工作原理。

姓名		专业班级		学号	
任务内容及名称					
1. 任务实施目的		2. 任务完成时间：1 学时			
3. 任务实施内容及方法步骤					
4. 分析结论					
指导教师评语（成绩）		|		年　月　日	
任务总结	备用电源自动投入装置在提高供电可靠性方面作用显著，装置本身接线简单、可靠性高、造价低，所以在发电厂、变电站及工矿企业中得到了广泛的应用。				

【思考与练习】

1. 什么是二次回路？它包括哪几部分？

2. 微机型测控的工作方式有哪几种？

3. 微机型保护和微机型测控的开入量、开出量有几种？简述其作用。

4. 二次回路的接线应符合哪些要求？

5. 一次设备和二次设备是怎么划分的？

6. 二次接线图常见的形式有哪几种？各有什么特点？

7. 原理接线图与展开接线图各有何特点？

8. 展开接线图的识绘图的基本原则是什么？

9. 什么是相对编号法？

10. 某供电给高压并联电容器组的线路上，装有一只无功电能表和三只电流表，如图

7-34 所示。试按中断线表示法（即相对标号法）在图 7-34（b）上标注出图 7-34（a）所示的仪表和端子排的端子代号。

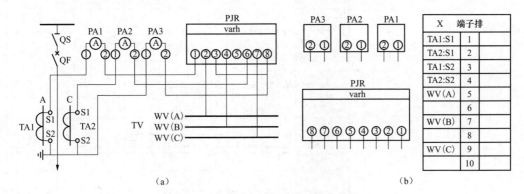

（a）

（b）

图 7-34 高压并联电容器的供电线路图

（a）原理电路图；（b）安装接线图（待标号）

11. 端子排一般安装在控制屏的什么位置？各回路在端子排中接线时，应按什么顺序排列？

12. 断路器的红、绿色指示灯有哪些用途？

13. 对于断路器的控制回路有哪些要求？

14. 断路器的控制回路主要包括哪些？

15. 简述断路器手动合闸、跳闸的操作过程。

16. 简述断路器手动合闸、分闸的工作原理。

17. 对常用测量仪表的选择有哪些主要要求？对电能计量仪表的选择有哪些要求？

18. 一般在 6~10kV 配电线路上装设哪些仪表？

19. 说明绝缘监视电路原理。

20. 什么是断路器事故跳闸信号回路的"不对应原理"接线？

21. 什么是备用电源自动投入装置？有什么作用？

22. 对备用电源自动投入装置（APD）有哪些要求？

23. 备用电源自动投入的一次接线方案有哪几种？分析备用电源自动投入过程。

24. 简述备用电源自动投入装置的工作原理。

附录 常用电工技术数据

附表 1 10kV 级 S9 系列油浸电力变压器技术数据

型号	额定容量（kVA）	额定电压（kV） 高压	额定电压（kV） 高压分接	额定电压（kV） 低压	联结组标号	损耗 空载损耗（kW）	损耗 短路损耗（kW）	外形尺寸（mm）长	外形尺寸（mm）宽	外形尺寸（mm）高	总重（kg）	阻抗电压百分数（U_k%）
S9-30/10	30	10	10±5%	0.4	Yyn0 或 Dyn11	0.13	0.60	1000	730	1138	285	4
S9-50/10	50					0.17	0.87	1045	745	1163	375	4
S9-63/10	63					0.2	1.04	1080	710	1210	490	4
S9-80/10	80					0.24	1.25	1090	771	1253	510	4
S9-100/10	100					0.29	1.50	1090	824	1283	560	4
S9-125/10	125					0.34	1.80	1135	843	1308	650	4
S9-160/10	160					0.40	2.20	1245	853	1368	760	4
S9-200/10	200					0.48	2.60	1290	878	1398	875	4
S9-250/10	250					0.56	3.05	1320	943	1433	1035	4.5
S9-315/10	315					0.67	3.65	1335	1058	1488	1225	4.5
S9-400/10	400					0.80	4.30	1600	1120	1568	1465	4.5
S9-500/10	500					0.96	5.10	1685	1285	1594	1715	4.5
S9-630/10	630					1.20	6.20	1685	1320	1714	2110	4.5
S9-800/10	800					1.40	7.50	2000	1335	1917	2515	4.5
S9-1000/10	1000					1.70	10.30	2000	1340	2012	2860	5
S9-1250/10	1250					1.95	12.00	2060	1355	2054	3330	5
S9-1600/10	1600					2.4	14.50	2130	1395	2134	4015	5

附表 2　10kVS11 系列变压器技术数据

| 额定容量（kVA） | 额定电压（kV） | | | 联结组标号 | 损耗（kW） | | 外形尺寸（mm） | | | 总重（kg） | 轨距（横向×纵向，mm×mm） |
	高压	高压分接	低压		空载	负载	长	宽	高		
30					0.1	0.6	980	735	1145	355	400*400
50					0.13	0.87	1017	758	1205	415	450*400
63					0.15	1.04	10.35	785	1285	505	450*400
80					0.18	1.25	1065	800	1290	540	450*400
100					0.2	1.5	1072	820	1305	590	450*400
125		10（±5%）			0.24	1.8	1155	1105	1310	705	450*400
160	10		0.4	Yyn0	0.28	2.2	1235	850	1535	835	550*550
200					0.34	2.6	1282	860	1557	965	550*550
250					0.4	3.05	1310	940	1605	1135	550*550
315					0.48	3.65	1465	1120	1915	1520	660*650
400					0.57	4.3	1440	1165	1725	1590	660*650
500					0.68	5.15	1510	1250	1845	1905	660*650
630					0.81	6.2	1650	1140	1920	2015	660*650

附表 3　10kV S13 系列超低耗配电变压器技术数据表

| 容量（kVA） | 电压组合 | | | 联结组标号（%） | 空载电流（%） | 空载损耗（%） | 阻抗电压（%） | 负载损耗（%） |
	高压（kV）	低压（kV）	调整范围（%）					
30					0.4	70		600
50					0.4	90		870
63					0.3	105		1040
80					0.3	125		1250
100					0.2	140		1500
125	6 6.3 10	0.4	±5 或 ±2×2.5	Yyn0 或 Dyn11	0.2	165	4.0	1800
160					0.2	195		200
200					0.2	235		2600
250					0.2	280		3050
315					0.15	335		3650
400					0.15	400		4300
500					0.15	475		5100

附表 4　10kV 级 S9 系列树脂浇注干式铜线电力变压器的主要技术数据

型号	额定容量（kVA）	额定电压（kV）		连接组标号	损耗（W）		空载电流百分数（%）	阻抗电压百分数（%）
		一次	二次		空载	负载		
SC9–200/10	200				480	2670	1.2	4
SC9–250/10	250				550	2910	1.2	4
SC9–315/10	315				650	3200	1.2	4
SC9–400/10	400				750	3690	1	4
SC9–500/10	500				900	4500	1	4
SC9–630/10	630	10	0.4	Yyn0 或 Dyn11	1100	5420	0.9	4
SC9–800/10	800				1200	6430	0.9	6
SC9–1000/10	1000				1400	7510	0.8	6
SC9–1250/10	1250				1650	8960	0.8	6
SC9–1600/10	1600				1980	10850	0.7	6
SC9–2000/10	2000				2380	13360	0.6	6
SC9–2500/10	2500				2850	15880	0.6	6

附表 5 常用断路器的主要技术参数

型号	额定电压 (kV)	最高工作电压 (kV)	额定电流 (A)	额定开断电流 (kA)	额定短时耐热电流 (kA)	额定峰值耐热电流 (kA)	额定关合电流 (kA)	额定合闸时间 (s)	全开断时间 (s)
ZN12-12	10	12	1250/2000/2500/3500	31.5/40/50	31.5/40/50	80/100/125	80/100/125	0.06	0.03
ZN28-12	10	12	630/1250/1600/2000/2500/3150/4000	20/25/31.5/40/50	20/25/31.5/40/50	50/63/80/100/125	50/63/80/100/125	0.06	0.03
ZN28A-12	10	12	1000/3150	16/20/25/31.5/40/50	16/20/25/31.5/40/50	40/50/63/80/100/135	40/50/63/80/100/135	0.06	0.03
ZN63A-12	10	12	630/1250/1600	31.5	31.5	80	80	0.06	0.03
VS1	12		630/1250/1600/2000/2500/3150	20/25/31.5/40	20/25/31.5/40	50/63/80/100/130	50/63/80/100/130	≤ 0.1	0.065
ZN23-40.5	35	40.5	1600	25	25	63	63	0.1	0.06
ZN72-40.5	35	40.5	1600	80	80	80	31.5	0.07	0.09
ZW8-40.5	35	40.5	1600	20	20	50	50	0.1	0.06
ZW30-40.5	35	40.5	1250/1600/2000	80	80	80	31.5	0.06	0.1
LW3-12	10	12	400/630/1250	6.3/8/12.5/16	6.3/8/12.5/16	16/20/31.5/40	16/20/31.5/40	0.06	0.04
LW8-40.5	35	40.5	1600/2000	25/31.5	25/31.5	63/80	63/80	0.1	0.06
LW18-40.5	35	40.5	1600/2000/2500/3150	25/31.5/40	25/31.5/40	63/80/100	63/80/100	0.1	0.06
LW25-126	110	126	1250/2000/3150	31.5/40	31.5/40	80/100	80/100	0.1	0.06
LW24-126	110	126	1250/3150	31.5/40	31.5/40	80/100	80/100	0.1	0.06

附表6　铜、铝母线的载流量

母线尺寸 宽×厚 (mm×mm)	安全载流量（A）					
	铜母线			铝母线		
	一片	二片	三片	一片	二片	三片
25×3	300			235		
30×3	355			270		
30×4	420			320		
40×4	550			420		
40×5	615			475		
50×5	755			585		
50×6	840			650		
60×5	900			710		
60×6	990	1530	1970	765	1190	1510
60×8	1160	1900	2460	900	1480	1920
60×10	1300	2250	2900	1015	1770	2330
80×6	1300	1860	2390	1010	1430	1850
80×8	1490	2300	2970	1160	1800	2310
80×10	1670	2730	3510	1300	2120	2730
100×6	1590	2170	2790	1250	1700	2200
100×8	1830	2690	3460	1430	2100	2680
100×10	2030	3180	4090	1600	2520	3200
120×8	2110	2990	3820	1670	2330	2970
120×10	2330	3610	4580	1820	2820	3610

注　1. 几片母线中间的距离应等于金属母线一片的厚度。

2. 表中的安全载流量，根据最高的工作温度为70℃、周围空气温度为35℃规定。在实际空气温度不同时，可按附表7的修正系数乘以表列数据。

附表7　铜、铝母线载流量的修正系数

周围空气温度（℃）	5	10	15	20	25	30	35	40	45	50	55
校正系数	1.36	1.31	1.25	1.20	1.13	1.07	1.00	0.93	0.85	0.76	0.66

附表8 交联聚乙烯绝缘电力电缆允许持续载流量

型号		YJV、YJLV、YJV22、YJLV22、YJY、YJLY、YJV23、YJLV23、YJV32、YJLV32、YJV33、YJLV33、YJV42、YJLV42、YJV43、YJLV43				YJV、YJLV、YJY、YJLY、YJV32、YJLV32、YJV33、YJ LV33、YJV42、YJLV42、YJV43、YJLV43							
缆芯数		三芯				单芯							
敷设		空气中		土壤中		空气中				土壤中			
单芯电缆排列方式						三角排列		扁平排列		三角排列		扁平排列	
缆芯材料		铜	铝	铜	铝	铜	铝	铜	铝	铜	铝	铜	铝
标称截面积（mm^2）	25	120	90	125	100	140	110	165	130	150	115	160	120
	35	140	110	155	120	170	135	205	155	180	135	190	145
	50	165	130	180	140	205	160	245	190	215	160	225	175
	70	210	165	220	170	260	200	305	235	265	200	275	215
	95	255	200	265	210	315	240	370	290	315	240	330	255
	120	290	225	300	235	360	280	430	335	360	270	375	290
	150	330	260	340	260	410	320	490	380	405	305	425	330
	185	375	295	380	300	470	365	560	435	455	345	480	370
	240	435	345	445	350	555	435	665	515	530	400	555	435
	300	495	390	500	395	640	500	765	595	595	455	630	490
	400	565	450	520	450	745	585	890	695	680	520	725	565
	500	—	—	—	—	855	680	1030	810	765	595	825	650
	630	—	—	—	—	980	790	1190	950	860	680	940	745
环境温度（℃）		40		25		40				25			
线芯最高工作温度（℃）		90											

附表 9　0.6/1kV 三芯聚氯乙烯绝缘（PVC 绝缘）电力电缆载流量

标称截面（mm²）	参考重量（kg/km）				20℃导体直流电阻最大值（Ω/km）		允许载流量（A）			
							空气敷设		土壤敷设	
	VV	VLV	VV22	VLV22	铜	铝	铜	铝	铜	铝
1.5	148	—	—	—	12.1	—	15	—	22	—
2.5	190	142	—	—	7.41	12.1	19	15	29	23
4	266	192	444	369	4.61	7.41	26	20	38	30
6	340	230	631	420	3.08	4.61	32	26	47	39
10	510	322	737	548	1.83	3.08	46	35	65	50
16	718	420	972	673	1.15	1.91	60	47	84	65
25	1070	597	1372	898	0.727	1.2	77	60	110	84
35	1397	741	1729	1073	0.524	0.868	95	74	130	100
50	1755	826	2405	1476	0.387	0.641	115	90	155	120
70	2374	1073	3087	4786	0.268	0.443	145	115	195	150
95	3180	1414	4003	2238	0.193	0.32	185	140	230	185
120	3961	1731	4887	2657	0.153	0.253	210	165	260	205
150	4932	2145	5995	3208	0.124	0.206	245	190	300	230
185	6070	2632	7262	3824	0.0991	0.164	280	215	335	260
240	7786	3326	9110	4650	0.0754	0.125	335	260	390	300

附表 10 BV、BLV 聚氯乙烯绝缘电线的规格及允许电流

截面积（mm²）	线芯结构 根数 / 线径（mm）	外径（mm）		允许电流（A）			
		单芯	双芯	BV		BLV	
				单芯	双芯	单芯	双芯
1.0	1/1.13	2.6	2.6 × 5.2	20	16	15	12
1.5	1/1.37	3.3	3.3 × 6.6	25	21	19	16
2.5	1/1.76	3.7	3.7 × 7.4	34	26	26	22
4.0	1/2.24	4.2	4.2 × 8.4	45	38	35	29
6.0	1/2.73	5.0	5.0 × 10.0	56	47	43	36
10.0	7/1.33	6.6	6.6 × 13.2	85	72	66	56
16.0	7/1.70	7.8		113	96	87	73
25	7/2.12	9.6		138		105	
35	7/2.50	10.9		170		130	
50	19/1.83	13.2		215		165	
70	19/2.14	14.9		265		205	
95	19/2.50	17.3		325		250	
120	37/2.0	18.1		375		285	
150	37/2.24	20.2		430		325	
185	37/2.5	22.2		490		380	

参考文献

[1] 李小雄 . 供配电系统运行与维护 . 北京：化学工业出版社，2018.

[2] 王永红 . 供配电技术及技能训练 . 西安：西安电子科技大学出版社，2019.

[3] 田淑珍 . 工厂供配电技术及技能训练 . 北京：机械工业出版社，2018.

[4] 孙琴梅 . 工厂供配电技术 . 北京：化学工业出版社，2022.

[5] 殷乔民 . 电工知识技能速查手册 . 北京：中国电力出版社，2015.

[6] 郑新才 . 怎样看 110kV 变电站典型二次回路图 . 北京：中国电力出版社，2021.

[7] 编写组 . 电工进网作业许可考试参考教材 . 北京：浙江人民出版社，2012.

[8] 李高建 . 工厂供配电技术 . 北京：高等教育出版社，2017.

[9] 张静 . 工厂供配电技术 . 北京：化学工业出版社，2022.

[10] 周乐挺 . 工厂供配电技术 . 北京：高等教育出版社，2021.

[11] 冯丽平 . 工厂供配电技术 . 大连：大连理工大学出版社，2019.

[12] 董恩普 . 配电工程图集 . 北京：中国电力出版社，2019.

[13] 顾子明 . 供配电技术 . 北京：电子工业出版社，2018.

[14] 国家电网公司 . 电气设备及运行维护 . 北京：中国电力出版社，2018.

[15] 三意时代科技 . 10kV 变配电站运行与维护 . 北京：中国电力出版社，2019.

[16] 何伯娜 . 工厂供配电技术 . 北京：机械工业出版社，2018.

[17] 张莹 . 工厂供配电技术 . 北京：电子工业出版社，2015.

[18] 赵福纪，等 . 电力系统继电保护与自动装置 . 北京：中国电力出版社，2020.

[19] 丁书文 . 变电站综合自动化技术 . 北京：中国电力出版社，2018.